AF329521

ARBORICULTURE FRUITIÈRE

ARBORICULTURE FRUITIÈRE

RAISONNÉE ET MISE A LA PORTÉE DE TOUS

PRÉCÉDÉE DE NOTIONS DE BOTANIQUE

PAR

E. PAMART

Professeur honoraire d'Agriculture et de Sciences naturelles
à l'École normale de Douai
Officier de l'Instruction publique
Officier du Mérite agricole
Chargé par le Conseil général du Nord de Conférences horticoles
dans le département
Ex-professeur titulaire de la Société d'Horticulture de Valenciennes

Avec 304 figures dans le texte

PARIS

LIBRAIRIE OCTAVE DOIN

GASTON DOIN & CIE, ÉDITEURS

8, PLACE DE L'ODÉON, 8

1927

AVANT-PROPOS

L'arboriculture est une science aimable, reposante, pleine d'attrait et d'intérêt.

On aime l'arbre que l'on a planté, greffé et dirigé, on le voit grandir avec plaisir; on est heureux de le regarder fleurir et fier de montrer ses beaux fruits.

Les fruits récoltés sur ses propres arbres semblent bien meilleurs que ceux que l'on achète; ils sont appréciés de toute la maisonnée.

Grâce à la culture des arbres fruitiers, le propriétaire d'un modeste jardin est heureux d'offrir, sans dépense, un excellent dessert à sa famille pendant une grande partie de l'année.

Non seulement les enfants goûtent avec plaisir les fruits que récoltent leurs parents, mais ils s'intéressent à toutes les opérations qu'ils voient exécuter dans le jardin; aussi, lorsque le père est arboriculteur, les fils le sont également, et c'est ainsi que la culture des arbres fruitiers concourt à maintenir dans les familles l'amour de la terre, les idées d'ordre, de travail et d'économie.

L'arboriculture enrichit le patrimoine de famille et le rend plus agréable; elle fait aimer la vie à la campagne, vie simple et saine.

La culture des arbres fruitiers, entreprise en grand par une personne compétente, est très rémunératrice.

Étant donné le climat et le sol français tout propriétaire de jardin devrait cultiver les arbres fruitiers; malheureusement beaucoup pensent que l'arboriculture est une science difficile, possédée seulement par quelques initiés ; ils croient que les arbres ne donnent des fruits que s'ils sont savamment conduits et ils hésitent à entreprendre leur culture.

Voilà un préjugé qu'il serait très utile de détruire au grand profit de la fortune publique et pour la satisfaction et le bien-être des propriétaires de jardins.

La science arboricole, enseignée particulièrement dans toutes les écoles d'horticulture de France et de Belgique, repose sur l'anatomie et la physiologie végétales ; cette science, fruit des observations et des études de nos devanciers, peut être comprise de tous ceux qui veulent l'étudier avec méthode.

Je serais heureux si mes quarante années de pratique et d'enseignement horticoles me permettaient de faire une œuvre utile aux amateurs d'arbres fruitiers et si je pouvais contribuer, pour ma modeste part, à en augmenter le nombre.

Messieurs Moser, horticulteurs à Versailles, ont bien voulu mettre à notre disposition des clichés de fruits pour illustrer notre ouvrage. Nous nous faisons un plaisir et un devoir de leur adresser ici nos plus sincères remerciements.

ARBORICULTURE FRUITIÈRE

RAISONNÉE ET MISE A LA PORTÉE DE TOUS

PRÉCÉDÉE DE NOTIONS DE BOTANIQUE

Notions d'organographie,
d'anatomie et de physiologie végétales

Ces notions sont indispensables pour raisonner les diverses opérations culturales des arbres fruitiers. C'est parce que ces notions fondamentales sont souvent ignorées que tant de personnes tombent soit dans la routine, soit dans l'empirisme et acceptent toute espèce de réclame avec la plus grande crédulité. Nous aurons soin de les résumer et d'éviter tous les détails scientifiques qui ne nous paraissent pas indispensables à l'étude du sujet.

Un arbre fruitier se compose de la racine, de la tige, des branches et des feuilles qui sont les organes de nutrition ; des fleurs et des fruits qui sont les organes de reproduction.

Organes de nutrition

1º La racine. — La racine des arbres fruitiers est généralement *pivotante*, c'est-à-dire qu'elle est formée d'un axe principal qui s'enfonce perpendiculairement dans le sol et qui

que l'on doit supprimer chaque année, ce qui est un gros ennui. C'est pour cette raison qu'on préfère greffer les pruniers et les pêchers sur prunier Saint-Julien obtenu de semis et traité comme il a été dit plus haut.

Structure de la racine. — Comme l'indique la figure 5, la

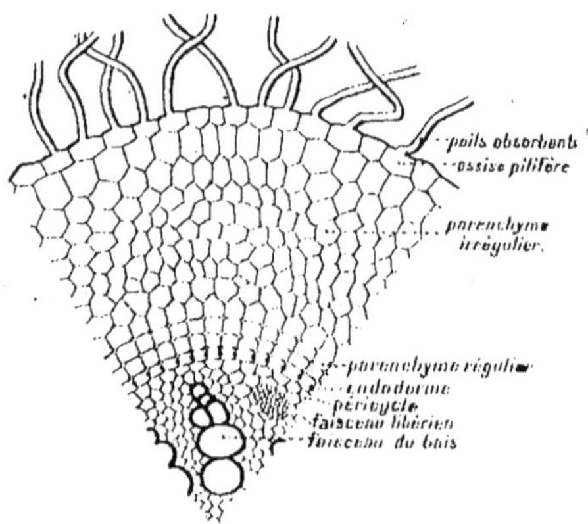

Fig. 5.

Portion d'une coupe transversale de racine dans la région
des poils absorbants.

racine se compose à l'extérieur de l'écorce et à l'intérieur du cylindre central.

L'écorce est recouverte d'une membrane formée de cellules dont quelques-unes s'allongent pour former les poils absorbants, aussi cette membrane porte-t-elle le nom d'*assise pilifère*. En dessous se trouve un tissu cellulaire appelé *tissu cortical*.

Puis vient le *cylindre central* qui présente, dans la racine jeune, des faisceaux de liber alternant avec ceux du bois.

Le *liber*, ainsi appelé parce qu'il peut se diviser en lamelles minces comme les feuillets d'un livre, se compose de cellules allongées appelées cellules libériennes et de tubes très étroits dits tubes criblés parce qu'ils présentent des cloisons transversales percées de trous (fig. 6).

Le *bois* est composé de vaisseaux qui ne sont que des tubes étroits (fig. 7). Au centre de la racine on trouve un tissu cellulaire léger appelé *moelle*.

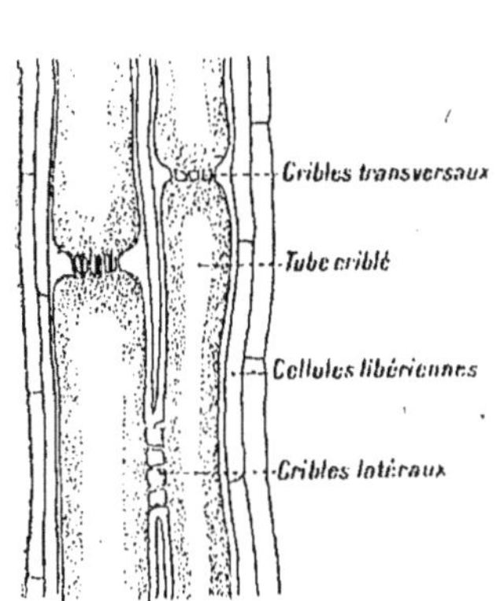

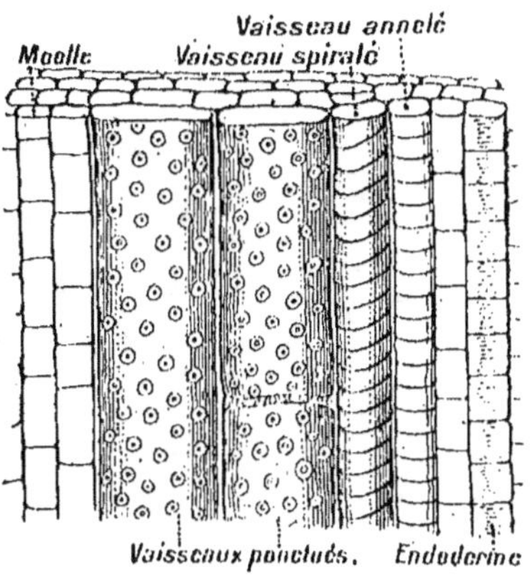

Fig. 6.
Faisceau du liber.
Coupe longitudinale.

Fig. 7.
Coupe longitudinale dans un faisceau
du bois de la racine.

Mais une *couche génératrice* formée de cellules qui se multiplient sans cesse ne tarde pas à s'établir entre les faisceaux du bois et les faisceaux du liber. Ces cellules peuvent se transformer en liber et en bois. Cette couche génératrice d'abord sinueuse (fig. 8), finit par se régulariser et sa coupe

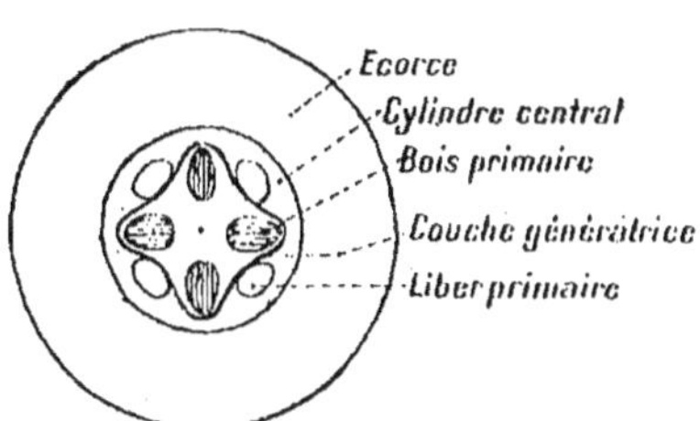

Fig. 8.
Commencement des formations secondaires de la racine.

transversale prend bientôt la forme d'un cercle ; elle donne naissance chaque année à une couche de liber à l'extérieur et à une couche de bois à l'intérieur. La racine présente alors une structure analogue à celle de la tige (fig. 9).

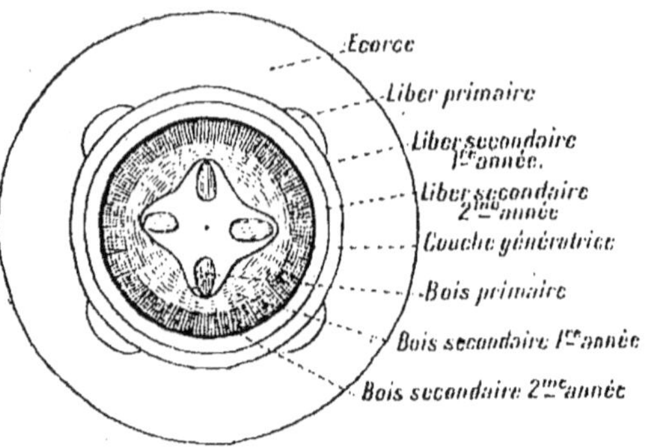

Fig. 9.
Coupe transversale dans une racine âgée de deux ans.

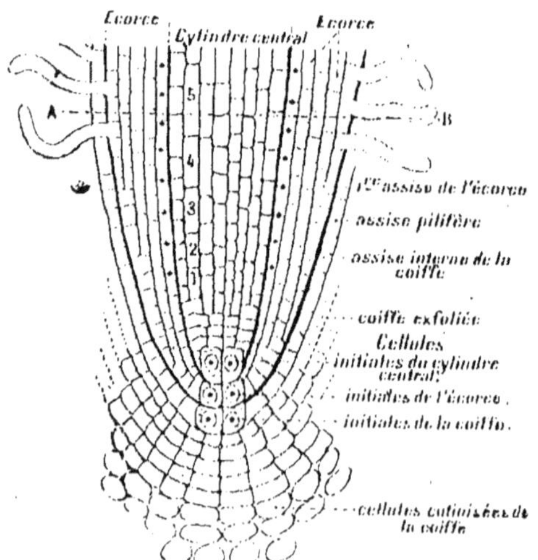

Fig. 10.
Coupe longitudinale de l'extrémité d'une radicelle.

Si l'on fait une coupe verticale de la jeune racine, on voit (fig. 10) à la partie supérieure de la coiffe des cellules que l'on appelle cellules initiales de la coiffe, cellules initiales de l'écorce et cellules initiales du cylindre central. Toutes ces cellules initiales se multiplient par segmentation et accroissent la coiffe, l'écorce et le cylindre central. Ceci nous explique pourquoi l'accroissement de la racine se fait à quelque distance de son extrémité.

Fonctions de la racine. — La racine fixe la plante au sol ; elle absorbe les gaz, les liquides et les solides contenus dans le sol.

La racine respire comme les autres parties de la plante, de là l'utilité des labours.

Les dissolutions salines très étendues contenues dans le sol sont absorbées par les poils absorbants. Cette absorption se fait par *osmose* à travers la membrane qui recouvre le poil absorbant.

Enfin certains corps insolubles comme le marbre ou carbonate de calcium et les phosphates de calcium sont absorbés par les racines. Les poils absorbants secrètent un suc digestif spécial, à réaction acide, qui dissout ces substances et permet leur absorption.

La sève brute, aspirée par les poils absorbants, s'élève dans la racine jusque dans la tige et les feuilles par les vaisseaux du bois. Lorsque cette sève a été transformée dans les feuilles et qu'elle est devenue assimilable, elle redescend dans la tige et les diverses parties de la racine par les tubes criblés du liber et les cellules libériennes ; elle sert alors au développement de la plante.

2° La tige. — La tige est cette partie du végétal qui fait suite à la racine et s'élève dans l'air. Le *collet* est la ligne de démarcation qui sépare la racine de la tige. Si la racine jouit du *géotropisme positif*, c'est-à-dire se dirige vers le centre de la terre, la tige jouit du *géotropisme négatif* et s'élève perpendiculairement au sol.

La tige porte des feuilles à l'aisselle desquelles il y a des yeux ou *bourgeons* (fig. 11).

On appelle *nœud* l'endroit qui porte un œil accompagné d'une feuille et *entre-nœud* l'espace compris entre deux feuilles consécutives. Ce sont les yeux qui donnent naissance aux ramifications de la tige appelées branches. Les branches sont plus ou moins inclinées, mais il est à remarquer que la sève se porte de préférence dans les parties verticales, de sorte que pour fortifier une branche, on lui donne une position verticale et pour l'affaiblir on l'incline horizontalement ; on abaisse même son extrémité vers le sol si c'est nécessaire.

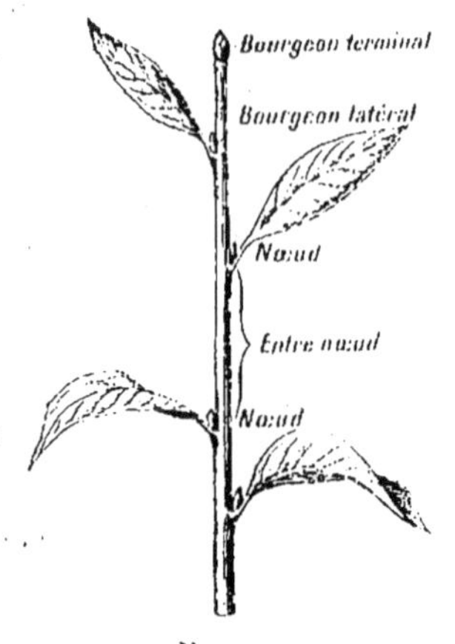

Fig. 11.

Extrémité d'une tige.

La structure de la tige et des branches ressemble à la structure de la racine. La tige se compose aussi de l'écorce et du cylindre central (fig. 12).

L'écorce présente, de l'extérieur à l'intérieur, *l'épiderme*, membrane formée de cellules, *e*. L'épiderme porte des poils dans beaucoup de plantes ; il est percé de petits trous appelés *stomates*, *st* (fig. 13). L'épiderme se dessèche et disparaît dans les tiges âgées.

En dessous de l'épiderme se trouve un *tissu cortical* composé de cellules ; c'est ce tissu cortical qui forme le liège dans le chêne-liège et les grosses écailles de liège que l'on remarque à la surface des tiges de poirier d'un certain âge.

Ce liège joue un rôle protecteur ; on ne doit donc pas le faire disparaître complètement lorsqu'on racle les tiges pour les nettoyer.

Le cylindre central présente d'abord le *liber* formé de tubes

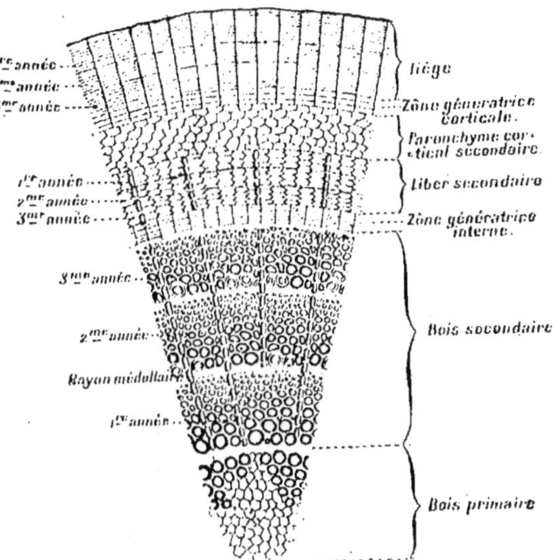

Fig. 12.

Portion de coupe transversale d'une tige âgée de 3 ans.

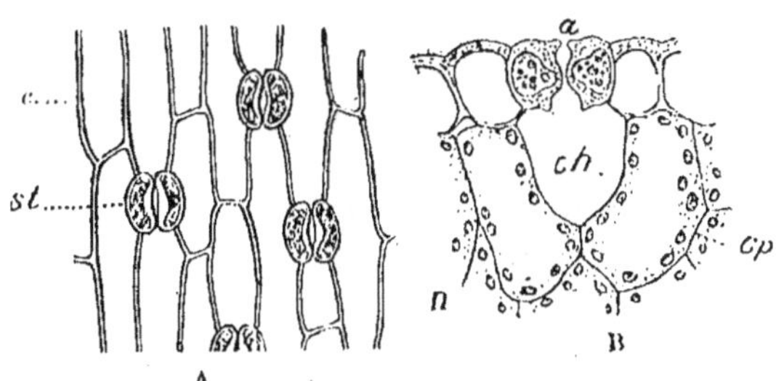

Fig. 13.

A, épiderme et stomates aérifères *st* vus de face (Iris).
B, coupe transversale d'un stomate : *a*, l'ostiole ; *ch.* chambre
sous-stomatique ; *Cp*, cellules chlorophylliennes.

criblés, de cellules libériennes et de fibres libériennes résistantes et flexibles, puis le *bois* composé de fibres, de cellules ligneuses et de vaisseaux (fig. 14).

Entre le liber et l'aubier se trouvent des cellules qui se multiplient sans cesse, c'est la couche génératrice ou *cambium*

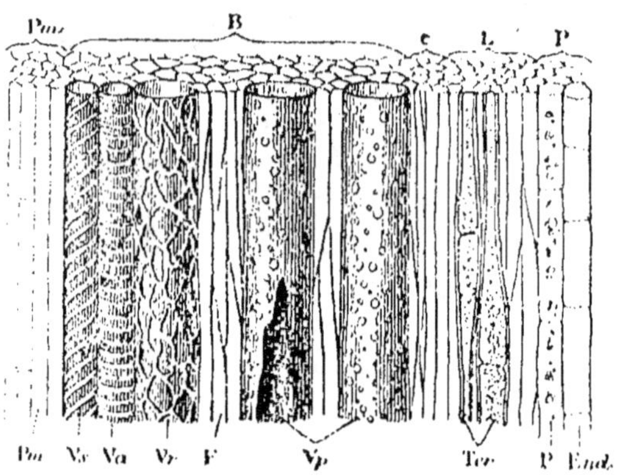

Fig. 14.

Coupe en long d'un faisceau libéro-ligneux de la tige. Pm, moelle. — B, bois du faisceau renfermant du centre à la périphérie des vaisseaux spiralés Vs, annelés Va, réticulés Vr, des fibres F et des vaisseaux ponctués Vp. — Tubes criblés Ter accompagnés de cellules et de fibres c. — P péricycle. — End, endoderme.

qui donne naissance chaque année à une couche de liber vers l'extérieur et à une couche de bois vers l'intérieur. C'est ainsi que se fait l'accroissement en diamètre de la tige. On voit ces couches de bois dans la section transversale d'une tige (fig. 12).

Le bois récemment formé porte le nom d'*aubier* ; ses fibres et ses vaisseaux laissent circuler la sève. Dans le bois ancien que l'on appelle encore *duramen* les fibres et les vaisseaux sont obstrués par des dépôts et ne servent plus à la circulation de la sève (fig. 15).

Au centre de la tige se trouve la *moelle* qui diminue à mesure que l'arbre vieillit.

Greffes. — Remarquons que ce que l'on appelle vulgairement écorce, et que l'on peut facilement soulever au moment de la sève, comprend l'écorce proprement dite et le liber ; la rupture s'est faite dans la zone cambiale ou couche génératrice. Lorsqu'on fait une incision en T dans l'écorce et qu'on la soulève pour glisser l'écusson en des-

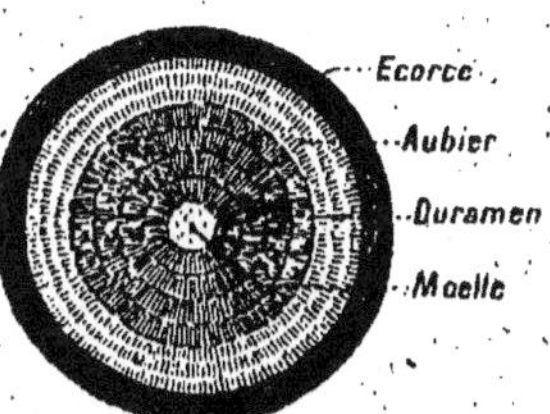

Fig. 15.
Coupe transversale d'une tige âgée de 7 ans.

sous, on applique donc la zone cambiale de l'écusson sur le cambium du sujet et c'est pourquoi l'écusson se soude. Le cambium, en effet, formé de jeunes cellules qui se multiplient constamment est le seul tissu capable de souder les greffes. Dans la greffe en couronne, dans la greffe en fente et d'une manière générale dans toutes les greffes, on doit faire coïncider le cambium de la greffe avec le cambium du sujet ; il se produit des raccords de vaisseaux dans cette zone cambiale et la greffe ne tarde pas à recevoir la sève du sujet et à se développer.

Accroissement en longueur de la tige. — Au sommet de la tige, en dessous des jeunes feuilles qui recouvrent le bourgeon terminal, se trouvent des cellules qui se multiplient constamment et donnent naissance aux éléments de l'épiderme, de l'écorce et du cylindre central. Il en est de même des cellules qui se trouvent vers l'extrémité de la tige, de sorte que celle-ci s'accroît surtout au sommet mais encore à une assez grande distance du sommet. C'est pour cette raison qu'il est bon d'attacher les branches de vigne, par exemple en dessous d'une feuille, de manière à permettre aux branches de s'allonger.

Fonctions de la tige. — La tige et les branches servent à porter vers le ciel, c'est-à-dire vers la lumière, les feuilles qui sont les organes de respiration et de nutrition du végétal.

La tige sert d'intermédiaire entre la racine et les feuilles ; elle prend la sève brute à la racine pour la porter aux feuilles par les vaisseaux du bois et elle reçoit la sève élaborée par les feuilles pour la descendre jusqu'aux racines par les tubes criblés du liber.

La tige sert encore à la respiration, à la transpiration et même à l'assimilation chlorophyllienne lorsqu'elle est verte ; c'est pourquoi il est bon de nettoyer les tiges et les branches et de ne pas les recouvrir, par exemple, d'un enduit visqueux qui nuirait à ces fonctions, ou tout au moins cet enduit visqueux ne doit pas les recouvrir longtemps. La chaux, la bouillie bordelaise permettront quand même à la tige et aux branches de respirer et de transpirer ; il n'en sera pas de même des huiles, des graisses, du goudron végétal, des vernis que l'on ne peut se permettre d'employer que sur des surfaces restreintes.

3° Les feuilles. — Les feuilles sont des lamelles vertes généralement attachées aux tiges et aux branches par une partie rétrécie appelée, *pétiole*. La lamelle verte porte le nom de *limbe*.

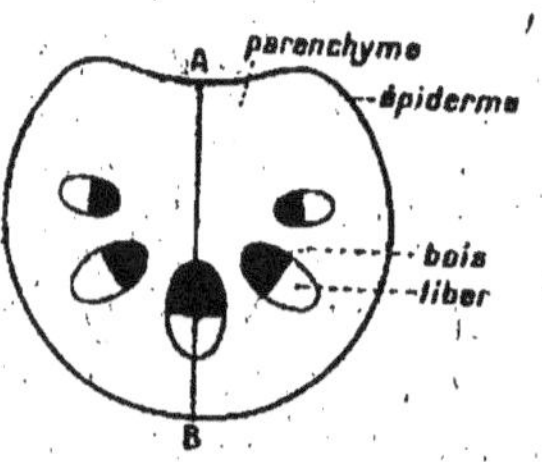

Fig. 16.
Coupe transversale du pétiole.

Si l'on fait une coupe transversale du pétiole, on remarque qu'il est traversé par des faisceaux de bois et par des faisceaux de liber (fig. 16). Ces *faisceaux libéroligneux* viennent se ramifier dans le limbe de la feuille pour y former un réseau à mailles serrées (fig. 17).

Si, nous faisons une coupe transversale du limbe de la feuille et si nous l'examinons au microscope, nous voyons, à la partie supérieure, un *épiderme* formé de cellules aplaties et ne présentant guère de stomates (fig. 18), puis, en descen-

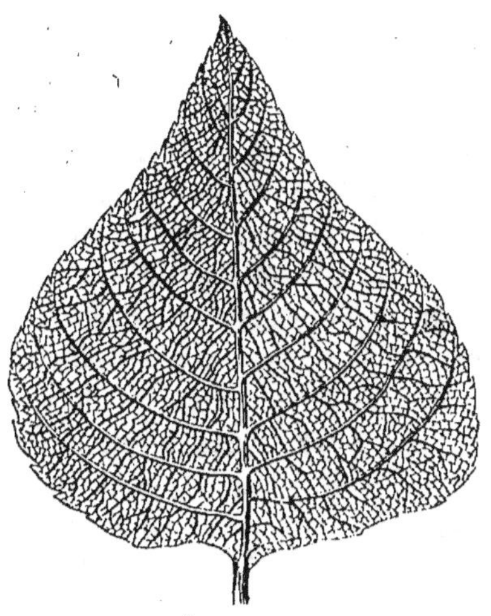

FIG. 17.

Feuille réduite à ses nervures.

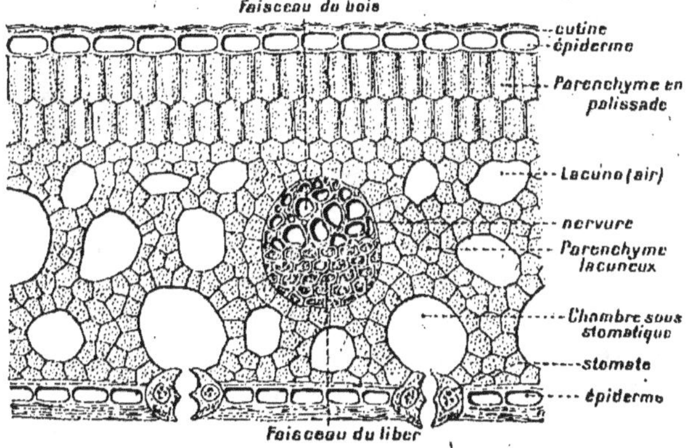

FIG. 18.

Structure du limbe de la feuille des dicotylédones.

dant, nous trouvons un triple rang de cellules régulières et régulièrement rangées, riches en matière verte, appelée *chlorophylle* et, à la partie inférieure, des cellules irrégulières, pauvres en chlorophylle, irrégulièrement rangées et laissant entre elles de nombreux espaces libres appelés *lacunes*. La feuille est tapissée à la face inférieure par un épiderme présentant de nombreux stomates qui ne sont autre chose que de petits orifices permettant à l'air de pénétrer dans les *chambres sous-stomatiques*. La figure 13, page 9, présente un lambeau d'épiderme de la face inférieure d'une feuille avec ses nombreux stomates. En résumé un faisceau libéroligneux sort de la tige (fig. 19) traverse le pétiole et vient se ramifier

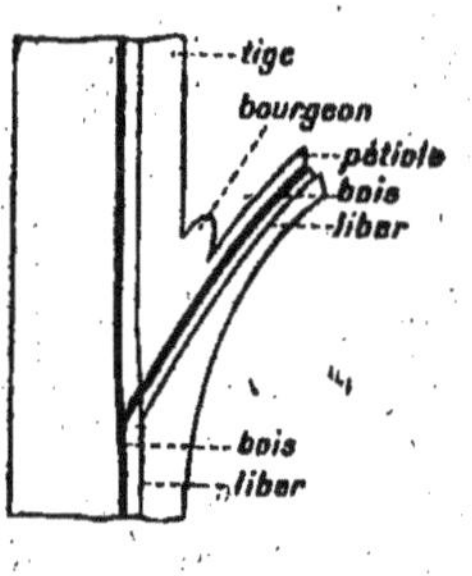

Fig. 19.

Insertion d'une feuille
sur une tige.

dans le limbe où il forme un réseau dont les mailles sont remplies d'un tissu cellulaire appelé *parenchyme*. Ce parenchyme de la feuille est recouvert à la partie supérieure et à la partie inférieure par un épiderme.

Après l'hiver, on trouve, à la surface du sol, des feuilles tombées dont les épidermes et le parenchyme sont décomposés ; il ne reste plus qu'un très joli réseau formé par les ramifications du faisceau libéroligneux (fig. 17, page 13).

Fonctions des feuilles. — Les feuilles jouent dans la nutrition de la plante un rôle des plus importants : elles sont le principal siège de la respiration, de l'assimilation chlorophyllienne et de la transpiration.

Respiration. — Les feuilles sont par excellence l'organe respiratoire de la plante. Toutes les parties de la plante respirent mais les feuilles, dans leur ensemble, présentent une surface bien plus grande que toutes les autres parties du végétal, de sorte qu'elles sont le principal siège de la respiration.

Par la respiration la plante absorbe l'oxygène de l'air, le combine à son propre carbone pour former de l'acide carbonique qui est rejeté. Ce phénomène a lieu en tout temps, la nuit comme le jour. Les plantes, surtout nombreuses, seraient donc un danger dans une chambre à coucher.

Assimilation chlorophyllienne. — Sous l'influence de la lumière solaire, les parties vertes du végétal s'emparent de l'acide carbonique de l'air, le décomposent, fixent le carbone et rejettent l'oxygène dans l'air.

Dans beaucoup de plantes l'assimilation chlorophyllienne se fait presque exclusivement dans les feuilles qui sont les seules parties vertes du végétal.

Une plante privée de lumière ne tarde pas à blanchir puis à mourir parce qu'elle ne peut plus absorber le carbone de l'air. Les plantes qui poussent à l'ombre et celles qui sont trop rapprochées ont une végétation qui laisse à désirer ; seules se développent convenablement les plantes qui reçoivent abondamment la lumière du soleil.

L'absorption du carbone ne peut se faire que sous l'influence de la chlorophylle ou matière verte ; dès que cette chlorophylle fait défaut et que les feuilles d'une plante jaunissent, l'assimilation chlorophyllienne laisse à désirer, la plante souffre.

L'air renferme toujours environ trois dix millièmes d'acide carbonique provenant des fermentations, des combustions et de la respiration des êtres vivants.

La plante ne se nourrit donc pas seulement par ses racines mais encore par ses feuilles qui tirent le carbone de l'air. Les feuilles servent donc tout à la fois à la respiration et à la nutrition de la plante ; toute opération qui a pour objet de les supprimer en tout ou en partie doit être considérée comme dangereuse et antiscientifique.

Transpiration. — La plante laisse échapper de la vapeur d'eau surtout par ses feuilles ; cette transpiration varie selon les heures de la journée : elle est à son minimum au lever du soleil et à son maximum vers trois heures du soir. La transpiration augmente avec la température, la sécheresse de l'air et l'intensité de l'éclairement. Inutile d'ajouter que plus la transpiration est abondante plus il est nécessaire d'arroser si la terre manque d'eau.

La chlorophylle active la transpiration sous l'action de la lumière. Il est à remarquer que la lumière n'a aucune influence sur l'évaporation ; il ne faut donc pas considérer la transpiration des plantes comme un simple phénomène d'évaporation.

Comment la plante se nourrit. -- Il nous est possible maintenant de nous faire une idée de la nutrition de la plante.

L'eau de pluie qui tombe sur le sol y dissout des sels qui s'y trouvent naturellement ou qui sont apportés par les engrais : azotates, sulfates, chlorures, carbonates, phosphates, silicates de potassium, de calcium, de fer, de magnésium, etc. Ces dissolutions, toujours très étendues, ne renfermant que quelques grammes de sels par litre d'eau, sont absorbées par osmose par les poils radicaux, passent dans les vaisseaux du bois, de la racine, de la tige, du pétiole, et arrivent ainsi dans les feuilles. Au printemps, c'est la force osmotique qui pousse la sève de bas en haut. Si on coupe une branche de vigne au printemps, lorsque la sève est déjà en mouvement et que les feuilles ne sont pas encore développées, la branche de vigne pleure, c'est-à-dire que la sève ascendante, poussée par la force osmotique, s'échappe par la plaie ; plus tard elle est attirée vers le haut par la transpiration dont les feuilles sont le siège. Si l'on fait la même opération lorsque les feuilles sont développées, la vigne ne pleure plus ; les feuilles, en effet, en évaporant quantité d'eau, dessèchent la partie supérieure de la plante ; la sève brute monte alors de proche en proche pour combler les vides causés par la transpiration. En résumé, au printemps la sève brute est poussée de bas en haut et plus tard elle est attirée par le haut.

La sève ascendante, arrivée dans les feuilles, y subit la *transpiration* ; elle perd une grande partie de son eau qui a servi de véhicule aux éléments nutritifs, et cette transpiration permet à de nouvelle eau d'apporter de nouveaux éléments.

La sève subit aussi la *respiration* et *l'assimilation chloro-phyllienne* qui apportent l'oxygène et surtout le carbone nécessaires à la nutrition. C'est alors que s'accomplissent dans les feuilles des transformations chimiques et que se forment les composés organiques : amidon, sucre, matières azotées que la plante peut utiliser directement ou mettre en réserve. L'ensemble de ces composés organiques porte le nom de sève élaborée ; cette sève redescend dans la tige et jusqu'aux extrémités des racines par les tubes criblés du liber, qu'elle traverse du reste par osmose, pour alimenter de proche en proche tous les tissus vivants de la tige et de la racine (fig. 20.)

Il est à remarquer que la sève élaborée qui alimente l'extrémité de la tige et des branches monte au lieu de descendre ; l'expression « sève descendante » pour désigner

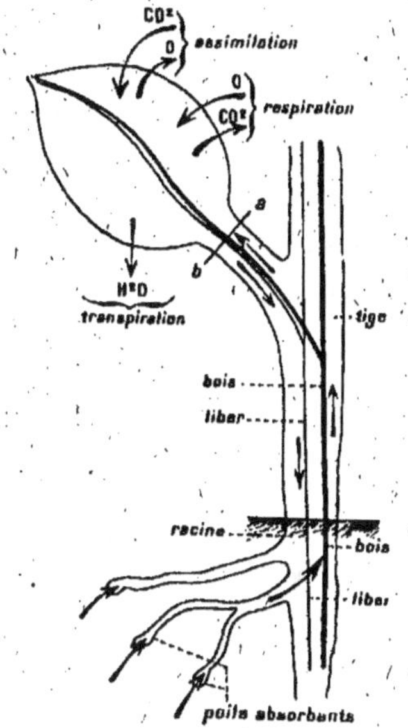

Fig. 20.

Figure théorique montrant la circulation de la sève et les transformations qu'elle subit dans les feuilles.

la sève élaborée n'est donc pas parfaite.

Pour démontrer que la sève élaborée circule dans les tubes criblés du liber, on enlève un anneau d'écorce avec le liber à la base d'une tige ; il se forme un bourrelet sur le bord supérieur de la blessure d'où s'échappent bientôt des racines adventives (fig. 21).

Fig. 21.

Bourrelet donnant naissance aux racines adventives.

Etude sommaire des engrais. — Les éléments qui servent à la nutrition d'une plante doivent nécessairement se retrouver dans celle-ci. L'analyse d'une plante nous montre qu'elle renferme toujours au moins douze éléments : carbone, hydrogène, oxygène, azote, soufre, phosphore, potassium, calcium, fer, chlore, silicium, manganèse.

Si le cultivateur devait restituer tous ces éléments au sol, la question des engrais serait très complexe ; elle se simplifie singulièrement si l'on remarque que beaucoup d'éléments sont fournis par la nature. Les plantes trouvent le carbone dans l'air, l'oxygène dans l'air et dans l'eau, l'hydrogène dans l'eau ; d'autres éléments se trouvent en très forte proportion dans le sol comme le chlore, le silicium, le fer, etc. Quatre éléments seulement peuvent faire défaut dans le sol, ce sont l'*azote*, le *phosphore*, le *potassium* et le *calcium*.

Fig. 22.

Nodosités des racines de légumineuse.

Les plantes en général ne peuvent pas se nourrir de l'azote de l'air ; elles le prennent dans les composés minéraux : azotate de soude, sulfate d'ammoniaque, ou dans les composés organiques, fumier, tourteau, etc.

Cependant les légumineuses font exception et peuvent absorber l'azote de l'air grâce aux nodosités que portent leurs racines, nodosités remplies d'un micro-organisme qui se nourrit de l'azote de l'air et le fournit à la plante sous une forme assimilable (fig. 22).

Le cultivateur trouve le phosphore dans le phosphate et le superphosphate de chaux, le potassium dans le sulfate et le chlorure de potassium et le calcium dans la chaux et le carbonate de calcium.

Remarquons que certains engrais comme le fumier renferment les quatre éléments.

Un élément quelconque, soit l'azote, ne peut pas être remplacé par un autre élément, la potasse par exemple ; la plante exige tous les éléments qui lui sont nécessaires dans une proportion convenable. Si un élément nécessaire à la plante vient à faire défaut, la plante souffre comme si elle manquait totalement de nourriture. Ceci nous montre que le cultivateur doit connaître la composition chimique des engrais qu'il emploie et la proportion à répandre pour la culture qu'il se propose de faire.

L'*azote* fait pousser les plantes en vert et retarde la maturation.

L'*acide phosphorique* est un correctif de l'azote ; il hâte la maturation et donne du corps aux tissus ; il augmente la qualité des légumes et des fruits.

La *potasse*, si nécessaire à la pomme de terre et à la betterave, est aussi très utile aux arbres fruitiers pour la formation et l'aoûtement du tissu ligneux.

Organes de reproduction

La fleur contient les organes de reproduction de la plante ; elle est formée de feuilles modifiées dont les différentes parties sont disposées ordinairement en quatre verticilles portés par le *réceptacle*, extrémité renflée du *pédicelle*. Ces quatre verticilles sont de l'extérieur à l'intérieur, 1º le calice ; 2º la corolle, 3º les étamines, 4º le pistil (fig. 23).

Le *calice*, formé de sépales verts, et la *corolle*, formée de pétales colorés, ne sont que des organes protecteurs ; les organes essentiels de reproduction sont les étamines et le pistil.

Les *étamines* sont les organes mâles. Une étamine (fig. 24), se compose d'un support appelé *filet*, d'un petit sac, l'*anthère*, renfermant une poussière jaunâtre appelée le *pollen*. Un grain

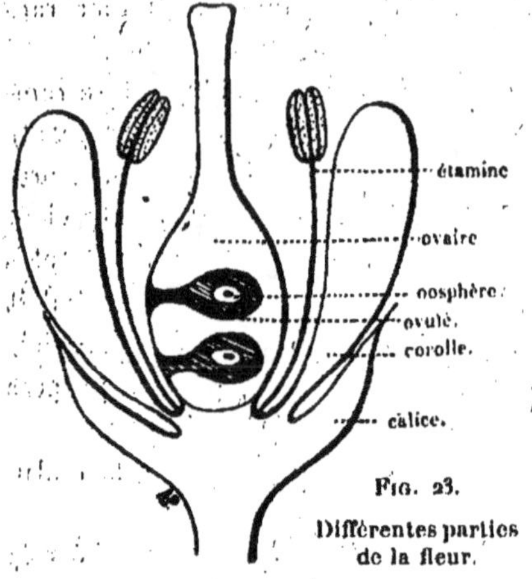

FIG. 23.

Différentes parties
de la fleur.

FIG. 24.

Etamine portant
une anthère s'ou-
vrant par deux
valves.

de pollen vu au microscope est représenté par la figure 25. Il est fréquemment sphérique ou ovoïde ; il est formé de protoplasme cellulaire renfermant un noyau, le tout entouré de deux membranes l'*intine* et l'*exine*.

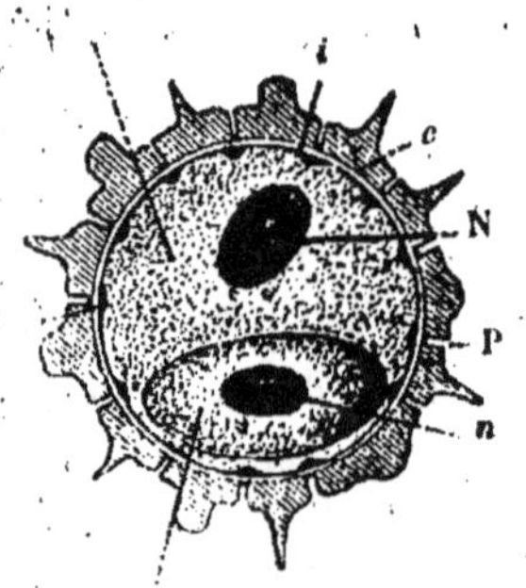

FIG. 25.

Structure du grain de pollen.
i, intine ; *e*, exine.
N, noyau de la cellule végétative.
P, pore de l'exine.
n, noyau de la cellule génératrice.

Le *pistil*, organe femelle, qui est au centre de la fleur, est composé d'un ou de plusieurs carpelles libres ou soudés entre eux.

Un *carpelle* (fig. 26), est formé d'une cavité appelée *ovaire* surmontée d'un canal appelé *style* qui est terminé par un renflement appelé *stigmate*. Le style est quelquefois creux, mais il peut être aussi rempli de tissu conducteur dont le stigmate n'est que l'épanouissement. Au moment de la fécondation le stigmate, qui présente une surface rugueuse, se couvre d'un liquide visqueux destiné à retenir les grains de pollen qui tombent dessus.

L'*ovaire* est une cavité qui renferme les ovules (fig. 26).

L'*ovule* est formé par un tissu cellulaire appelé *nucelle*

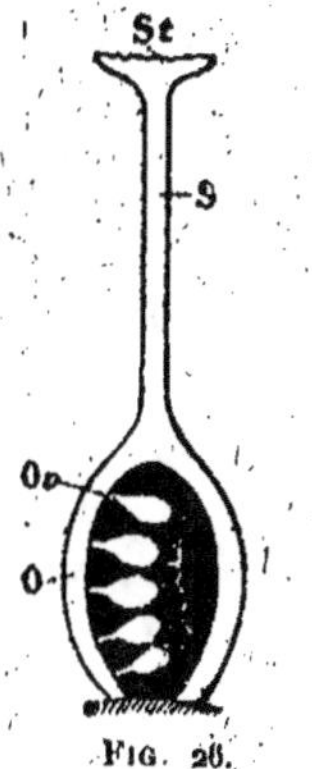

Fig. 26.
Coupe verticale de l'ovaire.
o, ovaire. — *ov*, ovule. —
s, style. — *st*, stigmate.

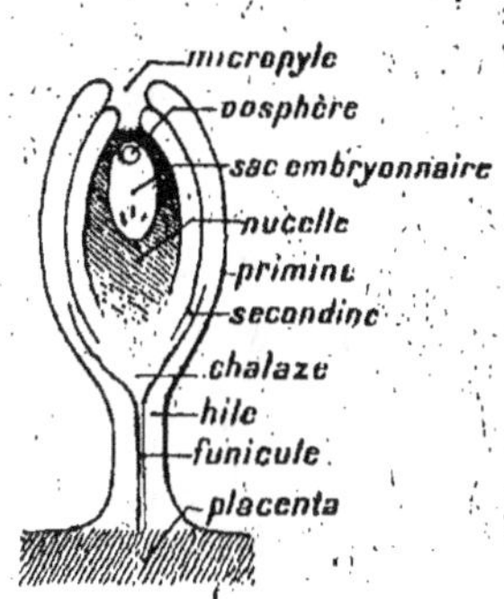

Fig. 27.
Structure de l'ovule.

présentant un creux, le *sac embryonnaire*, dans lequel on distingue la cellule femelle ou *oosphère* (fig. 27). La *nucelle* est entourée de deux membranes percées d'un petit trou appelé *micropyle* qui donne accès dans la nucelle.

Les fleurs qui possèdent à la fois les étamines et le pistil sont appelées *fleurs hermaphrodites*, ex. : poirier ; il en est qui ne possèdent qu'un seul sexe, étamines ou pistil : elles sont dites *fleurs unisexuées*, ex. : melon. Les plantes qui portent des fleurs unisexuées sont dites *monoïques* lorsque le même sujet porte les deux sexes, exemple : noisetier, et *dioïques* lorsque les deux sexes sont portés par deux sujets différents, exemple : chanvre, dattier.

Fécondation

1° Pollinisation. — On appelle ainsi le transport du pollen sur le stigmate. La pollinisation peut se faire directement ;

le pollen tombe alors des anthères sur le stigmate, mais chez les fleurs unisexuées, et surtout chez les plantes dioïques, la pollinisation est indirecte ; elle se fait alors par le vent ou les insectes. Il est à remarquer que lorsque la pollinisation se fait par le vent, le pollen est très abondant comme dans les pins; les fleurs sont dépourvues d'enveloppes et apparaissent avant les feuilles comme dans le noisetier.

2° Actes essentiels de la fécondation. — Le grain de pollen tombé sur le stigmate, absorbe par osmose le liquide visqueux dont ce dernier est imprégné et se gonfle. La membrane interne (intine), qui est élastique, fait pression sur la membrane externe (exine) qui cède en certains points et laisse passer l'intine remplie de protoplasme ; celui-ci prend ainsi la forme de *tube pollinique* (fig. 28).

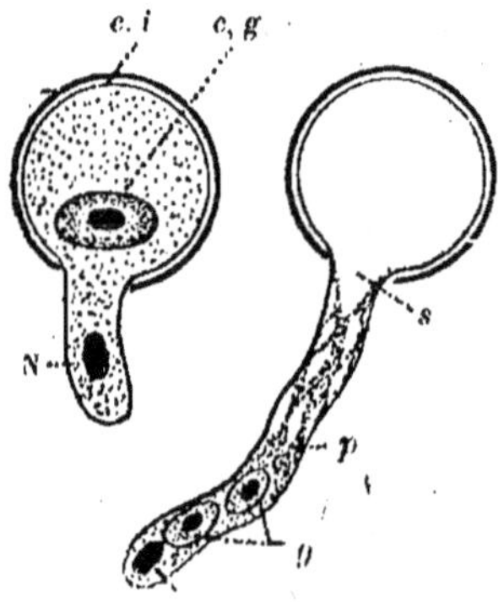

Fig. 28.
Grain de pollen germant.

e, i, exine et intine. — c, g cellule génératrice. — N, noyau de la cellule végétative. — p, prothalle mâle. — g, les deux gamètes mâles. —s, suc cellulaire.

Le tube pollinique s'enfonce dans le tissu conducteur du stigmate et du style, suit les parois de l'ovaire et, arrivé à l'ovule, il pénètre par le micropyle. Après avoir traversé la nucelle il arrive au contact de l'oosphère (fig. 29). Alors le noyau mâle du tube pollinique vient se fusionner avec le noyau femelle de l'oosphère ; les deux noyaux n'en formant plus qu'un seul, le protoplasme qui entoure ce noyau s'enveloppe d'une membrane de cellulose : l'œuf est formé. Cet œuf est la première cellule d'une nouvelle plante ; elle va se multiplier par segmentation et les nouvelles cellules formeront l'*embryon* (fig. 30) que nous retrouverons dans la graine.

Lorsque des plantes de noms différents peuvent se féconder elles donnent naissance à des *hybrides* si ces plantes sont d'espèces différentes, et à des *mélis* s'il y a croisement de variétés appartenant à la même espèce.

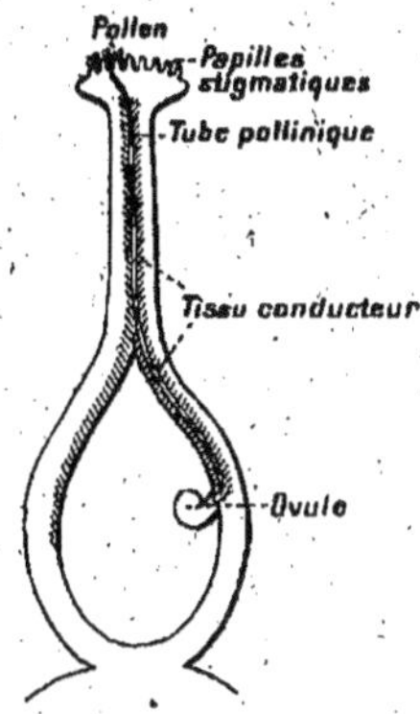

Fig. 29.

Marche du tube pollinique
dans le style.

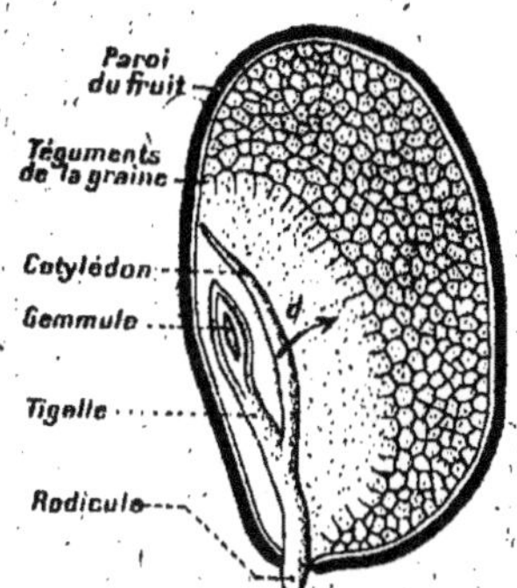

Fig. 30.

Coupe verticale
d'un grain de blé.

Coulure des fruits. — Il y a coulure des fruits lorsque la fécondation ne peut pas s'accomplir. Ceci arrive lorsque des pluies abondantes lavent le stigmate et entraînent le pollen qui s'y trouve, ou encore lorsqu'au moment de la fécondation des brouillards ou de petites pluies persistantes délayent la substance visqueuse qui se trouve sur le stigmate, ce qui permet un gonflement trop rapide du grain de pollen ; le tube pollinique crève et le protoplasme qu'il renferme s'échappe.

Il y a encore coulure des fruits lorsque les fleurs s'épanouissent très tôt au printemps et que des gelées tardives altèrent les organes de reproduction. C'est ce qui arrive trop souvent pour nos arbres fruitiers, surtout pour nos arbres à fruits à noyaux. Enfin des vents violents peuvent faire tomber, chez les graminées par exemple, les anthères très grosses qui sont supportées par des filets très minces.

Fruits. — Lorsque la fleur est fécondée, toutes ses parties disparaissent bientôt, à l'exception de l'ovaire qui se développe et devient le fruit, tandis que les ovules deviennent les graines.

Nous savons que l'ovaire est formé par une feuille modifiée, or une feuille se compose d'un tissu cellulaire appelé parenchyme, recouvert par deux épidermes ; on retrouve ces différentes parties dans le fruit.

Soit une pomme (fig. 31), l'épiderme supérieur de la feuille est ici représenté par l'*épicarpe*, le parenchyme par le tissu cellulaire appelé *mésocarpe*, et l'épiderme inférieur de la feuille par l'*endocarpe*, membrane cornée qui renferme les graines.

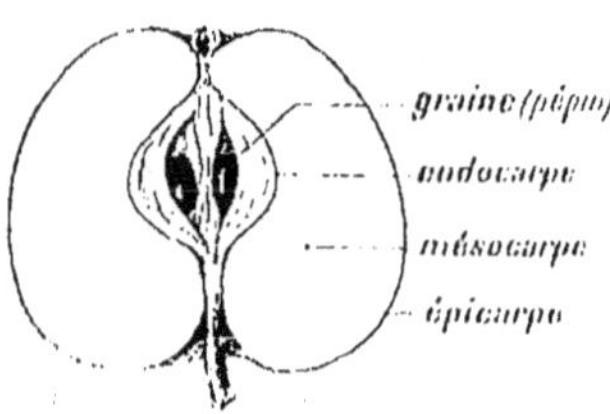

Fig. 31.

Coupe verticale d'une pomme

Graine. — La graine est l'ovule fécondé et accru. Les deux membranes qui le recouvraient se retrouvent dans la graine (fig. 30) où elles portent des noms différents ; la nucelle est remplacée par *l'albumen* qui est tantôt farineux comme dans le blé, oléagineux comme celui du ricin ou corné comme dans le café.

L'oosphère qui était dans le sac embryonnaire est remplacé par *l'embryon*. L'embryon, encore appelé *plantule* (fig. 30), se compose de la *radicule*, de la *tigelle*, de la *gemmule* et des *cotylédons*.

Lorsque l'embryon porte deux cotylédons, la plante est dite *dicotylédone*, exemple : poirier ; lorsqu'elle ne porte qu'un cotylédon la plante est dite *monocotylédone*, exemple : blé.

En résumé, la graine se compose d'une plante rudimentaire, l'embryon, accompagnée d'une réserve nutritive, l'albumen, qui est destiné à lui servir de première nourriture. Cette réserve nutritive se trouve quelquefois dans les cotylédons comme dans le haricot.

Germination. — Sous l'influence de l'air, de la chaleur et de l'humidité, l'albumen ou les réserves nutritives contenues dans les cotylédons subissent des transformations qui

permettent à l'embryon de s'en nourrir et de se développer.
Soit par exemple le grain de blé ; l'albumen farineux se
compose d'amidon et d'une matière élastique azotée appelée
gluten. Sous l'influence des éléments cités plus haut, une
partie du gluten se transforme en diastase végétale qui agit

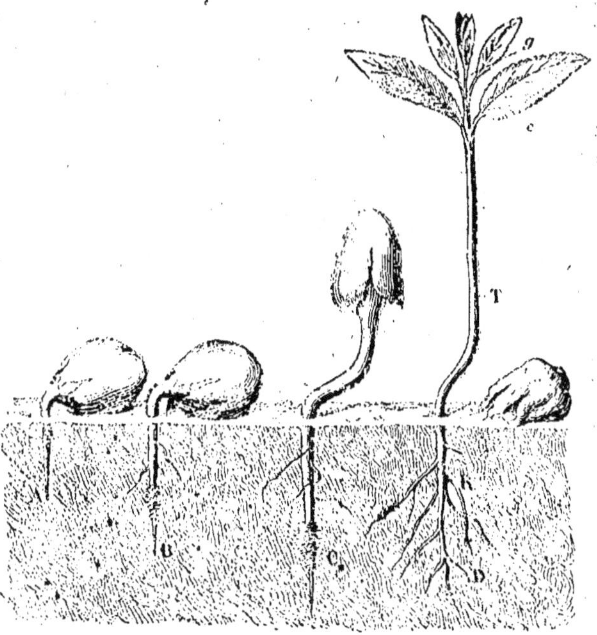

Fig. 32.

Phases successives de la germination d'une graine de ricin.
T, tigelle. — g, gemmule. — c, cotylédons.

sur l'amidon insoluble et le transforme en glucose, substance
soluble et assimilable qui ne tarde pas à être absorbée par
l'embryon. L'embryon, qui était jusque-là dans la graine
à l'état de vie latente, passe à l'état de vie active et se développe. C'est d'abord la radicule qui s'allonge et se couvre de
poils absorbants, puis la tige et la gemmule qui se développent à leur tour (fig. 32).

Applications pratiques. — Il faut de l'*air* pour assurer la germination, et c'est pour cette raison que les graines ne doivent pas être enterrées trop profondément ; une profondeur égale à quatre fois leur diamètre est suffisante, aussi le sol destiné à recevoir les petites graines doit-il être parfaitement pulvérisé.

La *température* la plus convenable pour assurer la germination est de 15 à 25 degrés. Semer trop tôt au printemps lorsque la terre est encore bien froide, c'est s'exposer à faire pourrir les graines.

L'*eau* est nécessaire pour la formation de la diastase végétale et pour dissoudre les substances contenues dans l'albumen et les porter dans l'embryon ; cependant un excès d'humidité empêche l'air d'arriver à la graine, délaye par trop la substance de l'albumen et en forme des dissolutions très étendues incapables de nourrir l'embryon.

Lorsqu'on arrose les semis faits dans un terrain sec, il ne faut pas oublier que les premiers arrosages suffisent pour faire passer l'embryon de la vie latente à la vie active ; mais si par la suite on cesse d'arroser, l'embryon manquant de nourriture ne peut pas revenir à la vie latente, il meurt et les arrosages ultérieurs resteront sans effet.

Reproduction chez les cryptogames. — Toutes les plantes ne se reproduisent pas comme les dicotylédones et les monocotylédones ; d'autres plantes sont appelées cryptogames parce qu'elles ont leurs organes de reproduction cachés. On trouve parmi elles les champignons.

L'Agaric champêtre, par exemple, se compose d'un *appareil nutritif* formé de filaments entre-croisés se développant dans le fumier et qu'on appelle *mycélium* ou blanc de champignon (fig. 33). Le mycélium présente, de distance en distance, un renflement qui se développe rapidement et forme un pied surmonté d'un chapeau (fig. 34) en dessous duquel se trouvent des lamelles rayonnantes roses portant de petits corps sphériques appelés *spores* (fig. 35). Les spores tombant dans le fumier reproduisent le mycélium. Le chapeau porté par un pied, ce que l'on appelle vulgairement champignon, c'est donc *l'appareil reproducteur* et la reproduction est ici *asexuée*.

Fig. 33.

Mycélium.

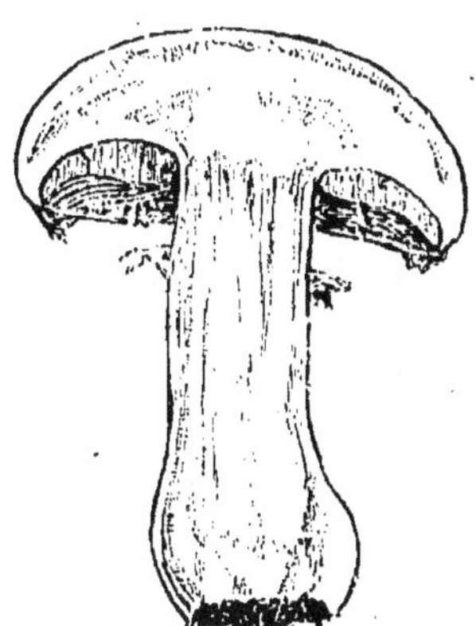

Fig. 34.

Appareil sporifère.

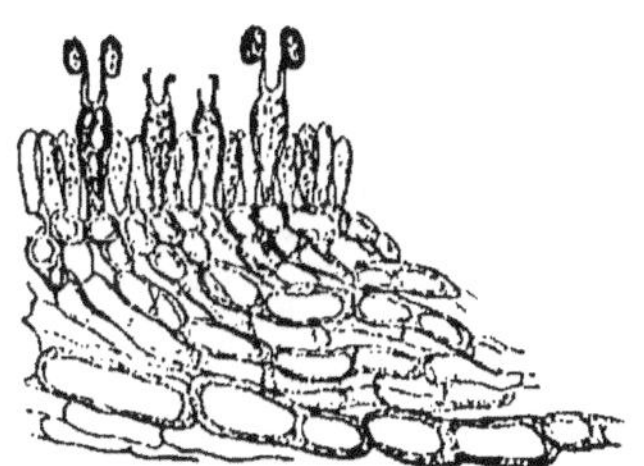

Fig. 35.

Portion de lamelle grossie portant des [spores.

Le Mucor ou moisissure blanche est un autre champignon qui se développe sur les matières organiques en voie de décomposition. Il se compose d'un mycélium formé de filaments blanchâtres ; quelques-uns de ces filaments se renflent à leur sommet de façon à former une petite sphère appelée *sporange,* renfermant de nombreuses *spores* (fig. 36). Bientôt la membrane qui entoure le sporange crève et met en liberté les

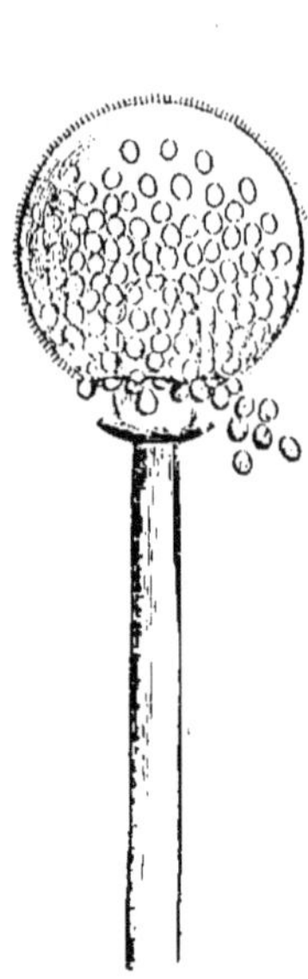

Fig. 36.

Sporange ouvert
laissant sortir ses
spores.

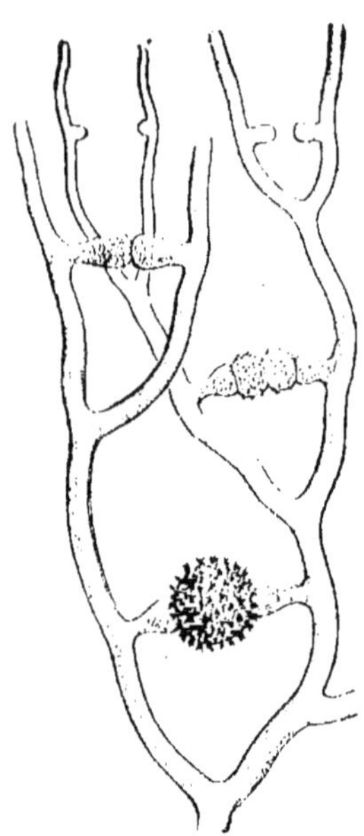

Fig. 37.

Plusieurs filaments de mucor montrant
les phases successives
de la formation d'un œuf.

spores qui donnent naissance à un nouveau mycélium. (Reproduction asexuée.)

Mais le mucor peut encore se reproduire au moyen d'œufs. Plusieurs filaments (fig. 37) s'avancent l'un vers l'autre et, arrivés en contact, leurs cellules extrêmes se fusionnent pour former l'œuf O qui, lui aussi, peut donner naissance à un nouveau mycélium. (Reproduction sexuée.)

D'autres champignons, comme la levure de bière, se multiplient par le simple bourgeonnement de leurs cellules.

Beaucoup de maladies de végétaux, de la vigne en particulier, sont dues à des champignons microscopiques. Nous verrons que le traitement de ces maladies consiste à éliminer les spores et les œufs et à détruire le mycélium de ces champignons lorsqu'il se développe.

Notions générales d'arboriculture

Reproduction des arbres fruitiers. — Les arbres fruitiers se reproduisent naturellement par le semis. Les semis de pépins et de noyaux donnent l'espèce mais n'assurent pas généralement la reproduction de la variété. Pour obtenir la variété il faut la greffer sur un sujet obtenu de semis, de marcotte ou de bouture ; c'est ce qu'on appelle la multiplication artificielle des arbres fruitiers.

Nous reviendrons sur la multiplication naturelle de chaque espèce fruitière.

Multiplication artificielle des arbres fruitiers. — La multiplication artificielle des arbres fruitiers se fait par le greffage, le marcottage et le bouturage.

Greffage des arbres fruitiers. — Greffer un arbre c'est implanter sur un sujet A un rameau vivant, appelé greffon, que l'on a détaché de la variété B. L'arbre ainsi obtenu aura toutes les qualités de la variété B. Il est en effet à remarquer que cet arbre n'est que le développement d'une fraction de la variété B. La greffe est comparable à une bouture faite sur un sujet au lieu d'être faite dans le sol.

Pour que la greffe réussisse il faut :

1° Qu'il existe entre le greffon et le sujet un certain degré de parenté ; ils doivent tous deux appartenir à la même famille ; mais il s'en faut de beaucoup que toutes les plantes d'une même famille puissent se greffer les unes sur les autres ; il est nécessaire qu'il y ait entre le greffon et le sujet, outre la parenté, une certaine affinité qui rende la soudure possible.

En ce qui concerne le choix des sujets à employer pour greffer chaque espèce, on s'en remettra donc à l'expérience acquise.

2º Il faut encore, pour que la greffe se soude, que la zone génératrice du sujet soit en contact avec la zone génératrice de la greffe. (Voir greffes, page 11.) C'est donc une erreur de penser que, pour faire une bonne greffe, il suffit de faire coïncider le liber du sujet avec celui de la greffe ; c'est la partie interne des libers qui doit se toucher.

3º Enfin la greffe doit porter un ou plusieurs yeux qui, en se développant, formeront l'arbre désiré.

Principaux avantages du greffage. — La greffe permet la multiplication d'espèces qu'il serait difficile ou impossible de multiplier par bouture. Le poirier ne reprend pas de bouture mais se greffe sur cognassier que l'on multiplie facilement de boutures et de marcottes.

On donne une plus belle végétation aux espèces faibles en les greffant sur des espèces plus vigoureuses ; le rosier greffé sur églantier pousse mieux que le rosier de bouture. Nous verrons cependant, à propos du pommier, qu'une certaine harmonie doit exister entre la vigueur du sujet et la vigueur de la variété greffée, afin d'éviter les bourrelets qui se font au-dessous ou au-dessus de la greffe. En ce qui concerne le poirier greffé sur cognassier, on amortit les inégalités de vigueur par le surgreffage. (Voir surgreffe, page 77.)

On hâte la fructification du poirier et on améliore son fruit en le greffant sur cognassier.

Outils. — Les principaux outils nécessaires pour greffer sont :

Le sécateur (fig. 38) qui sert à étêter les sujets, à couper les greffons, etc.

La scie à main, dite encore scie égohine (fig. 39), destinée à tronquer les tiges et les fortes branches.

La serpette (fig. 40), qui sert à rafraîchir les plaies faites par la scie ou le sécateur.

La serpette à désongletter (fig. 41) que l'on saisit à deux mains pour enlever le chicot de la greffe après une année de végétation de la greffe.

Le greffoir (fig. 42), qui sert à écussonner. Le greffoir anglais

a le manche en os, en corne ou en ivoire qui s'amincit à son
extrémité et se termine en spatule.

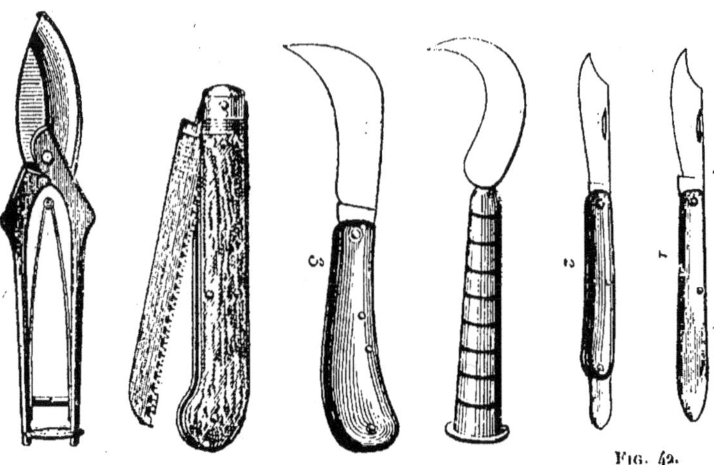

FIG. 38.   FIG. 39,   FIG. 40.   FIG. 41.   FIG. 42.

Sécateur.   Scie à main.   Serpette.   Serpette   1. Greffoir anglais.
                                                      à désongletter.   2. Greffoir français à
                                                                        spatule fermante

Il est nécessaire de nettoyer ces outils après chaque opération car la sève noircit et encrasse les lames.

Il sera bon de posséder une pierre du Levant pour le repas-
sage des serpettes ; la pierre d'ardoise convient bien au greffoir
et au sécateur. Le greffoir peut encore être adouci sur le cuir.

Principales greffes

Ecussonnage. — C'est une des meilleures greffes.

Le rameau est ici remplacé par un seul œil entouré d'une
lamelle d'écorce prenant la forme d'un écusson d'armoirie
(fig. 43), d'où son nom. Cet écusson est introduit sous l'écorce
du sujet, c'est-à-dire dans la zone cambiale, l'œil cependant
faisant saillie (fig. 44).

La greffe en écusson convient aux jeunes sujets de un à

cinq ans, présentant encore une écorce mince, lisse et tendre.

On écussonne les sujets en sève, soit au printemps : écusson

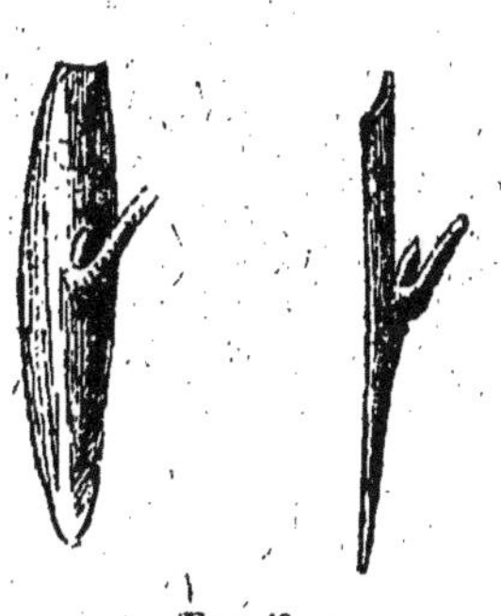

FIG. 43.

Écusson vu de face et de profil.

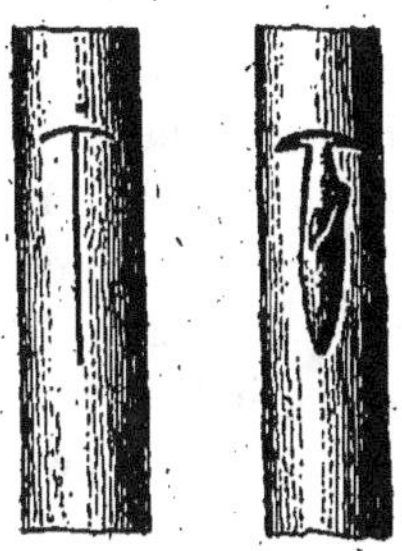

FIG. 44

Incisions pour poser l'écusson. — Écusson introduit dans la zone cambiale.

à œil poussant ; soit à l'automne : écusson à œil dormant.

Ecussonnage à œil dormant. — C'est le plus usité et de beaucoup. Exécuté de juillet au commencement de septembre, l'écusson ne se développe qu'au printemps suivant.

Préparation des sujets. — Quinze jours au moins avant l'écussonnage, afin d'éviter toute espèce de trouble dans la circulation de la sève au moment de l'opération, on supprime sur le sujet les quelques branches qui pourraient gêner l'opérateur.

Choix des écussons. — On choisit des rameaux porte-greffons bien aoûtés, c'est-à-dire suffisamment ligneux, ce que l'on reconnaît à leur couleur plus ou moins brune et à leur fermeté.

Les rameaux herbacés, qui sont verts et tendres, ne conviennent pas à cette opération.

En ce qui concerne le choix de toutes les greffes en général, on n'oubliera jamais que l'arbre ou l'arbrisseau que l'on veut former sera le prolongement de la greffe choisie ; celle-ci sera donc coupée de préférence sur les arbres plutôt jeunes et toujours sains et fertiles. S'il s'agit d'arbres fruitiers, on les choisira de préférence sur une branche de charpente donnant du fruit, et, si l'on veut faire un rosier, on prendra les écussons sur une branche qui a fleuri. On évitera de choisir des rameaux gourmands qui donneraient des arbres et arbustes se mettant difficilement à fleur et à fruit ; on ne les prendra pas volontiers sur les vieux arbres plus ou moins épuisés et on ne les coupera jamais sur des arbres chancreux.

Soit A le rameau porte-greffon choisi et détaché au moment de s'en servir (fig. 45). Les yeux C de la partie inférieure ne sont pas assez développés ; ceux du sommet B sont trop herbacés ; les yeux D de la partie moyenne sont les plus convenables ; ceux qui sont accompagnés de plusieurs feuilles sont excellents.

On coupe tous les pétioles à un centimètre de leur base pour éviter toute évaporation ; les rameaux greffons D' sont entourés de mousse humide et placés à l'ombre et au frais s'ils ne doivent être employés qu'un ou deux jours après leur préparation. Inutile de dire qu'il est bon de les employer le plus tôt possible.

Fig. 45.

Préparation du rameau greffon.

La levée de l'écusson. —

Le rameau porte-greffon étant porté par la main gauche, on saisit l'écussonnoir de la main droite et on pose le pouce de cette main au-dessous de l'œil à détacher et l'écussonnoir à un centimètre et demi au delà de cet œil (fig. 46).

Il ne reste plus qu'à enlever la lamelle d'écorce en forme d'écusson en ayant soin de prendre toute l'épaisseur de l'écorce avec le liber. Mieux vaudrait prendre un peu d'aubier que de laisser une partie de l'écorce. La longueur de la portion d'écorce au-dessus de l'œil peut être de un centimètre et demi environ ; on laisse généralement une longueur d'écorce un peu moins grande en dessous de l'œil.

Lorsqu'on a coupé un petit excès de bois, on peut l'enlever en le saisissant, vers la partie supérieure de l'écusson, entre la spatule et le pouce, et en le détachant de haut en bas. Cet aubier s'enlève en prenant la forme d'un fer à cheval, laissant en place le germe de l'œil ; on appelle ainsi le faisceau libéro-ligneux entouré de tissu cellulaire qui se trouve en dessous de l'œil et qui est indispensable à la reprise de l'écusson (fig. 46).

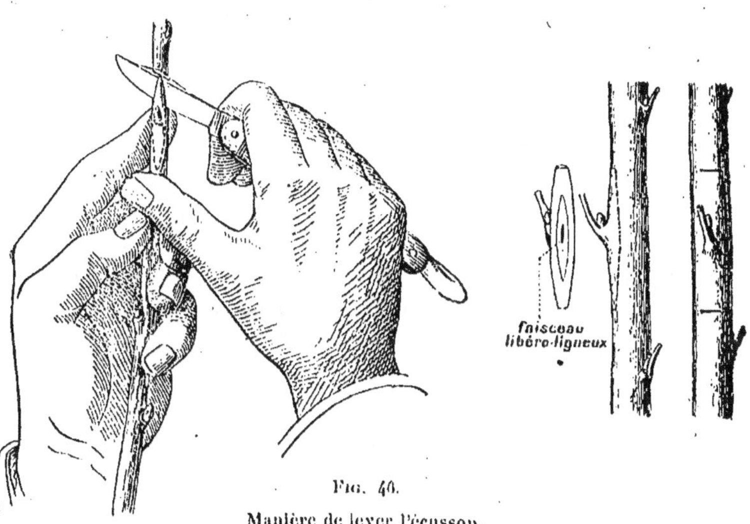

Fig. 46.

Manière de lever l'écusson.

Si au contraire on détachait l'aubier en le saisissant par la partie inférieure de l'écusson et en le tirant de bas en haut, le faisceau libéroligneux qui entre dans l'œil se trouverait entraîné, autrement dit le germe de l'œil serait enlevé et laisserait une cavité ; l'écusson ne pourrait plus se souder sur le sujet.

Dans l'écussonnage du poirier il est facile d'enlever l'excès de bois, mais cette opération est plus difficile dans l'écussonnage du rosier, aussi est-il préférable, quand il s'agit du rosier, d'enlever l'écusson de manière à n'avoir plus à y retoucher.

Introduction de l'écusson sous l'écorce du sujet. — Sur le sujet, à la hauteur voulue, en un endroit où l'écorce est bien lisse, on fait deux incisions en T (fig. 44). On commence par l'incision horizontale, mais au lieu de tenir la lame de l'écussonnoir perpendiculairement sur le sujet, on incline la lame de manière à faire une incision oblique. Dans ces conditions ce trait supérieur sera arqué.

On fait ensuite le trait vertical sur une longueur de 2 à 3 centimètres, en rapport du reste avec la longueur de l'écusson, et, avec la spatule, on soulève les deux bords de l'écorce à la partie supérieure de ce trait.

De la main gauche on saisit l'écusson par le pétiole et on introduit sa partie inférieure au-dessous des deux lèvres soulevées. Cette introduction se fait avec une grande facilité grâce à l'obliquité de la coupe de l'écorce dans le trait supérieur. On achève ensuite de pousser l'écusson et de le mettre en place en exerçant avec la spatule une légère pression au-dessus de l'œil. Si l'on éprouvait quelque difficulté à faire descendre l'écusson, on aurait soin de ne pas exercer une trop forte poussée, mais on en faciliterait le glissement en soulevant, avec la spatule, les deux bords de l'écorce le long du trait vertical. On estime que l'écusson est suffisamment introduit lorsque l'œil se trouve à un bon centimètre du trait horizontal ; on coupe alors la petite languette d'écorce qui fait saillie en passant la lame de l'écussonnoir dans le trait transversal.

Il est bon que l'écusson reste à l'air le moins longtemps possible et ne soit souillé par aucun corps étranger ; aussi, dans la pratique, fait-on d'abord l'incision en T sur le sujet, puis on détache l'écusson et on le glisse aussitôt sous l'écorce.

Ligature de l'écusson. — Les ligatures doivent être élastiques pour se prêter à l'accroissement en diamètre du sujet ;

c'est pour cette raison que la laine est préférable au raphia. Lorsqu'on a de nombreux écussons à faire, il est économique de recourir à la feuille de spargaine rameuse, encore appelée rubanier rameux, qui est préférable à la massette à larges feuilles. Ces feuilles sont coupées à l'automne et séchées à l'ombre.

Avant de les employer, on les fait tremper pendant quelques heures, puis on les coupe par fragments d'environ 0 m. 30 de longueur ; au moment du greffage, elles doivent être un peu humides mais non mouillées. Ces feuilles, fendues longitudinalement, forment des ligatures douces et suffisamment élastiques.

On commence à lier l'écusson par la partie supérieure afin de l'empêcher de remonter ; la ligature doit tourner autour du sujet de manière à ce que les tours de spire se touchent. On descend ainsi jusqu'à l'œil sans le couvrir, puis les tours de spire recommencent dès la base du pétiole jusqu'à la partie inférieure du trait vertical ; on noue alors le lien en le passant au-dessous du tour de spire précédent et on serre en tirant dans le sens de la spire (fig. 47).

Soins à donner après l'écussonnage. — Il est bon de biner le sol qui a été piétiné pendant l'écussonnage. Huit ou dix jours après l'opération, si le pétiole qui accompagne l'œil de l'écusson se détache avec facilité, c'est que la greffe a réussi ; si au contraire ce pétiole reste adhérent c'est que l'écusson n'est pas soudé ; l'œil s'est desséché ainsi que le pétiole. On peut recommencer l'opération. Les écussonnages tardifs, opérés cependant lorsque l'écorce se détache encore du sujet, réussissent presque toujours.

Fig. 47.

Ligature de l'écusson.

Trois semaines après l'écussonnage on coupe les ligatures des greffes étranglées, ou bien on se contente de desserrer le lien si la soudure n'est pas achevée.

Après l'hiver, et avant toute végétation, on coupe le sujet à 0 m. 10 au-dessus de la greffe. Si quelques bourgeons se développent sur l'onglet on les conserve quelque temps pour attirer la sève ; on les maintient par le pincement et on les supprime dès que l'écusson se développe.

L'onglet conservé sert à palisser la jeune greffe dès qu'elle a 10 à 15 centimètres de longueur (fig. 48), ce qui n'empêche pas de lui donner un tuteur plus haut lorsqu'elle a atteint un certain développement. Ces précautions sont très utiles pour empêcher les coups de vent de détacher les écussons. Disons que, d'une manière générale, il faut donner des tuteurs à toutes les espèces de greffe la première année de leur développement. Quand il s'agit des arbres greffés à haute tige, il n'est pas inutile que le tuteur joue le rôle de perchoir pour éviter que les gros oiseaux ne cassent les greffes en venant se poser dessus. Ce perchoir se compose d'un rameau flexible disposé comme l'indique la figure 49.

Fig. 48.

Greffe palissée contre l'onglet.

L'ablation de l'onglet se fait en août ou septembre de l'année du développement de l'écusson, ou en mars de l'année suivante. On coupe en biais, en B (fig. 48), au sécateur, et on plane la coupe à la serpette en évitant d'attaquer la greffe ; on peut aussi se servir de la serpette à désongletter (fig. 41). Un peu de mastic à greffer sur la plaie favorise la cicatrisation.

Écussonnage à œil poussant. — Il est pratiqué au commencement de la végétation afin que la greffe puisse s'aoûter avant l'hiver. On greffe en avril avec des yeux pris sur des rameaux de l'année précédente et que l'on a conservés en cave, ou piqués en terre au pied d'un mur exposé au nord. On greffe encore en mai-juin avec des yeux pris sur des bourgeons de l'année.

Quelques jours après l'écussonnage on commence à écimer en enlevant la partie supérieure du sujet ; huit jours plus tard on rabat plus près de l'écusson et, lorsque celui-ci se développe, on coupe le sujet en laissant un onglet de 0 m. 10 au-dessus de l'écusson.

L'écussonnage à œil poussant est très peu employé pour la multiplication des arbres fruitiers, les résultats étant peu assurés. Ils sont meilleurs en ce qui concerne le rosier. On greffe le rosier : 1° en avril avec des bourgeons de l'année précédente ; 2° en mai-juin avec des yeux pris au milieu des bourgeons florifères ; l'écusson peut donner des roses en septembre de la même année ; cependant le rosier est surtout greffé, en août, en écusson à œil dormant.

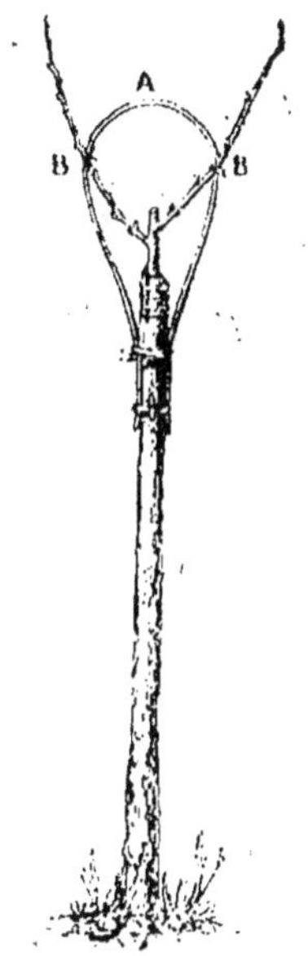

Fig. 49.

Perchoir pour défendre les jeunes greffes.

Greffe de boutons à fruit. — Elle est usitée dans la culture du poirier et du pommier. Elle consiste à greffer sur des arbres stériles par suite de leur trop grande vigueur, des boutons à fruit détachés d'un arbre qui en porte trop.

On conçoit que les fruits ainsi produits soient volumineux.

Cette greffe se pratique du 15 août au 15 septembre. A cette époque on reconnaît très bien les boutons à fruit à leur forme gonflée et aux sept ou huit feuilles qui les entourent. Ils sont écussonnés comme les yeux à bois, mais comme ils sont plus gros, le lambeau d'écorce qui les accompagne peut atteindre 4 ou 5 centimètres de longueur (fig. 50).

Pour faciliter l'introduction de l'écusson sur le sujet on fait.

souvent l'incision en croix ; la ligature doit être à spires rapprochées et il n'est pas inutile de couvrir les joints de mastic. On a soin de conserver cette ligature jusqu'au mois de juin de l'année suivante.

Nous verrons plus loin, page 45, une autre greffe de boutons à fruit.

Greffe en fente. — La greffe en fente se pratique généralement au printemps, en mars-avril. Les greffons bien constitués ont été cueillis sur des arbres sains, en février, par un temps doux, et piqués en terre au pied d'un mur exposé au nord.

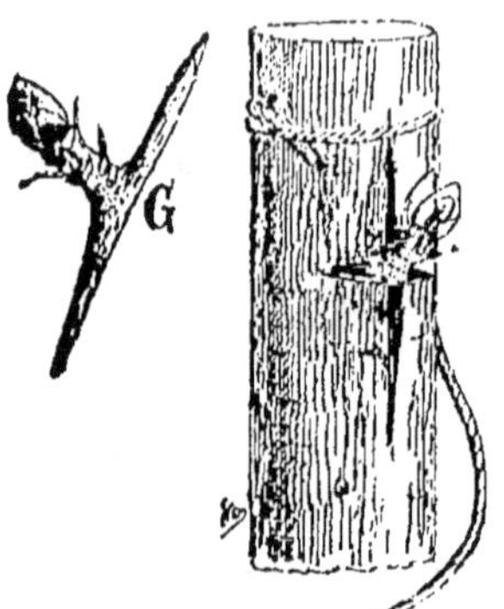

Fig. 50.

Greffe de bouton à fruit.
G. Greffon.

La greffe en fente peut encore se pratiquer à l'automne ; les rameaux-greffons sont alors détachés de l'arbre au moment de s'en servir et effeuillés. Cette greffe automnale se soude bien, mais est sujette à périr dans les hivers rigoureux, aussi est-elle peu usitée dans notre pays.

Le greffon est taillé en double biseau et porte deux ou trois yeux dont un à la base du biseau, comme l'indique la figure 51.

Le biseau est beaucoup plus épais du côté où il porte un œil à la base que du côté opposé. La greffe ainsi préparée est placée dans la mousse fraîche.

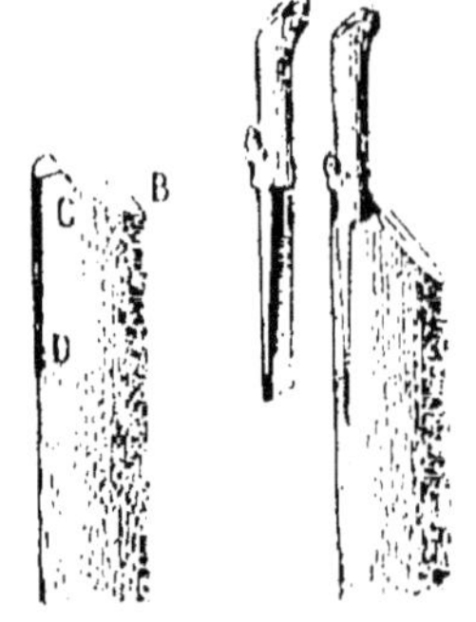

Fig. 51.

Greffe en fente simple.

On coupe alors le sujet de moyenne grosseur horizontalement, puis obliquement, en B (fig. 51).

Toutes les coupes peuvent être faites à la scie, mais sont

nécessairement rafraîchies à la serpette. Dans la partie la plus élevée on fait, avec la serpette, en s'aidant du maillet si c'est nécessaire, une fente verticale C D de la longueur du biseau.

En faisant cette fente on a soin d'incliner fortement la serpette vers D de manière à couper l'écorce dans la direction que prendra la fente. On obtiendra ainsi une fente aux bords plus nettement tranchés et s'appliquant mieux sur la greffe.

Pour introduire la greffe dans la fente nous nous servons d'un coin en acier muni d'un levier (fig. 52). Le coin est enfoncé dans la fente un peu en arrière de l'endroit qu'occupera la greffe ; nous descendons alors celle-ci dans la fente que nous ouvrons à notre volonté en exerçant une légère pression sur le levier, et nous avons soin de faire coïncider les parties internes des libers du sujet et de la greffe. Il ne reste plus qu'à ligaturer et à mastiquer.

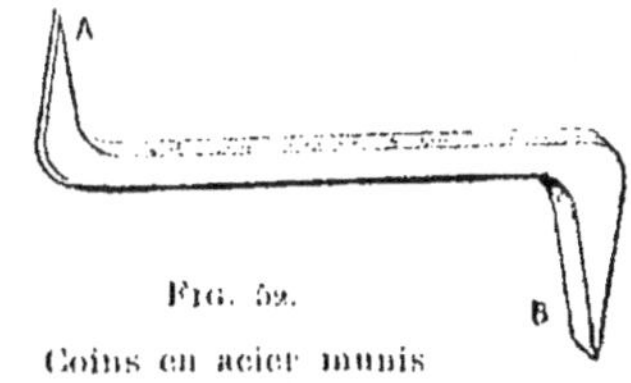

Fig. 52.
Coins en acier munis
d'un levier.

Lorsque le sujet est plus volumineux, on le coupe horizontalement et on pose deux greffes (fig. 53).

Le mastic est étendu sur la coupe horizontale, sur les biseaux des greffons, en ayant soin de ne pas recouvrir les yeux qu'ils peuvent porter, sur l'extrémité du greffon et sur les plaies que le sujet peut présenter.

L'horticulteur doit savoir préparer le mastic dont il a besoin. Voici la formule d'un excellent mastic à employer chaud ; elle est donnée par M. Charles Baltet dans son excellent ouvrage : *L'art de greffer.*

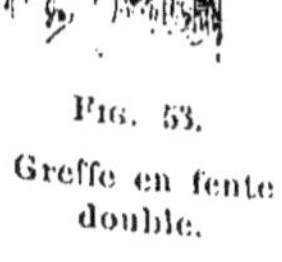

Fig. 53.
Greffe en fente
double.

Mastic à employer chaud

Faire fondre ensemble :

Résine .... 1 kg. 250
Poix blanche .... 0 kg. 750

En même temps faire fondre à part :

Suif .... 0 kg. 250

Verser le suif fondu sur le premier mélange en agitant fortement. Ajouter ensuite 500 grammes d'ocre rouge en laissant tomber par petites portions et en remuant longtemps le mélange.

Ce mastic doit être employé tiède, et on le maintient dans cet état en le chauffant au bain-marie sur un fourneau portatif.

On rend ce dernier mastic applicable à froid en y ajoutant, lorsqu'il est fondu, de l'alcool à brûler ; on le conserve alors en vase clos.

Voici une autre formule de mastic à employer à froid.

Mastic à employer à froid

Faire fondre ensemble :

Cire jaune .... 130 grammes
Térébenthine grasse de Venise .... 130 grammes
Poix blanche de Bourgogne .... 65 grammes
Suif .... 32 grammes

Greffe en couronne. — Elle est employée pour greffer les sujets volumineux, trop gros pour être greffés en fente. Elle se pratique au printemps, un peu plus tard que la greffe en fente et aussitôt que l'écorce se détache de l'aubier ; le sujet peut bourgeonner au moment du greffage, mais il ne doit pas en être de même du greffon. Il est bon d'étêter les sujets un mois avant de les greffer, et même à l'automne précédent, afin d'éviter un trop grand trouble dans la circulation de la sève au moment du greffage. Toutes les plaies sont rafraîchies avec la serpette au moment de poser les greffes.

Le greffon est préparé comme l'indique la figure 54 ; il porte deux ou trois yeux et la partie inférieure est taillée en biseau à plat ou bec-de-flûte, commençant en face d'un œil ; c'est ce biseau, qui ne doit pas être trop épais, que l'on introduit entre l'écorce et le bois du sujet. Un petit cran ménagé à sa partie supérieure diminue son épaisseur et permet d'asseoir le greffon sur le sujet. Pour empêcher l'écorce de se déchirer à l'endroit du greffon il est quelquefois nécessaire de la fendre. Dans tous les cas on prépare l'introduction du greffon en enfonçant, entre le bois et l'é-

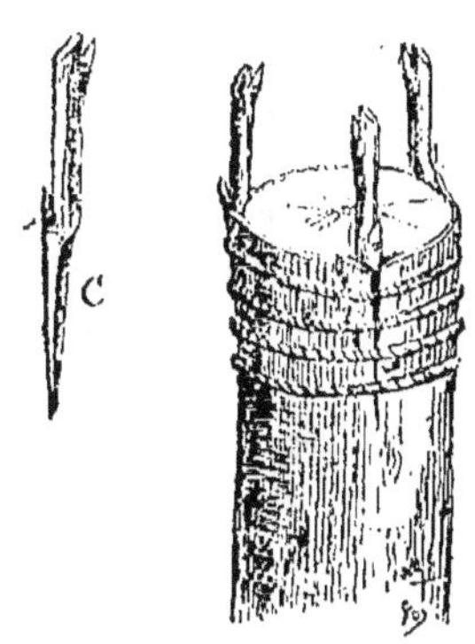

Fig. 54.

Greffe en couronne.
C. Greffon.

corce, un petit morceau de bois, d'os ou d'ivoire taillé en biseau comme la greffe. On pose ensuite les greffons en laissant entre eux une distance minimum de 5 centimètres ; on ligature et on mastique la plaie horizontale, l'extrémité des greffes et l'écorce du sujet qui recouvre chaque greffon au cas où elle viendrait à se déchirer.

La greffe en couronne est moins solide que la greffe en fente ; aussi un tuteur lui est tout à fait indispensable pour la soutenir lors de sa première année de végétation.

La greffe en couronne perfectionnée s'emploie pour des sujets plus petits, soit par exemple sur les cognassiers trop âgés pour être écussonnés.

Le sujet est taillé obliquement et l'écorce est fendue verticalement à partir de la partie supérieure du sujet (fig. 55).

On soulève avec la spatule un côté seulement C de l'écorce incisée. Le greffon est taillé comme la greffe précédente, avec ces différences cependant que le cran 1 qui se trouve à la partie supérieure du biseau est ici à angle aigu au lieu d'être à angle droit, que d'autre part on a enlevé sur le côté du biseau, en J, une faible lanière d'écorce.

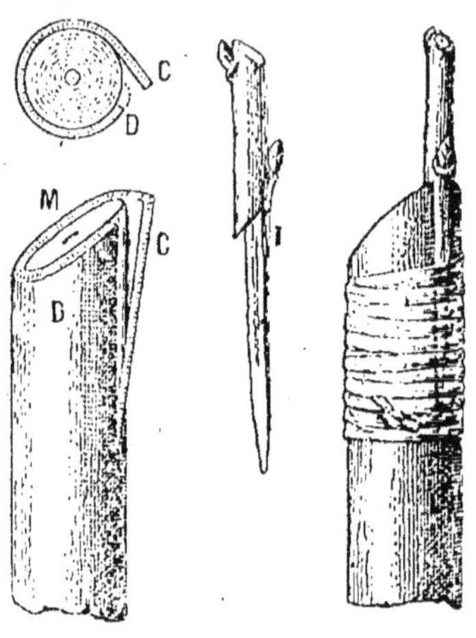

Fig. 55
Greffe en couronne perfectionnée.

Le biseau ainsi préparé est glissé sous l'écorce C et le côté J de ce biseau vient se placer contre l'écorce D non soulevée. Dans ces conditions la greffe est fortement assise sur le sujet ; elle réalise, du côté droit, les avantages de la greffe en couronne puisqu'elle est plongée dans la zone cambiale et, du côté gauche, les avantages de la greffe en fente puisque de ce côté les parties internes des libers de la greffe et du sujet coïncident. Il ne reste plus qu'à ligaturer et à mastiquer.

Greffe en rameau inoculé. — Cette greffe est particulièrement employée pour remplacer les branches qui manquent dans les arbres fruitiers soumis à une forme régulière.

On choisit comme greffon un rameau de 10 à 20 centimètres de longueur un peu arqué à la base, laquelle est taillée en biseau présentant un œil à sa partie supérieure (fig. 56). On fait sur le sujet une incision en forme de T au-dessus de laquelle on enlève un peu d'écorce ; avec la spatule on soulève l'écorce

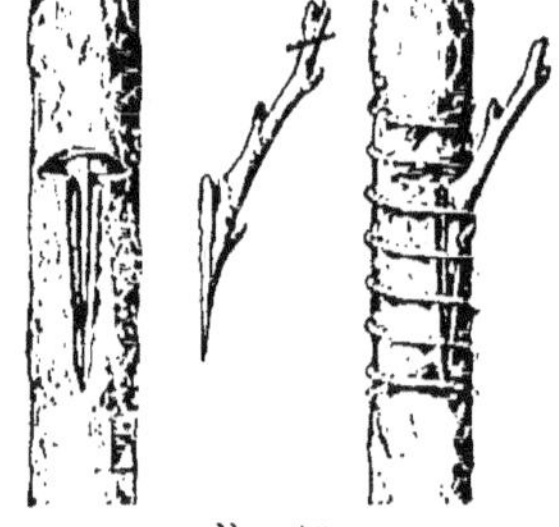

Fig. 56.
Greffe en rameau inoculé.

à la partie supérieure du T ; on introduit le greffon, on lie et on mastique.

Lorsque l'écorce du sujet est assez élastique, on peut supprimer l'incision en T et faire une simple ouverture en œil-de-bœuf par laquelle on glisse le greffon après avoir préparé son passage à l'aide d'une petite tige biseautée en buis, os ou ivoire.

Lorsqu'on n'a pas sous la main de rameau arqué, on peut le remplacer par un autre greffon disposé comme l'indique la figure 57, rameau dont on a enlevé l'empattement avec un peu d'écorce.

La greffe en rameau inoculé se pratique principalement en avril-mai, à la montée de la sève ; elle est dite alors à œil poussant ; on emploie des greffons coupés et conservés comme pour les greffes en fente et en couronne. On peut aussi la faire de juillet en septembre ; c'est

Fig. 57.

Greffon pour remplacer une branche de charpente.

la greffe à œil dormant parce qu'elle ne se développe que l'année suivante au printemps. Les greffons sont alors détachés du sujet et effeuillés le jour même de l'opération.

On peut, par ce procédé, greffer, fin août, des brindilles portant plusieurs boutons à fruit sur le pommier et surtout sur le poirier (fig. 58).

Greffe anglaise. — Elle se pratique en mars-avril ; la greffe doit être de même grosseur que le sujet. Le greffon est taillé en bec-de-flûte de 3 à 4 centimètres de longueur en ménageant un œil derrière le biseau (fig. 59). Entre la pointe du biseau et la

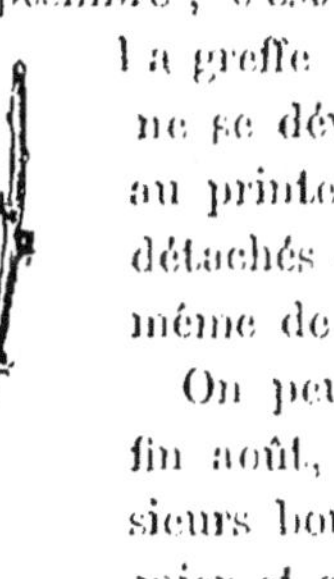

Fig. 58.

Greffe de brindille portant des boutons à fruit.

moelle on fait une fente longitudinale sans enlever de bois.

Le sujet est préparé exactement de la même façon. Le biseau présente dans son milieu ou un peu plus haut un œil d'appel et une simple fente au tiers supérieur, entre l'extrémité du biseau et la moelle.

Pour asseoir la greffe sur le sujet, on fait pénétrer la lamelle D dans le cran C et on descend la greffe jusqu'à ce qu'elle recouvre complètement le sujet.

Si le biseau du greffon était un peu moins large que celui de la greffe, on ferait coïncider la partie interne des libers au moins d'un côté.

Il ne reste plus ensuite qu'à ligaturer et à mastiquer.

On conçoit que cette greffe présente de nombreux points de contact entre les libers du sujet et de la greffe et a par conséquent de grandes chances de réussite. Le bourgeon ménagé en tête du sujet, destiné à jouer le rôle d'appel-sève, sera pincé sur trois ou quatre feuilles afin de l'empêcher de nuire au développement de la greffe.

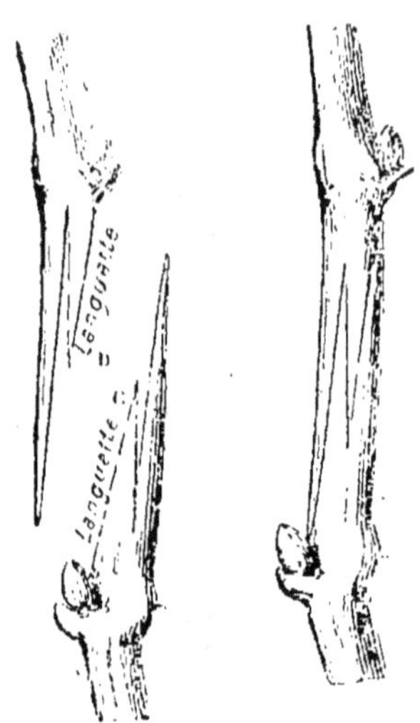

Fig. 59.

Greffe anglaise.

Remarque. — Lorsqu'au printemps on casse accidentellement une branche de charpente déjà grosse en voulant l'abaisser, par exemple, il est clair qu'en remettant les pièces en place on fait une greffe dans le genre de la greffe anglaise ; il suffit donc de mastiquer et de latter cette branche pour que la cassure se soude.

Greffe par approche. — C'est la plus ancienne des greffes ; la nature nous en fournit des exemples ; on voit dans les forêts des arbres dont les branches se sont soudées par suite de leur frottement et de leur contact intime.

La greffe par approche consiste donc à souder deux arbres par leur tige ou leurs branches, ou encore à greffer une branche d'un sujet sur lui-même. On greffe par approche de mars en septembre. Les principales espèces de greffes par approche sont :

La greffe par approche en incrustation. — Elle sert surtout à remplir les vides que peut présenter la charpente d'un arbre fruitier. On opère en mars. La branche B (fig. 60) est taillée en A en biseau comme l'indique la figure 61, sur une longueur de 5 à 6 centimètres. Au point A également on fait, sur la tige, une entaille de même longueur (fig. 61) et telle que le biseau de la branche B vienne s'y enchâsser parfaitement, les parties internes des libers de la tige et de la branche coïncidant bien. Il ne reste plus qu'à ligaturer et à mastiquer.

Un trait de scie donné en C (fig. 61) jusque dans l'aubier et affectant la moitié de la circonférence de la tige arrête la sève ascendante et facilite la soudure de la greffe, mais cette opération n'est pas indispensable.

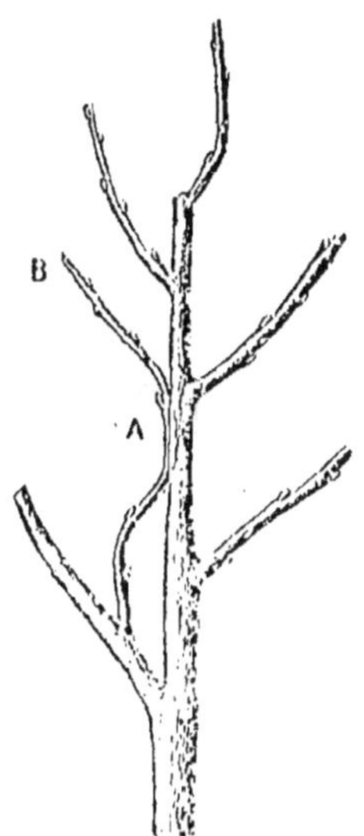

Fig. 60.
Greffe par approche en incrustation.

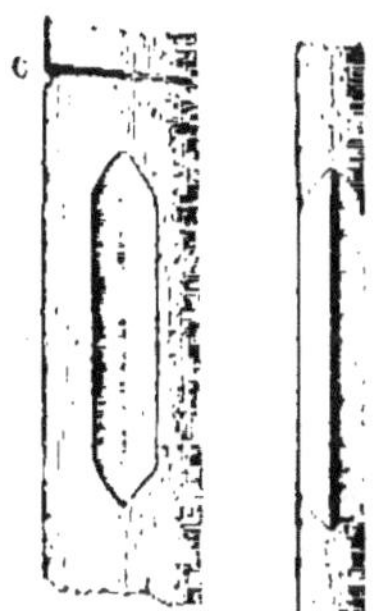

Fig. 61.
Détail de la greffe par approche en incrustation.

En février de l'année suivante cette greffe par approche sera parfaitement soudée et pourra être sevrée en la coupant en dessous de la soudure. La partie inférieure de la branche greffée sera alors redressée.

Cette branche B, greffée par approche, fera absolument corps avec l'axe de l'arbre ; on ne s'apercevra bientôt plus qu'elle a été soudée.

Ce résultat est dû à ce que les fibres de la branche soudée ont la même

direction verticale que les fibres de l'arbre. La greffe ne
réussirait pas si la branche A (fig. 62) était greffée obliquement sur l'axe de l'arbre. La soudure aurait lieu, mais
les fibres de l'arbre, en se multipliant, repousseraient peu à peu
la greffe qui deviendrait de plus en plus saillante.

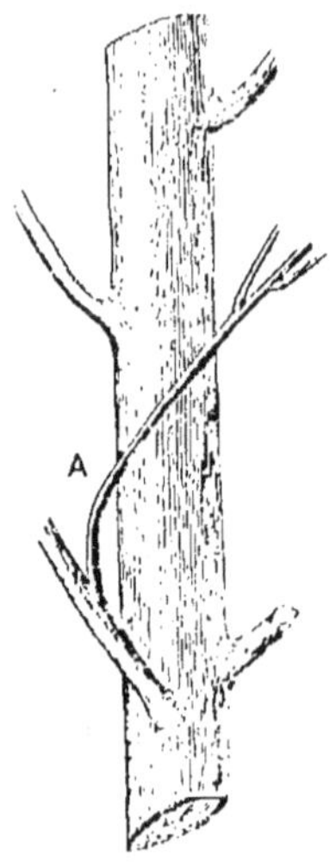

Fig. 62.
Greffe par approche
mal disposée.

Fig. 63.
Greffe par approche en
arc-boutant.
B, Greffon taillé en biseau.

Greffe par approche en arc-boutant avec œil. — Cette
greffe (fig. 63) est très utile pour restaurer les arbres fruitiers,
mettre des branches où il en manque, pour souder l'un sur
l'autre les arbres en cordons horizontaux, les branches des
pyramides à ailes, etc.

Elle se pratique d'avril en juillet. La branche L porte un
œil à bois **a** que nous voulons greffer. Nous taillons cette
branche en biseau B de manière que cet œil **a** se trouve
au-dessus du biseau. Nous abaissons la branche et nous
portons ce biseau sur le sujet. L'œil **a** se trouve au-dessus
du point **a'**. Un centimètre et demi en deçà du point **a'**,

nous faisons une incision transversale, puis une incision longitudinale faisant un T avec la première. Au moyen de la spatule nous soulevons les deux bords de l'écorce puis, en arquant la branche L, nous introduisons l'extrémité B du biseau sous l'écorce du T; l'œil *a* vient naturellement se placer en *a'*; il ne reste plus qu'à lier comme on le fait pour un écusson.

On ne supprime pas les feuilles sur la greffe lorsqu'on opère en pleine végétation et l'on n'use du mastic que si la partie greffée est fortement frappée par le soleil.

La soudure se fait d'autant plus vite qu'il fait plus chaud et que la greffe est herbacée.

Greffe par approche herbacée Jard. — De juin en août on greffe des bourgeons herbacés dans le pêcher, la vigne, etc., pour combler les vides.

On choisit un bourgeon herbacé bien placé et on le greffe par approche en différents points. Le détail de chaque opération est indiqué par la figure 64. Pour chacune de ces greffes

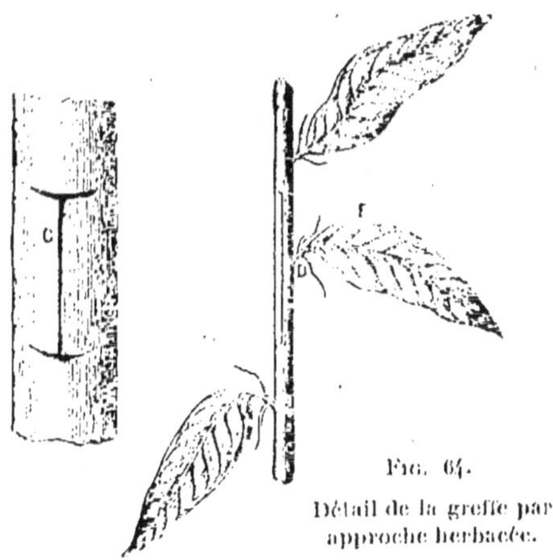

Fig. 64.
Détail de la greffe par
approche herbacée.

on fait sur la branche dénudée deux incisions transversales à 0 m. 04 de distance, puis une incision longitudinale C;

on soulève les deux bords de l'écorce à l'aide de la spatule.

La partie correspondante du bourgeon herbacé sera incisée en dessous d'une feuille F. On introduit la branche D sous les écorces soulevées et on ligature en ménageant la feuille F et l'œil qui se trouve à l'aisselle de cette feuille. La soudure est complète au printemps suivant, cependant on n'opère le sevrage de ces greffes qu'au second printemps.

Greffe-bouture par approche. — Cette greffe permet de remplacer la variété de raisin portée par un pied de vigne.

Soit un pied de vigne d'un certain âge dont le raisin ne plaît plus. On plante au pied et contre ce sujet une bouture de vigne C tout enracinée de la variété désirée (fig. 65). Dès que les vignes portent des feuilles on greffe la jeune vigne par approche en incrustation au pied de l'ancienne ; on recouvre de mastic ou de terre glaise ; on butte, et, l'année suivante, fin février, après avoir constaté que la greffe est prise, on coupe l'ancienne vigne au-dessus de la soudure en D. A partir de ce moment la jeune vigne reçoit la sève provenant de ses propres racines et des racines de l'ancienne vigne, aussi son développement est-il rapide.

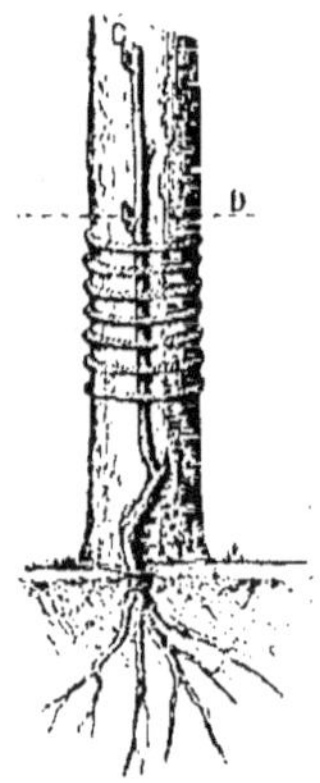

Fig. 65.

Greffe-bouture
par approche.

Sevrage des greffes par approche. — D'une manière générale le sevrage des greffes par approche ne doit se faire qu'après une année complète de végétation. Cependant lorsque la soudure est bien faite on le commence quelquefois plus tôt. Il est prudent de l'accomplir en plusieurs fois. Pour cela on fait au-dessous de la partie greffée une incision qu'on approfondit tous les quinze jours par exemple.

Marcottage

Le marcottage consiste à faire prendre racines à une branche ou réciproquement à faire émettre une tige à une racine.

Le marcottage repose sur ces faits : que les branches peuvent donner des racines quand elles sont placées dans des conditions convenables, à savoir dans un milieu humide et obscur. De même les racines peuvent donner naissance à des tiges quand elles sont placées sous l'influence de l'air et de la lumière.

Lorsque les nouveaux sujets sont suffisamment pourvus de racines on les sépare de la plante mère.

On ne doit marcotter que les branches à écorce tendre. On marcotte quelquefois des rameaux semi-ligneux de l'année courante, le plus souvent des rameaux âgés d'un an et quelquefois des rameaux de deux ans. Pour faciliter l'émission des racines sur les bois plus durs on fait une incision longitudinale dans la partie qui se trouve en terre, ou bien on enlève un anneau d'écorce pour arrêter la sève assimilable, ou encore on pratique une incision F (fig. 66).

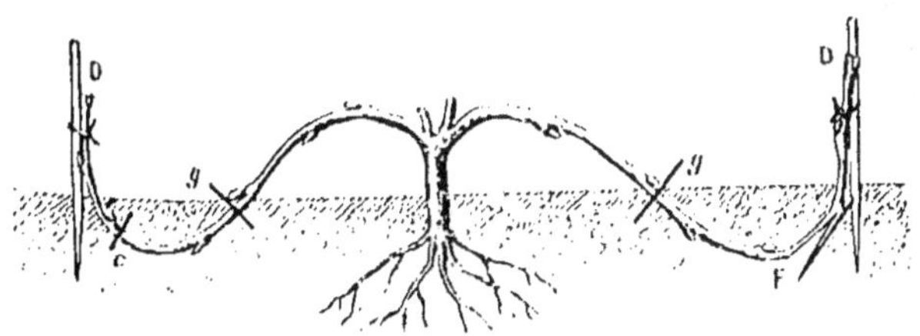

Fig. 66

Marcottage par couchage.

On peut marcotter pendant toute l'année, mais le moment le plus favorable est celui qui précède le départ de la végétation ; la marcotte a, de ce fait, toute la bonne saison pour s'enraciner.

Le sol dans lequel on fait les marcottes doit être maintenu humide pendant l'été à l'aide de paillis et d'arrosages.

Le sevrage se fait généralement à l'automne qui suit le marcottage en coupant en *g*, cependant, si les racines de la marcotte ne sont pas suffisamment développées, on remet l'opération à l'automne suivant.

Marcottage par couchage. — La plante mère est un sujet recépé (fig. 66). On ouvre une jauge autour du pied mère, on y incline les rameaux comme l'indique la figure, et on les retient dans cette position au moyen d'un crochet C, puis la jauge est comblée ; l'extrémité D, taillée sur 2 ou 3 yeux, est relevée perpendiculairement et palissée contre un tuteur. On a soin de rabattre tous les rameaux non marcottés pour les empêcher d'absorber la sève qui doit se rendre dans les marcottes. Le sevrage se fait à l'automne en coupant en *g* (fig. 66).

On peut marcotter par couchage la vigne, le groseillier, le rosier, etc.

Couchage à long bois. — Ce marcottage (fig. 67) convient à la vigne. Un sarment bien vigoureux et bien aoûté est couché en mars dans une jauge profonde de 0 m. 20 environ et maintenu par des crochets. Lorsque les bourgeons qui se développent sur ce sarment ont atteint 0 m. 25 de longueur, on comble la jauge. Les bourgeons qui s'emportent sont pincés. Le sevrage se fait au printemps suivant ; chaque bourgeon forme un pied de vigne.

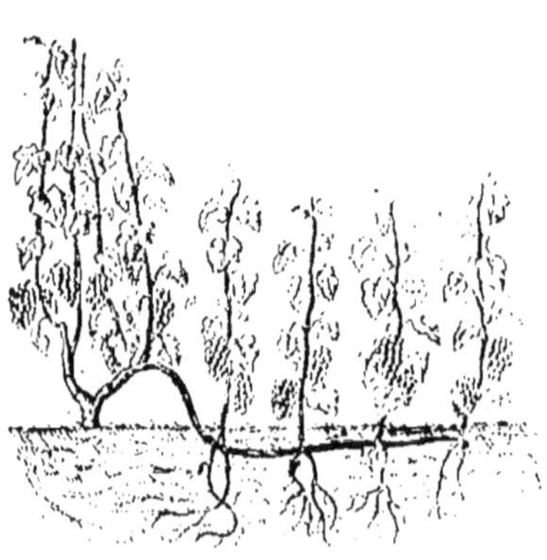

Fig. 67.

Marcottage à long bois.

Marcottage par cépée. — Le sujet mère, ayant été rabattu à 0 m. 15 du sol environ, a donné naissance à de nombreux bourgeons. Au printemps suivant on élimine ceux qui sont trop faibles et on couvre l'ensemble d'une butte creusée à la partie supérieure en godet pour retenir les eaux de pluie (fig. 68). La butte est recouverte d'un paillis et arrosée par les temps secs ; on pince les bourgeons qui s'emportent et on fait le sevrage à l'automne.

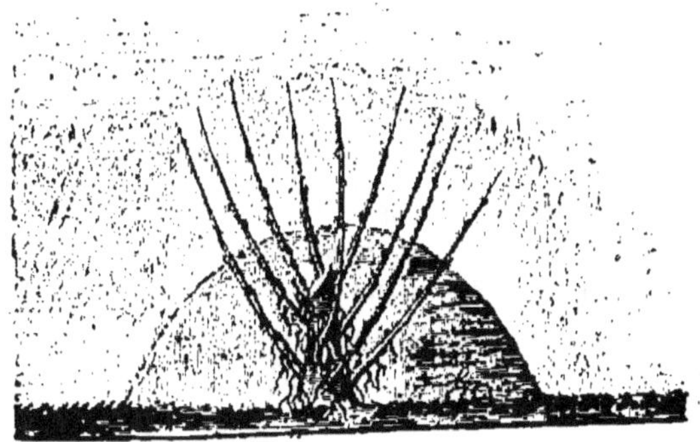

Fig. 68.

Marcottage par cépée.

On traite ainsi les espèces buissonnantes comme le cognassier, les pommiers doucins et paradis, la vigne, le prunier mirobolan.

Marcottage par drageon. — Certaines espèces à racines traçantes donnent naissance à des rejetons appelés drageons, surtout si l'on vient à blesser leurs racines (fig. 4), exemple : lilas, pruniers, églantiers, framboisiers. En enlevant à l'automne un drageon avec un fragment de racine on peut en faire un sujet, mais les arbres obtenus par cette méthode ont trop de racines traçantes et drageonnent trop à leur tour, de sorte que ce mode de multiplication n'est guère accepté que pour l'églantier et le framboisier.

Bouturage

Par le bouturage on transforme une partie du végétal : tige, branche, œil, racine et même feuille en un végétal complet.

En hiver un arbre renferme dans toutes ses parties : tiges et branches, une réserve nutritive capable de former au printemps des fleurs et des feuilles ; une branche séparée de l'arbre et mise en terre utilisera cette réserve nutritive en émettant des racines si toutefois son bois est suffisamment tendre.

On opère dans une terre meuble souvent amendée avec le terreau, le sable, la terre de bruyère.

L'eau sera assez abondante pour empêcher la bouture de se dessécher et elle ne sera pas en excès pour la faire pourrir.

Une chaleur suffisante, atmosphérique ou de fond, comme sur couche, favorise l'émission des racines.

La lumière doit être tempérée et l'air confiné en ce qui concerne les boutures herbacées, afin d'éviter une transpiration trop grande.

On distingue plusieurs sortes de boutures.

Fig. 69.

Bouture par rameau ligneux.

Le bouturage par tige, encore appelé bouturage par *plançon* est en usage à la campagne pour la plantation des peupliers, des saules, du sureau, de l'orme. Dans un sol suffisamment humide on plante des tiges préalablement aiguisées de 5 à 7 centimètres de diamètre et de 3 mètres de hauteur.

Bouturage par rameau ligneux. -- La bouture est ici un fragment de branche de l'année précédente de 0 m. 20 environ de longueur, présentant un œil à bois à chaque extrémité (fig. 69). Certaines boutures ne prennent bien racines que si on les détache avec leur talon, c'est-à-dire avec le bourrelet qui les lie à la branche qui les porte ; c'est le cas pour la vigne, le cognassier, le prunier mirobolan, le rosier, etc. (fig. 70). Ce talon renferme beaucoup de cellules, de fibres et de vaisseaux favorisant l'émission des racines. Il pourrait être éclaté à la main, mais on le détache ordinairement avec la serpette qui laisse une plaie plus facile à guérir.

Les boutures doivent être choisies, comme les greffes, sur des arbres sains et fertiles ; les boutures de vigne, en particulier, sont prises sur des branches fructifères.

Les boutures sont préparées en hiver et liées en bottes que l'on met en jauge, la tête en bas, et que l'on recouvre complètement de terre. Le premier mouvement de la sève étant ascensionnel, ces boutures présenteront au printemps, à leur base devenue sommet, des bourrelets de tissu cellulaire favorables à l'émission des racines.

Fig. 70.
Bouture avec talon.

Ces boutures sont plantées, en mars, à 10 centimètres de distance, dans des lignes distantes de 30 centimètres et à une profondeur de 15 à 20 centimètres.

Les boutures de vigne étant longues de 50 à 60 centimètres, on les incline, en les plantant, sur un angle de 45 degrés, afin de ne pas enterrer leur base trop profondément.

Les soins d'entretien consistent en binages, application du paillis, arrosages pendant les grandes chaleurs de l'été.

Quelques procédés particuliers sont quelquefois employés pour faciliter l'émission des racines chez les boutures à bois plus dur.

Faire tremper pendant 4 ou 5 jours, dans une eau dormante, la partie des boutures qui doit être enterrée afin d'attendrir l'écorce durcie. Cette opération précède immédiatement la plantation. Ce procédé est très utilisé pour la vigne.

Des rameaux de laurier-rose, d'aucuba, de ficus, dont on

introduit la base dans une carafe d'eau exposée au soleil, ne tardent pas à émettre des racines blanches. Ces boutures sont alors mises en godets et élevées sous verre.

Sur le rameau destiné à devenir ultérieurement une bouture on fait, au fil de fer, une ligature en dessous d'une feuille ; la ligature peut être remplacée par l'enlèvement d'un anneau d'écorce ; il se forme bientôt un bourrelet au-dessus de la ligature. L'hiver suivant on coupe au-dessous du bourrelet qui devient la base de la bouture. Inutile de dire que ce bourrelet renferme une réserve nutritive qui facilite l'émission des racines.

Bouturage par œil. — Ce procédé est surtout appliqué à la multiplication de la vigne et porte encore le nom de bouture anglaise.

Sur du bois qui a mûri tôt et qui par conséquent est bien aoûté, on prend, fin février, commencement de mars, des fragments de 3 centimètres environ portant un œil. On les fend en deux dans le sens de la longueur, et la partie qui porte l'œil est posée, dans un petit pot, sur du terreau ou sur un mélange de moitié terre de bruyère, moitié terre argileuse et un peu de sable. La bouture est maintenue au moyen de deux petits crochets en fil de fer et recouverte de terreau à l'exception de l'œil qui reste libre (fig. 71).

Fig. 71.

Bouture d'un œil.

On place sous châssis ou dans la serre, en mars et, fin mai, on peut rempoter les boutures dans des pots plus grands que l'on met en pleine terre, en ayant soin de les recouvrir d'un paillis et d'arroser par les temps secs.

Disposition à donner au jardin

Il est à souhaiter que le jardin ne soit situé ni dans une vallée humide où les arbres fruitiers seraient très exposés aux gelées printanières, ni dans un endroit trop élevé ; il devra, autant que possible, être abrité naturellement contre les vents du nord et de l'ouest.

Si le jardin a la forme d'un rectangle, il est bon que les murs les plus longs soient dirigés du nord au sud ; mais s'il a la forme d'un carré, la direction des angles vers les quatre points cardinaux sera une disposition heureuse : on aura pour toutes les murailles de bonnes expositions mixtes.

Le jardin est, autant que possible, entouré d'une muraille bien crépie, ou en briques bien rejointoyées, d'au moins 2 m. 50 de hauteur ; le terrain a été défoncé et purgé de pierres à 0 m. 40 de profondeur, excepté à l'endroit qu'occuperont les arbres fruitiers où il faudra faire un défoncement plus considérable, voir plantation des arbres fruitiers, page 61.

Nous voulons cultiver dans notre jardin des arbres fruitiers, des légumes et des fleurs. Il faut se garder de cultiver toutes ces plantes en mélange ; elles se nuiraient réciproquement et l'on formerait un jardin fouillis disgracieux à l'œil. La disposition la plus parfaite consiste certainement à faire d'abord un jardin d'ornement sous les fenêtres de la maison d'habitation, puis un jardin fruitier qui fait comme un fond de verdure au premier, et enfin, au delà du jardin fruitier, un jardin potager (fig. 72).

Dans les jardins les plus modestes, le *jardin d'ornement* se composera de quelques plates-bandes et d'une corbeille dans lesquelles on cultivera les fleurs.

Le *jardin fruitier* se compose généralement de plates-bandes de 2 m. 75 de largeur environ A B, C D, E F, plan n° 1, dirigées, autant que possible, du nord au sud, au milieu desquelles on plante des arbres fruitiers, des poiriers basse tige en particulier, disposés en pyramide ordinaire, pyramide à ailes, fuseau et contre-espalier. Sur le bord de ces plates-bandes on peut encore cultiver des pommiers greffés sur paradis et disposés en cordons horizontaux. Ces plates-bandes sont séparées par des sentiers de 1 m. 25 de largeur, de sorte que les poiriers sont plantés à 4 mètres de distance. On peut encore cultiver, dans ces plates-bandes, des plantes

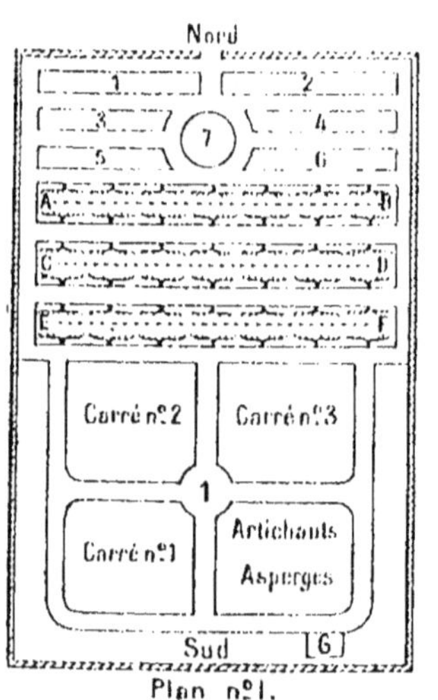

Plan n° 1.

Fig. 52.

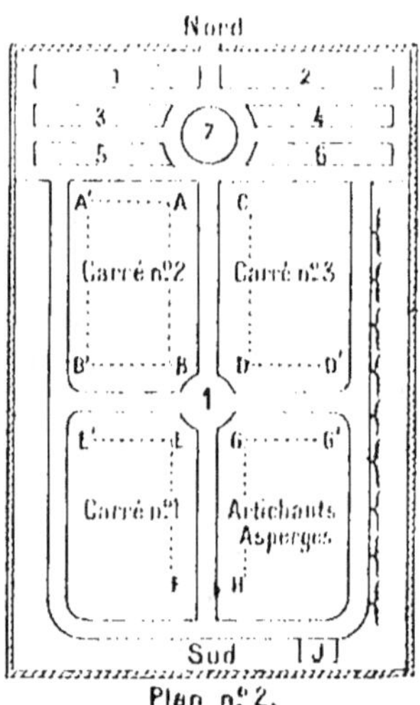

Plan n° 2.

Fig. 53.

aux racines peu développées comme les fraisiers, par exemple, mais il serait préférable de biner ces plates-bandes et de les recouvrir d'un paillis pendant l'été.

Quant au *jardin potager*, il est divisé en quatre carrés, comme l'indique la figure 72.

Mais dans le Nord, où le terrain coûte cher, où la population est très dense, et où par conséquent l'on a besoin de beaucoup de légumes, on ne consent pas souvent à faire un jardin exclusivement fruitier et l'on veut récolter dans le même jardin des légumes et des fruits.

On peut arriver à ce résultat en adoptant la disposition indiquée par le plan n° 2 (fig. 73).

Nous trouvons, en entrant, un jardin d'ornement, puis un *jardin mixte*, c'est-à-dire tout à la fois fruitier et potager, divisé en quatre carrés. Mais il est bien entendu que dans ce jardin mixte les labours à la bêche doivent être proscrits en dessous des arbres fruitiers ; on se contente d'y pratiquer des labours superficiels à la fourche et des binages.

Distribution des arbres fruitiers dans le jardin mixte

1° *Contre les murs.* · La distribution des arbres fruitiers contre les murs sera ainsi réglée.

Quelques vignes et les poiriers d'hiver, variétés les plus tardives, seront exposées au *midi ;* contre la muraille exposée à l'*est* on cultivera les péchers et les poiriers variétés d'hiver moins tardives ; à l'*ouest* les poiriers variétés d'été et d'automne et les pommiers ; quant à la muraille exposée au *nord,* les cerisiers et les poiriers, variétés hâtives, ont seuls quelque chance d'y réussir.

2° *En plein air.* · Si le jardin mixte est grand, s'il a une surface supérieure à 60 ares, on peut entourer chaque carré d'arbres fruitiers et user des grandes formes. En A B, B B' (fig. 73), on mettra des contre-espaliers, par exemple, et en A A' et A' B' des pyramides ordinaires ou des pyramides à ailes à 4 mètres de distance.

Si le jardin mixte est plus restreint, s'il n'a qu'une dizaine d'ares de superficie, on se contentera de planter, dans chaque carré, des arbres fruitiers en A B et B B' et on aura recours aux formes restreintes : contre-espaliers, fuseaux plantés à 3 mètres de distance ou colonnes distantes de 2 à 3 mètres. Voir formes à donner aux poiriers, page 87.

Soit, par exemple, des colonnes ou des fuseaux plantés le

ong des lignes A B, E F (fig. 73); on leur donnera des tuteurs
qui seront retenus par un fil de fer tendu horizontalement à
3 mètres de hauteur et, lorsque les arbres auront atteint cette

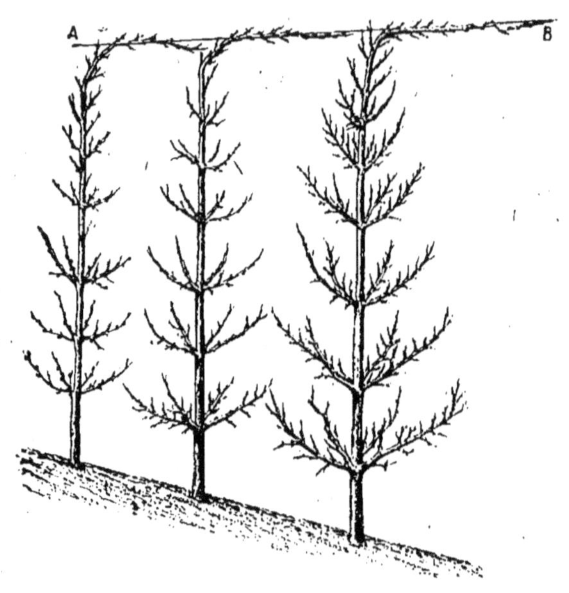

Fig. 74.

Poiriers disposés en fuseau.

dimension, on les inclinera sur le fil de fer pour former un
cordon horizontal (fig. 74). Ce cordon horizontal se couvre de
beaux fruits parfaitement ensoleillés et résistant aux vents
les plus violents. De pareils arbres font peu d'ombrage dans
le jardin, et, grâce à cette disposition, on peut cultiver sous
forme de fuseau et même de colonne les variétés vigoureuses
elles-mêmes.

Quant aux arbres fruitiers à haute tige, ils seront plantés
dans les vergers, dans une cour, dans un hors d'équerre du
jardin.

Variétés de poirier et autres arbres fruitiers à cultiver en plein air. — Toutes les variétés de poirier d'été et d'automne peuvent se cultiver en plein air. Il n'en est pas de même des variétés d'hiver ; quelques-unes demandent nécessairement l'espalier au sud comme le doyenné d'hiver et le bon chrétien d'hiver ; le beurré d'Hardenpont exige aussi l'espalier, mais il se plaît bien à l'est ; enfin le beurré de Rance et le Passe-Colmar donnent généralement de meilleurs fruits s'ils sont cultivés en espalier à bonne exposition, c'est-à-dire au sud ou au sud-est. Les autres variétés d'hiver peuvent être cultivées en plein air.

Toutes les variétés de pommier, prunier, cerisier, abricotier et pêcher mûrissent bien aussi en plein air ; une exception, cependant, sera faite pour le pommier Calville blanc d'hiver qui exige l'espalier au sud.

Plantation des arbres fruitiers.

Époque. — Il est préférable de planter avant l'hiver, en novembre, dès que les feuilles des arbres sont tombées ; les pluies d'hiver tassent la terre sur les racines, il se forme des radicelles et, au printemps, l'arbre se développe sans difficulté. On fait une exception pour les vignes qu'il vaut mieux planter après l'hiver.

On peut encore procéder à la plantation des arbres fruitiers pendant tout l'hiver et au printemps jusqu'en mars, tant que les arbres n'entrent pas en végétation. Lorsqu'on plante tard on fait suivre la plantation d'un copieux arrosage, un ou deux arrosoirs d'eau par arbre, afin de faire adhérer immédiatement la terre aux racines.

On aura soin de ne pas provoquer cette adhérence en tassant la terre avec les pieds.

Préparation du sol. — On prépare le sol à la plantation des arbres fruitiers en l'ameublissant, en l'amendant s'il y a lieu, et en lui fournissant les engrais nécessaires.

Ameublissement du sol. — Avant de planter il est bon

d'ameublir le sol à une profondeur d'un mètre pour les poiriers et les pommiers greffés sur franc, ainsi que pour les pêchers greffés sur franc ou sur amandier, et à une profondeur de 0 m. 70 à 0 m. 80 pour les poiriers greffés sur cognassier, les pommiers greffés sur doucin ou sur paradis, les pêchers greffés sur prunier, les pruniers, les abricotiers et les vignes.

Dans les sols peu profonds, il faut éviter de creuser, pour chaque arbre, un trou d'un mètre de côté que l'on remplit de bonne terre, ce qui a pour conséquence de donner un excellent sol aux racines pendant quelques années, mais de les emprisonner par la suite dans le sous-sol (fig. 75). Il est préfé-

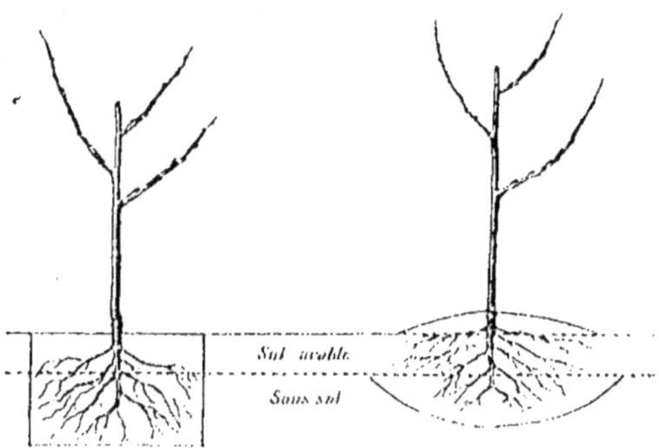

Fig. 75.
Trou creusé profondément
dans le sous-sol.

Fig. 76.
Trou plus large, creusé moins
profondément dans le
sous-sol. — Une butte.

rable de creuser, comme l'indique la figure 76, un trou plus large et moins profond, soit un trou de 1 mètre de rayon et pénétrant dans le sous-sol de 0 m. 30 à 0 m. 40 de profondeur.

La terre arable sera placée d'un côté et le sous-sol de l'autre.

Il serait préférable de laisser le trou ouvert pendant quelque temps afin de permettre l'aération du sol, puis on replacera d'abord le sous-sol et enfin le sol arable dans lequel l'arbre sera planté.

Ce défoncement devra, autant que possible, se faire cinq

ou six mois avant la plantation, afin de laisser au terrain le temps de se tasser.

Si le terrain est de mauvaise nature et pauvre, on profitera du défoncement pour l'amender et le pourvoir d'engrais.

Amendements. — Une bonne terre arable doit se composer de :

50 à 70 pour 100 de sicile ou sable ;

20 à 30 pour 100 d'argile ;

5 à 10 pour 100 de calcaire pulvérulent ;

5 à 10 pour 100 d'humus.

Si le terrain est trop *argileux* on y ajoute du calcaire : plâtras, débris de démolitions, cendrée de chaufours ou chaux et de l'humus : balayures des rues bien décomposées, compost de terres de gazons, etc. Ces amendements sont répandus un peu à la fois sur la terre extraite lors du défoncement et se mêlent avec elle lorsqu'on la jette au fond de la tranchée où l'on achève le mélange si c'est nécessaire, de manière à le rendre intime.

Les *terrains sablonneux* seront bien amendés avec un compost formé du produit du curage des fossés additionné de chaux, et aussi avec la terre argileuse qui adhère aux betteraves et que l'on peut facilement se procurer lors de leur charroi.

On ajoutera aux *terrains calcaires* le produit du curage des fossés, les balayures de rue, et aux *terrains humifères* les amendements calcaires, surtout si le terrain est acide, ainsi que la terre argileuse provenant du charroi des betteraves.

Engrais. — C'est une mesure de prévoyance que de profiter du défoncement du sol pour y introduire les engrais de longue durée : déchets de laine, poudre d'os, corne torréfiée, phosphates naturels, kaïnite, les cendres de végétaux si bonnes surtout pour la vigne, etc. On assure ainsi l'avenir de l'arbre.

Il ne faut pas oublier qu'il s'agit ici d'engrais mis en réserve pour l'avenir, que par conséquent leur quantité n'est pas limitée. Un mélange d'une dizaine de kilos de ces substances par mètre cube de terre remuée, soit 10 grammes par décimètre cube de terre, paraît une dose convenable dans les sols à enrichir. On mettra, par exemple, par mètre cube de terre défoncée, 6 kilos de scories de déphosphoration à 18/20 % et 5 kilos de kaïnite.

On profite ainsi du défoncement du sol pour l'enrichir en acide phosphorique, potasse et chaux, et c'est une sage précaution parce qu'après la plantation il est très difficile, pour ne pas dire impossible, de faire pénétrer ces éléments dans le sol à la profondeur des racines. Il n'en est pas de même de l'azote qui descend facilement dans le sol sous forme de nitrate de soude par exemple.

L'emploi de ces engrais de longue durée ne dispense pas d'user des engrais à décomposition plus rapide qui doivent stimuler la première évolution de l'arbre. Mais il faut être très prudent, au moment de la plantation, dans l'application des engrais à décomposition rapide car l'arbre récemment planté ne supporte pas de fumure ; donc pas de fumier au contact des racines, pas de vidanges, de purin versés sur la terre aussitôt la plantation achevée ; tout ce que l'on pourrait se permettre serait de mêler un peu de tourteau pulvérisé à la terre qui doit être immédiatement en rapport avec les racines ; mais, lorsque la reprise de l'arbre sera assurée, dès l'année qui suivra celle de la plantation, on répandra, fin février, du purin ou des vidanges coupées d'un tiers d'eau dans un sillon creusé à 0 m. 50 du pied de l'arbre.

Dans ces conditions, si l'on a soin de ne pas récolter de fruits sur les arbres nouvellement plantés, ils auront une végétation vigoureuse qui permettra de leur donner des formes irréprochables tout en arrivant rapidement à une production importante.

On doit aussi fumer les arbres en plein rapport et leur donner des engrais qui compensent les récoltes ; c'est ainsi qu'il sera bon de répandre, fin février, et d'enterrer par un binage, le mélange suivant dans la proportion de 300 à 400 grammes par mètre carré occupé par les racines.

Nitrate de soude .... 2 kg.
Superphosphate de chaux .... 8 kg.

Sulfate de potasse . . . .   1 kg. 200
Sulfate de chaux   . . . .   2 kg.

Certains cultivateurs, pour faciliter la pénétration de ces engrais dans le sol, font autour de l'arbre des trous de sonde de 30 à 60 centimètres de profondeur dans lesquels ils répandent une partie de l'engrais, l'autre partie étant incorporée par un labour superficiel. On fait aussi usage de fumier répandu avant l'hiver sur le sol occupé par les racines, de purin et de vidanges en mars.

Choix des sujets dans les pépinières. — Il est préférable de ne pas changer les arbres de climat et de sol. Le sol de la pépinière doit être en bon état sans être cependant trop fumé, autrement dit, il faut éviter de faire passer les arbres du sol trop riche d'une pépinière dans le sol médiocre d'un jardin où ils auraient beaucoup de peine à se développer.

Les jeunes arbres doivent être d'une belle venue, à écorce lisse et propre, exempts de chancres. On préfère généralement les arbres de deux ans de greffe dont la plaie au-dessus de l'écusson est déjà en partie recouverte ; on élimine par conséquent les arbres durcis qui ont séjourné trop longtemps dans la pépinière.

L'arbre doit être déplanté avec toutes ses racines et non arraché ; on rafraîchit à la serpette les quelques racines qui ont pu être blessées dans cette opération ; les coupes doivent être faites perpendiculairement aux racines ; puis on procède immédiatement à la plantation ; on évite ainsi soit la gelée, soit le desséchement des racines et on assure la bonne reprise de l'arbre. Cependant les racines qui se seraient plus ou moins desséchées pendant un long voyage seraient plongées, avant la plantation, dans un mélange de bouse de vache et d'argile.

Pratique de la plantation. — Remarquons d'abord que les racines ne doivent pas être enterrées trop profondément car elles ont besoin de l'action de l'air. On fait un trou assez grand pour contenir toutes les racines de l'arbre, et on laisse au milieu un petit monticule de terre sur lequel on place l'arbre et, pendant qu'un aide le soutient, on vérifie si la tige est bien dans l'alignement voulu et si le collet de l'arbre est à 0 m. 10 au-dessus du niveau du sol, car l'arbre baissera par suite du tassement du sol et cependant la greffe ne devra jamais être enterrée.

Les racines sont ensuite rangées autour du monticule en les laissant, autant que possible, dans leur position naturelle, mais en faisant cependant en sorte qu'elles ne s'entre-croisent pas et qu'elles se trouvent à égale distance les unes des autres.

On jette alors quelques pelletées de terreau bien décomposé, si toutefois on en a sous la main : cela s'appelle amorcer les racines ; puis on achève de combler le trou avec un compost de terre de gazons qui convient très bien aux arbres ou avec de la bonne terre. On aura soin de jeter le terreau ou la terre friable sur les racines par petites pelletées que l'on fera sautiller sur la bêche afin de la faire pénétrer partout sans nuire à la direction des racines.

On ne doit pas tailler les arbres nouvellement plantés, à l'exception du pêcher qui doit être taillé l'année même de la plantation. Cependant si dans la transplantation on a retranché une partie des racines il faut aussi raccourcir les branches d'une quantité proportionnelle.

Un paillis répandu en mai, dans un rayon de 0 m. 60 autour de l'arbre, maintiendra dans le sol une humidité favorable au développement des racines, ce qui n'empêchera pas cependant d'arroser pendant les périodes de sécheresse.

Soins à donner aux arbres fruitiers. — Nos arbres fruitiers, principalement le pommier et le poirier, sont plus que jamais sujets aux maladies cryptogamiques, soit parce que nos variétés s'affaiblissent en vieillissant et présentent plus de réceptivité aux maladies, soit parce que les cryptogames s'acclimatent de mieux en mieux sur nos arbres fruitiers.

Il importe, pour combattre ces maladies et ramener nos arbres fruitiers à un meilleur état de santé, de les placer dans d'excellentes conditions hygiéniques relatives au sol, aux engrais et à la propreté de l'arbre. (Voir amendements et engrais, page 63.)

Nos arbres fruitiers, principalement le pommier et le poirier d'un certain âge, sont recouverts, surtout des côtés nord et ouest, de mousses, de lichens, d'algues vertes (*micrococcus viridis*) auxquels il faut ajouter les organes de reproduction des cryptogames : les spores et les conidies qui sont cachées dans les écorces.

Le nettoyage des arbres fruitiers ne peut se faire qu'en hiver. Ce qu'il importe surtout de détruire, ce sont les spores et les conidies, germes des maladies telles que le chancre et la tavelure ; or, ces organes de reproduction sont très résistants ; les bouillies bordelaises sont tout à fait insuffisantes pour les détruire, ainsi que les mousses, les lichens, etc. Remarquons, du reste, que les bouillies bordelaises sont dosées pour être employées pendant la végétation et attaquer les cryptogames en pleine évolution alors qu'ils sont vulnérables, et cela sans nuire aux feuilles de l'arbre ; leur nocivité est donc nécessairement très limitée.

Mais au repos de la végétation nous n'avons pas à craindre de nuire aux feuilles et nous pouvons employer des préparations beaucoup plus énergiques que les bouillies cupriques. Il est bien entendu que ces préparations devront être utilisées avant toute végétation pour ne nuire ni aux yeux à bois ni aux boutons à fruit.

En février, après avoir employé le racloir (fig. 77) pour faire tomber toutes les grosses écailles de liège sans blesser l'écorce vivante, après avoir ouvert à la serpette toutes les fentes que présente l'écorce et avoir nettoyé toutes les plaies, par un temps calme, alors que les arbres sont légèrement mouillés par la rosée ou le brouillard, on pulvérise l'une des deux solutions suivantes.

Il est à remarquer, en effet, que si l'algue *micrococcus viridis* était

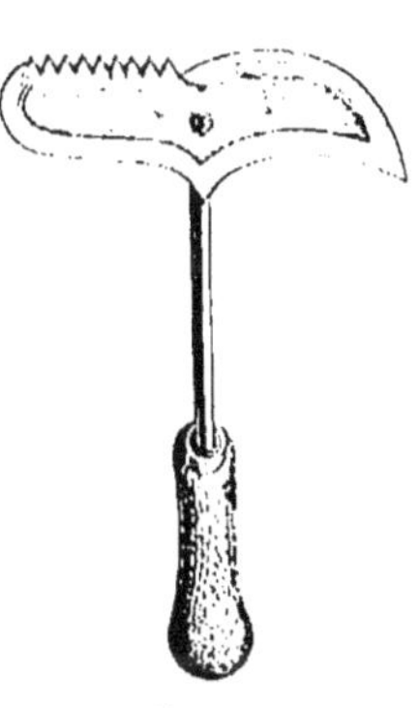

Fig. 77.
Racloir.

sèche, elle se laisserait difficilement mouiller par les dissolutions :

Eau.................................. 10 litres
Sulfate de fer .... 1 kg.
Acide sulfurique .... 2 décilitres

ou

Eau.................................. 10 litres
Sulfate de cuivre .... 0 kg. 600
Acide sulfurique .... 2 décilitres

Ces dissolutions, employées à froid, n'attaquent pas les
pulvérisateurs en cuivre.

Naturellement, si ces préparations sont assez corrosives
pour détruire les parasites des arbres fruitiers, elles doivent
aussi brûler toutes les plantes qui se trouvent placées sous
ces arbres. Il est donc indispensable de protéger thym, persil,
cerfeuil, etc., en les couvrant de toiles ou de paillassons.
Inutile de dire que l'opérateur ne revêtira pas ses vêtements
soignés pour faire cette opération et qu'il évitera de recevoir
ce liquide sur la figure et surtout dans les yeux ; c'est du
reste surtout pour cette raison qu'il faut opérer par un temps
calme.

Si l'on avait le temps et la patience d'appliquer ces dissolutions au pinceau ou même de laver simplement les pommiers et autres arbres fruitiers avec une dissolution chaude
de carbonate de soude et de savon, en frottant toutes les
branches, même les branches fruitières, avec un pinceau
raide, le nettoyage ne serait que plus parfait, l'action méca-
nique du pinceau détachant et entraînant les parasites ; mais
ce procédé, long et minutieux, ne saurait être proposé pour
une grande propriété.

On se sert encore, pour nettoyer les arbres, de lait de chaux
qu'il est bon d'additionner d'un peu de gélatine ou de chlorure
de sodium pour en provoquer l'adhérence et qu'on projette
sur les arbres à l'aide d'un pulvérisateur, en mars, le plus
tard possible, avant toute végétation, de manière à ce que

l'action de la chaux se fasse sentir pendant la végétation s'opposant ainsi à la germination des spores, à l'éclosion des kermès, etc. Le lait de chaux se prépare en délayant dans 100 litres d'eau 2 kg. de chaux et plus et en ajoutant quelques poignées de chlorure de sodium dénaturé. Il ne semble pas que la mince couche de chaux déposée sur l'écorce nuise à la respiration et à la transpiration de l'arbre.

La chaux agit moins énergiquement que les dissolutions de sulfate de fer ou de cuivre, aussi quand on a recours à la chaux en fait-on généralement un usage annuel.

En ce qui concerne la destruction des cryptogames, il ne faudrait pas penser que ce nettoyage d'hiver dispense de l'emploi des bouillies bordelaises pendant la bonne saison. Un nettoyage n'est pas capable de faire disparaître toutes les spores et conidies et, d'autre part, le champignon en pleine végétation est bien plus vulnérable que ses organes de reproduction ; il est donc indispensable d'achever sa destruction pendant son évolution à l'aide des bouillies bordelaises.

La terre au pied des arbres fruitiers sera remuée avec précaution, jamais au moyen de la bêche qui couperait les racines, mais toujours avec la fourche ou le crochet à dents plates.

Un paillis répandu sur cette terre, fin mai, maintient dans le sol, pendant l'été, une humidité favorable à la végétation.

CULTURE DES ESPÈCES FRUITIÈRES

La plupart de nos arbres fruitiers appartiennent à la famille des rosacées :

Le poirier et le pommier sont de la tribu des pomacées.

Le pêcher, l'abricotier, le prunier et le cerisier sont de la tribu des amygdalées. Le framboisier est de la tribu des fragariées.

Arbres à fruits à pépins

POIRIER

Le poirier est par excellence l'arbre fruitier de notre pays. Le sol de la région du Nord qui est riche lui convient généralement bien, mais il faut reconnaître que le poirier est assez exigeant sur la nature du terrain. C'est dans les terres fertiles, substantielles et profondes qu'il donne ses plus beaux produits. Les terres argileuses à sous-sol humide ne lui conviennent pas ; il y pousse vigoureusement au début, mais ne tarde pas à y jaunir.

Les fleurs du poirier échappent le plus souvent à l'action des gelées tardives. Son fruit, cru ou cuit, forme un dessert très agréable ; il atteint une réelle valeur dans certaines variétés, comme la passe-crassane, par exemple.

On divise les poires en poire à couteau, poires à cuire et poires à poiré.

Multiplication du poirier. — Dans la pratique on se désintéresse de la multiplication des arbres fruitiers et on les achète tout formés chez les pépiniéristes ; on gagne ainsi un temps considérable et c'est bien souvent ce qu'il y a de mieux à faire, d'autant plus que nous avons dans le pays des pépiniéristes très sérieux qui livrent les arbres fruitiers bien préparés et les variétés bien nommées à des prix très raisonnables. Cependant il n'est pas inutile pour l'amateur de connaître la multiplication des arbres fruitiers ainsi que les soins qu'ils doivent recevoir dans leur jeune âge. D'un autre côté, la multiplication des arbres fruitiers serait un travail très intéressant pour les jeunes propriétaires qui s'y livreraient ; ils auraient ainsi quantité de sujets sous la main, ce qui les porterait à planter leurs propriétés d'une façon plus complète ; enfin beaucoup d'ouvriers et de petits ménagers, qui n'ont pas les ressources nécessaires pour acheter des arbres fruitiers, planteraient leurs jardins s'ils formaient eux-mêmes les sujets qui leur sont nécessaires.

Multiplication naturelle du poirier. — Quand on sème des pépins de beurré magnifique, par exemple, on obtient des poiriers qui produisent des poires quelconques, le plus souvent sans valeur et n'appartenant nullement à la variété semée, autrement dit le semis du pépin donne l'espèce et non la variété.

C'est cependant au semis que l'on a recours pour obtenir de nouvelles variétés en procédant soit par sélection, soit par hybridation ; mais il faut élever beaucoup de sujets pour obtenir très peu de variétés intéressantes. Les arbres élevés dans ce but sont souvent transplantés pour hâter leur mise à fruit.

On sème encore des pépins pour obtenir des sujets vigoureux sur lesquels on greffe surtout les variétés à haute tige.

Si la qualité du fruit n'est pas transmise au poirier de semis, il ne faut pas moins reconnaître que les plantes, d'une manière générale, héritent de leurs ascendants, et, comme nous désirons des sujets vigoureux et résistant aux gelées, nous devons récolter des pépins sur les poiriers présentant ces qualités sans nous préoccuper de la valeur de leurs fruits. Il est même à remarquer que les sujets obtenus de semis varient d'autant plus, même au point de vue de la vigueur, que l'on emploie des graines de variétés plus perfectionnées, de sorte que; pour obtenir des sujets porte-greffes vigoureux, il serait bon d'avoir recours aux pépins de poiriers vivant à l'état sauvage dans les forêts. Cependant les sujets provenant des bois sont peu estimés parce que leur développement a été entravé.

Dans la pratique on se contente d'utiliser le marc de poire, les poiriers à poiré étant généralement vigoureux, mais il serait certainement préférable de faire une sélection plus parfaite et de semer soit les pépins des poiriers sauvages et vigoureux, soit les pépins de carisi, variété à poiré très vigoureuse et donnant des pousses toujours bien droites.

Dès que les pépins sont sortis des fruits, on doit les mettre en stratification.

Pour de petites quantités on prend un pot à fleur dont le fond est drainé à l'aide de cailloux cassés ; puis on place alternativement une couche de pépins et une couche de terre additionnée de sable de 2 à 3 centimètres d'épaisseur sans que le nombre des couches de pépins dépasse 5 ou 6. Le pot est recouvert d'un morceau de toile métallique pour empêcher les rongeurs d'y pénétrer, et enterré en ayant soin de le recouvrir d'une petite butte de terre, pour éviter un excès d'humidité pendant l'hiver.

Lorsqu'au printemps les pépins commencent à germer, et avant que les cotylédons n'aient brisé leur tunique, on les sème à une profondeur de 3 à 4 centimètres, comme des petits pois, en lignes distantes de 25 centimètres, les pépins dans les lignes étant à 7 ou 8 centimètres de distance.

Les travaux d'entretien consistent en binages, suppression des sujets trop nombreux, de manière à les laisser à 15 ou 20 centimètres dans les lignes. Cependant les sujets trop nombreux pourraient être levés pour les mettre en place aux distances indiquées.

A la chute des feuilles, en novembre, tous ces jeunes sujets sont déplantés ; on raccourcit le pivot et les racines principales comme l'indique la figure 3 et on les transplante en pépinière défoncée à 0 m. 70 de profondeur, dans des lignes distantes de 0 m. 90 pour permettre les labours à la charrue, et à une distance de 0 m. 70 si les soins d'entretien doivent être donnés à la rasette.

Ces sujets étant généralement destinés à former des arbres à haute tige, leur axe principal n'est jamais coupé de manière à obtenir des tiges bien droites. Chaque année, en février-mars, on coupe les branches latérales avec une serpette bien tranchante, mais, pendant la saison estivale, on laisse pousser tous les bourgeons latéraux afin de donner de la force au sujet.

Ces jeunes arbres ne doivent pas séjourner plus de 4 ou 5 ans à la même place ; leurs transplantations successives leur donnent des racines plus courtes et plus nombreuses, ce qui facilite la transplantation et la reprise des arbres. C'est pour la même raison que ces sujets sont transplantés en lignes distantes de 0 m. 90 et à 0 m. 60 dans les lignes lorsqu'ils sont suffisamment forts pour être greffés au printemps suivant.

Cependant on plante quelquefois ces poiriers francs sur place, dans les vergers, et on les taille à 2 m. 25 de hauteur pour obtenir 3 ou 4 branches à leur partie supérieure. Ces branches sont greffées en fente lorsqu'elles ont atteint la grosseur voulue.

Ainsi le poirier de semis, encore appelé *franc* ou *égrain*, ne donnant pas la variété, sert de sujet sur lequel on greffe les variétés désirées, car les variétés de poirier ne pouvant se multiplier ni par le bouturage ni par le marcottage, la greffe est le seul mode de multiplication qui leur soit applicable.

Multiplication artificielle du poirier. — Le poirier se multiplie artificiellement en le greffant sur poirier franc ou sur cognassier. Onpourrait aussi le greffer sur aubépine, mais ce dernier sujet n'est guère employé car il donne des arbres manquant de vigueur et d'avenir.

Poirier greffé sur franc. — Le poirier franc est le sujet le plus vigoureux sur lequel on greffe les poiriers haute tige. Sa racine a une tendance à pivoter, aussi lui faut-il des terrains profonds et frais ; il peut alors vivre plus d'un siècle.

Les poiriers francs ayant été élevés comme nous venons

de le voir, on les greffe en fente à 2 mètres ou 2 m. 25 de hauteur ; la tige à cette hauteur doit avoir un diamètre d'au moins deux centimètres, ce qui arrive généralement lorsque le sujet est âgé d'environ 6 ou 7 ans.

Les greffes employées ont été coupées en février, par un temps doux, et piquées en terre au pied d'un mur exposé au nord.

Les poiriers trop gros pour être greffés en fente peuvent l'être en couronne, en avril, lorsque l'écorce se détache du sujet.

Lorsque la variété à cultiver à haute tige est bien vigoureuse comme le beurré Hardy, le doyenné du comice, Louise-bonne, la poire Curé, on écussonne quelquefois le sujet en août, dès sa seconde année de plantation, à 0 m. 15 du sol, avec la variété vigoureuse qui forme une belle tige. Cette tige est taillée à 2 m. 25 de hauteur pour obtenir les branches latérales et former la tête de l'arbre. On obtient ainsi des arbres à haute tige solides et vigoureux.

Lorsque la variété désirée n'est pas bien vigoureuse on peut encore poser au pied du sujet un écusson de carisi ou de poire Curé qui donne toujours une tige droite et vigoureuse que l'on greffe à 2 m. 25 de hauteur avec la variété désirée.

Dans les sols très pauvres, on greffe quelquefois les poiriers à basse tige sur franc. Ces jeunes francs sont écussonnés, du 1er au 30 août, à 0 m. 15 de hauteur, dès leur seconde année de plantation. Ces sujets ne conviennent pas au sol riche du nord de la France.

Poirier greffé sur cognassier. — Le cognassier est bien moins vigoureux que l'égrain ; on s'en sert pour former les arbres à basse tige. Ses racines étant traçantes, il ne demande pas un sol bien profond, mais ce sol doit être de bonne qualité, frais sans être trop humide. Le poirier greffé sur cognassier jaunit facilement si le sous-sol est formé d'argile pure ou s'il est trop humide en hiver.

Le poirier greffé sur cognassier se met vite à fruit et donne des produits plus volumineux et de meilleure qualité que le poirier greffé sur franc ; par contre son existence est de moins longue durée : elle ne dépasse guère 25 à 30 ans.

On préfère dans notre pays le cognassier de Fontenay qui est plus dur et plus résistant à la gelée que la plupart des cognassiers.

Le plant de cognassier pourrait s'obtenir de semis qui formeraient d'excellents sujets ; cependant le cognassier se multiplie généralement par marcotte et par bouture.

C'est le marcottage par cépée qui est le plus employé. La plante mère étant recépée à environ 0 m. 15 du sol, il se développe quantité de branches qu'on butte en juillet à 0 m. 10 de hauteur pour rendre l'écorce plus tendre. En mars, on déchausse, on retranche les branches trop faibles, on écime les autres à 0 m. 30 et on butte de nouveau et plus fortement. La butte doit être creusée en entonnoir à sa partie supérieure afin que la pluie la pénètre facilement ; (voir fig. 68 p. 53), il sera utile de la recouvrir d'un paillis, en été, pour y maintenir une humidité constante.

On coupe les marcottes tout enracinées au printemps suivant et on les plante en pépinière dans des lignes distantes de 0 m. 90 si on laboure, et distantes de 0 m. 70 si les soins d'entretien sont donnés à la rasette.

Quant aux boutures, elles doivent être longues de 0 m. 25 et munies, autant que possible, de leur talon qui n'est cependant pas indispensable. On les détache en hiver sur les cognassiers recépés, on les met en jauge au nord et on les plante en mars en lignes distantes de 30 centimètres, à 6 ou 7 centimètres dans les lignes, en sol légèrement ombragé et frais. L'année suivante ces boutures tout enracinées seront traitées comme les marcottes enracinées.

Les cognassiers plantés en pépinière en mars sont généralement écussonnés à œil dormant du 1er août au 15 septembre de la même année ; cependant s'ils sont trop faibles on attend un an, mais, au printemps suivant, on élague les branches latérales et on raccourcit la tête.

Quinze jours ou trois semaines avant l'écussonnage, on prépare les sujets en supprimant toutes les branches trop rapprochées du sol jusqu'à une hauteur de 0 m. 20 environ.

L'écusson sera posé dans la ligne pour lui éviter les coups de rasette, et du côté des grands vents. On écussonne à 0 m. 15 du sol afin qu'après la transplantation la greffe ne soit jamais enterrée. On réaliserait toutes ces conditions en dirigeant les lignes de cognassier de l'est à l'ouest et en posant l'écusson à l'ouest. On éviterait même ainsi l'action du soleil levant sur les écussons gelés, en mars-avril, lorsque le soleil prend déjà de la force le matin. Il ne faut pas oublier en effet que c'est le brusque dégel du matin qui peut nuire aux écussons gelés comme aux plantes gelées en général.

Quinze jours après l'écussonnage, on visite les écussons pour recommencer ceux qui ne seraient pas pris, et en mars de l'année suivante on pratique l'étêtage à 0 m. 10 au-dessus de l'écusson. Si par la suite des bourgeons naissent sur le sujet tandis que l'écusson tarde à se développer, il ne faut pas trop se hâter d'ébourgeonner ces appelle-sève ; il est préférable d'user de pincements successifs.

Le bourgeon auquel l'écusson donne naissance sera palissé contre la partie supérieure du cognassier (fig. 48, p. 38), et plus tard contre un tuteur. On supprime l'onglet en coupant au-dessus de l'écusson en août-septembre ou fin février de l'année suivante ; il n'est pas inutile de recouvrir la plaie de mastic.

Les cognassiers trop vieux pour être écussonnés seront greffés en rameau inoculé ou en greffe en couronne perfectionnée plutôt qu'en fente ; le cognassier greffé en fente n'étant pas de longue durée.

Surgreffe. — Certaines variétés se soudent mal sur le cognassier ou y manquent de vigueur, comme doyenné d'hiver, beurré clairgeau, Passe-Colmar. On pare à cette difficulté en greffant sur le cognassier une variété qui s'y soude bien et pousse vigoureusement telle que Beurré Hardy, poire Curé, et, l'année suivante, on greffe la variété faible sur la variété vigoureuse à 0. m 15 environ de sa base.

Lorsqu'on surgreffe un arbre pour en faire un espalier, on peut gagner un an en écussonnant trois yeux de la variété

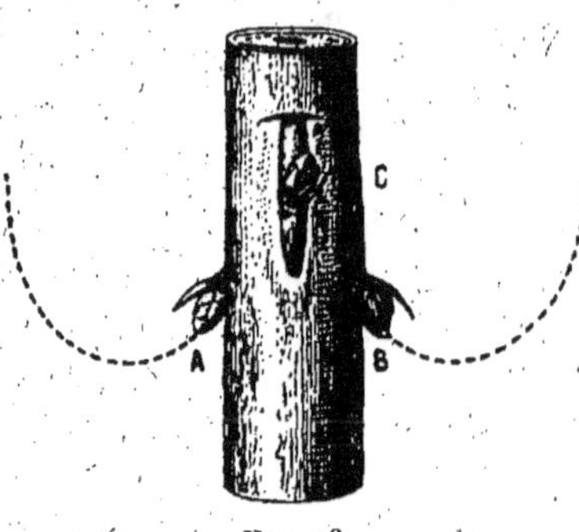

FIG. 78.

Espalier surgreffé.

faible désirée sur la variété vigoureuse, à savoir, à 0 m. 30 du sol deux yeux sur les côtés A B pour obtenir le premier étage et, un peu plus haut, en C, un œil en avant pour obtenir le bourgeon de prolongement. Il est bon de renverser complètement les deux écussons de côté, c'est-à-dire de diriger la pointe des deux yeux vers le bas (fig. 78), les deux branches qui en naîtront prendront tout naturellement la courbure nécessaire pour les disposer en espalier.

Variétés de poiriers à cultiver

Lors de la plantation d'un jardin il est bon de s'en tenir aux variétés bien connues et ayant fait leurs preuves dans la région ; plus tard on pourra, si on le désire, essayer quelques nouveautés. Nous n'indiquerons donc que les variétés les plus estimées dans notre pays. Pour faciliter un choix parmi ces variétés, elles sont classées dans chaque liste par ordre de mérite en tenant compte, non seulement de la qualité du fruit, mais aussi de la fertilité de la variété. On comprendra très bien que ce classement peut varier selon les goûts personnels ; du reste, la qualité du fruit et même la fertilité de l'arbre varient quelquefois avec les terrains. Pour choisir les variétés à cultiver, le cultivateur devra donc s'inspirer des résultats obtenus dans l'endroit même et aussi de l'usage qu'il désire faire de ses fruits.

Le chiffre placé après le nom de la variété indique le nombre minimum d'étages que l'on peut donner à chaque arbre disposé en palmette verrier, sur une muraille de 3 mètres de hauteur environ. Ce chiffre donne donc une idée de la vigueur de la variété et par conséquent de l'espace à lui donner. Il faut bien savoir que si on donne un espace trop restreint à une variété vigoureuse on la mettra très difficilement à fruit, la sève de l'arbre distribuée à un trop petit nombre de branches transforme tous les yeux à bois et les dards en bourgeons et inversement, si l'on impose une grande forme à une variété faible, elle mettra un temps infini à remplir l'espace qui lui est destiné si toutefois elle y arrive. L'espace consacré au poirier doit varier avec la nature du sujet, la vigueur de la variété et la richesse du sol.

Toutes les variétés de poirier sont généralement greffées sur cognassier dans le nord de la France.

Poiriers : variétés à cultiver à basse tige.

Variétés hâtives.

Bon chrétien Williams	3	août-septembre
Triomphe de Vienne	3	août-septembre
Madame Treyve	3	août-septembre
Beurré Giffard	3	Juillet-août.
André Desportes	4	août-septembre
Clapp's favorite	3	août

Variétés d'automne

1° de septembre à novembre

Louise-bonne d'Avranches	3	septembre-octobre
Beurré Durondeau	4	octobre-novembre
Marguerite Marillat	4	septembre-octobre
Beurré Hardy	4	septembre-octobre
Délices d'Hardenpont	4	octobre-novembre
Beurré Superfin	4	septembre
Fondante Thirriot	4	octobre-novembre
Beurré d'Amanlis	5	septembre
Bergamote Lucrative	4	octobre-novembre
Beurré Clairgeau	2	octobre-novembre

Fig. 79.
Beurré Diel.

Fig. 80.
Le Lectier.

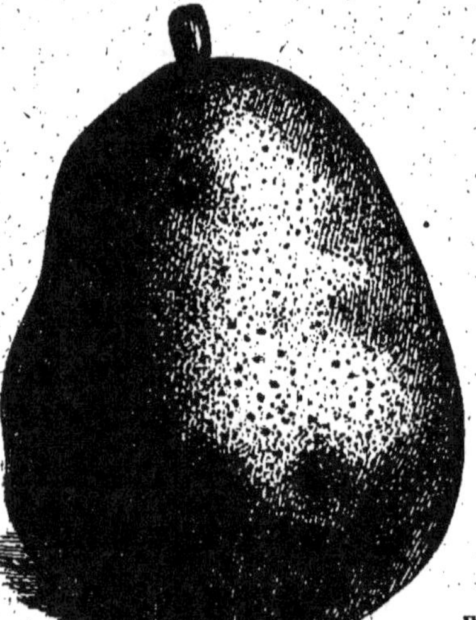

Fig. 81.
Jeanne d'Arc.

2° de novembre à janvier

Beurré Diel (fig. 79)	5	novembre-décembre
Le Lectier (fig 80).	3	décembre-janvier
Jeanne d'Arc (fig. 81)	3	novembre-décembre

Doyenné du Comice · 4 novembre-décembre
Duchesse d'Angoulême 4 octobre-novembre
Triomphe de Jodoigne (fig. 82) 4 novembre-décembre
La France (fig. 83) 3 novembre

FIG. 82.
Triomphe de Jodoigne.

FIG 83.
La France.

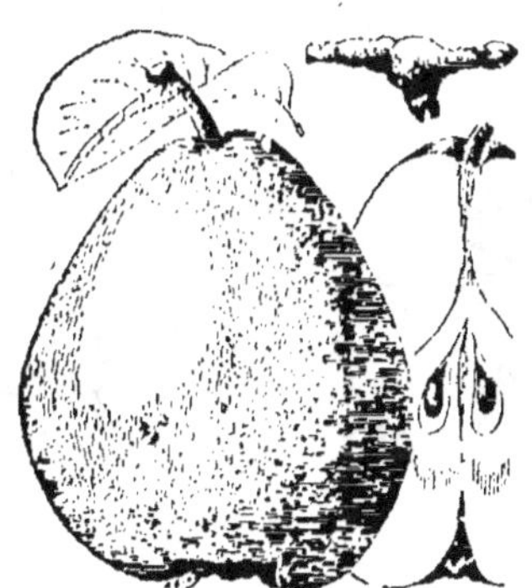

FIG. 84.
Charles-Ernest.

Conseiller à la Cour 4 octobre-novembre
Figue d'Alençon 4 novembre-décembre
Soldat laboureur 4 novembre
Charles Ernest (fig. 84) 2 novembre-décembre

Beurré Bachelier   2   novembre-décembre
Beurré de Chelin   3   décembre-janvier
Beurré Dumont   3   novembre
Nec-plus-Meuris   2   novembre-décembre
Beurré Quetier   4   décembre
Zéahirin Grégoire   3   novembre
Comtesse de Paris   3   novembre-décembre
Marie-Louise Delcourt   4   octobre-novembre
Poire Curé (à cuire)   4   novembre-janvier]

Variétés tardives

de janvier à mai

Passe crassane (fig. 86).   3   février
Doyenné d'hiver (fig. 85)   2   janvier-mars-esp. sud

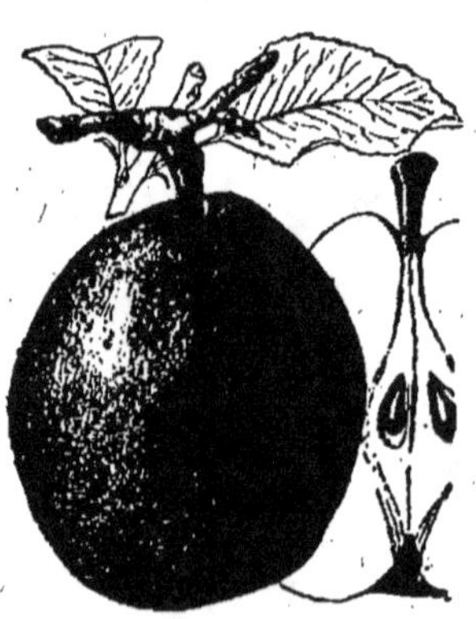

Fig. 85.

Doyenné d'hiver.

Fig. 86.

Passe crassane.

Joséphine de Malines (fig. 87)   3   décembre-février
Olivier de Serres (fig. 89)   3   février-mars
Nouvelle-Fulvie   3   janvier-février
Doyenné Georges Boucher   4   mars-avril

Bergamote Arsène Sannier 3 février-mars
Passe-Colmar 3 décembre-février esp.

Fig. 87.
Joséphine de Malines.

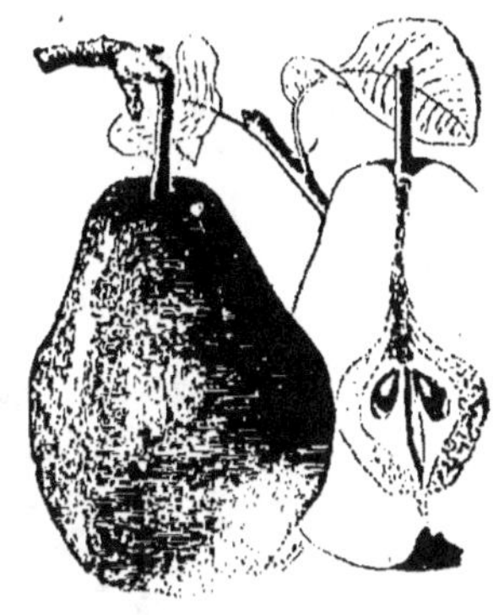

Fig. 88
Beurré d'Hardenpont.

Beurré d'Hardenpont (fig. 88) 3 décembre-février esp.
Charles Cognée 3 mars-mai
Président Drouard 3 novembre-janvier

Fig. 89.
Olivier de Serres.

Fig. 90
Beurré de Naghin.

Jules d'Airoles 4 janvier-février.
Bergamote Espéren 4 mars-mai
Beurré Sterchmans 3 janvier-février.
Beurré de Naghin (fig. 90) 4 février

Williams d'hiver	3	mars
Marie Guisse	4	mars-avril
Beurré Bretonneau	3	janvier-mars
Bergamote Philippot	8	janvier-mars
Bon chrétien d'hiver (fig. 91)	4	mai-juin, espal. sud.

Fig. 91.
Bon chrétien d'hiver.

Catillac (à cuire)	3	janvier-mai
Notaire Lépin	4	janvier-mai
Directeur Alphand	3	mai

Variétés de poiriers à cultiver à haute tige

Si nous nous plaçons au point de vue commercial, la culture du poirier à haute tige, dans un verger où les arbres seront plantés à 10 ou 12 mètres de distance, peut être très rémunératrice. D'autre part, un propriétaire qui ne cultive pas les poiriers à basse tige peut, par la culture de quelques hautes tiges qui ne demandent guère de soins, s'assurer une provision de poires pour une bonne partie de l'année.

Voici la liste des variétés les plus recommandables pour cette culture.

Joséphine de Malines (fig. 87)	décembre-février.
Charles Cognée	mars-avril.

Olivier de Serres (fig. 89)	février-mars
Passe crassane (fig. 86)	décembre-février
Bonne de Malines	décembre-janvier
Beurré Durondeau	octobre-novembre
Beurré Dumont	octobre-novembre
Le Lectier (fig. 80)	décembre-janvier
Jules d'Airoles	décembre-février
Beurré Sterckmans	janvier-février
Nouvelle Fulvie	janvier-février
Beurré Rance	janvier-mars
Conseiller à la Cour	octobre
Beurré Hardy	septembre-octobre
Fondante des bois	septembre-octobre
Epargne	juillet-août
Bon chrétien Williams	août-septembre

Poires à cuire

Certeau d'hiver	avril-mai
Poire Curé	novembre-décembre
Poire Saint-Mathieu	octobre
Poire grise Notre-Dame	septembre-octobre

Toutes ces variétés de poires sont décrites dans les catalogues des pépiniéristes. Quelques-unes cependant méritent une mention spéciale.

Parmi les **variétés hâtives**, le *bon chrétien Williams* s'impose par sa précocité, sa fertilité et l'excellence de son fruit. Le *Triomphe de Vienne* est très remarquable par sa fertilité, la grosseur et la qualité de son fruit.

Parmi les **variété d'automne**, *Louise-bonne d'Avranches* est une ancienne poire délicieuse, malheureusement sujette à la tavelure. Il est nécessaire de tenir l'arbre bien propre et en bonne végétation. *Beurré Durondeau* (poire de Tongre) est d'une fertilité remarquable ; il produit chaque année une récolte d'excellents fruits. Celui qui ne plante qu'un poirier devrait planter beurré Durondeau. *Marguerite Marillat* est une grosse poire très belle et très bonne qui mérite d'être plus cultivée.

Le *Beurré Superfin* est peu fertile. Le *Beurré Hardy* et surtout le *Beurré d'Amanlis* sont remarquables par leur vigueur et leur fertilité.

Variétés de novembre à janvier. — Le *Beurré Diel* ou royal, encore appelé beurré magnifique, est une variété vigoureuse et fertile donnant un gros et bon fruit malheureusement sujet à la tavelure. Le *Doyenné du Comice* est peut-être la meilleure poire, mais l'arbre est peu fertile. La *Duchesse d'Angoulême* donne un gros fruit dont la qualité varie selon les terrains. Le *Triomphe de Jodoigne* est un arbre vigoureux qui donne abondamment un gros fruit qu'il faut manger à temps car il blettit facilement. *Figue d'Alençon*, excellente poire au couteau et surtout cuite. *Charles-Ernest*, variété faible donnant de fort beaux fruits. Fumer l'arbre en conséquence. Il en est de même de *Beurré Bachelier*. *Jeanne d'Arc*, variété issue de *Beurré Diel* et de *Doyenné du Comice* est un gros fruit délicieux et l'arbre est fertile.

Variétés tardives. — *Passe-Crassane* peut être considérée comme la principale poire de conserve. C'est un excellent fruit de belle grosseur et très marchand. L'arbre est peu vigoureux ; le fumer en conséquence. Le *Doyenné d'hiver* est une vieille variété fatiguée donnant un fruit de toute qualité. A cultiver cependant en bon sol, en espalier exposé au sud. *Joséphine de Malines* doit être taillée le moins possible ; conserver les brindilles qui sont nombreuses dans cette variété. *Olivier de Serres* est un excellent fruit de longue garde. *Charles Cognée*, excellente poire de très longue garde. *Directeur Alphand* fruit volumineux, excellent cuit ; arbre peu fertile.

Poiriers haute tige. — *Joséphine de Malines* est la variété par excellence à cultiver à haute tige. La poire, qui n'est pas bien grosse, est fortement attachée à l'arbre et résiste aux vents violents. Les fruits délicieux, à chair rose, mûrissent successivement de décembre en février. Avec un seul poirier haute tige, Joséphine de Malines, un propriétaire peut manger d'excellents fruits pendant une grande partie de l'hiver.

La variété *Epargne*, élevée à demi-tige sur cognassier, donnera en quantité des poires excellentes et précoces. La *Poire grise Notre-Dame* est une variété locale remarquable par sa fertilité. Le fruit, qui ne se conserve guère que quelques semaines, donne une poire cuite délicieuse ; il convient pour les conserves de poires au sucre et au vinaigre.

Formes à donner aux poiriers

Il ne faut pas perdre de vue que nous cultivons les poiriers pour récolter des poires et non pour leur donner des formes plus ou moins variées et plus ou moins difficiles à obtenir. Les meilleures formes pour arbres fruitiers sont celles qui sont le plus en rapport avec leur mode de végétation ; ce sont par conséquent les plus faciles à obtenir.

Dans toutes les formes adoptées, les branches de l'arbre seront suffisamment écartées les unes des autres et suffisamment inclinées pour permettre à la lumière du soleil de les éclairer abondamment dans toutes leurs parties. On confond souvent l'air et la lumière dans leur action sur les arbres fruitiers ; c'est une erreur. L'air pénètre toujours dans les arbres fruitiers, quel que soit du reste le rapprochement des branches ; ce qui fait trop souvent défaut c'est la lumière et cependant *il ne se forme pas de production fruitière là où les rayons solaires ne pénètrent pas abondamment.* On laissait autrefois 0 m. 30 d'écartement entre les branches de charpente des différentes formes de poirier ; cet écartement est aujourd'hui reconnu insuffisant par tous les bons praticiens et il est porté à 0 m. 35 ou à 0m. 40 dans toutes les formes et même à 0 m. 50 pour les branches inférieures des pyramides, branches qui doivent prendre un certain développement. On préférera les formes dans lesquelles les branches ne sont pas trop exposées à être secouées par les vents violents d'automne.

Forme à donner aux poiriers à haute tige. — Le poirier haute tige prend naturellement la forme pyramidale. Cette forme est excellente pourvu que les branches latérales soient suffisamment écartées pour laisser pénétrer abondamment la lumière du soleil. Pourquoi imposer au poirier une autre forme, comme, par exemple, la forme en vase, qui sera plus ou moins difficile à obtenir et surtout à conserver ?

Dès que le poirier haute tige a deux ans de greffe on supprime, à la serpette ou au sécateur en bon état, toutes les branches inutiles, et on continue cette opération tous les ans ou au moins tous les deux ans pendant 7 ou 8 ans. On obtient ainsi rapidement un arbre bien formé qui aura l'avantage de toujours conserver les branches qu'il possède, tandis que si on abandonne le jeune arbre à lui-même pendant ce laps de temps, on est obligé ensuite, pour l'éclaircir, de faire tomber à la serpe des branches déjà bien grosses : l'arbre donne des fagots au lieu de produire des fruits.

Formes propres aux poiriers à basse tige

Les formes propres aux poiriers à basse tige se divisent en formes non palissées et en formes palissées.

Formes non palissées. — Les poiriers à basse tige de plein air ne sont généralement pas palissés. Les formes qui leur conviennent sont la pyramide, la colonne, le fuseau.

Pyramide. — Le cône ou pyramide (fig. 92), se compose d'un axe principal portant des cycles ou étages de 4, 5, ou 6 branches de charpente distants de 0 m. 60 à la partie inférieure de la pyramide et de 0 m. 50 à la partie supérieure. Ces branches de charpente sont inclinées de 35 degrés sur l'horizon. La longueur des branches qui constituent les cycles diminue à mesure qu'on s'élève dans la

Fig. 92.
Cône ou pyramide.

pyramide à laquelle on donne ordinairement 2 mètres de diamètre et 5 à 6 mètres de hauteur. Une pyramide ainsi formée portera moitié moins de branches que les anciennes pyramides et produira cependant beaucoup plus de fruits parce qu'elle est mieux ensoleillée.

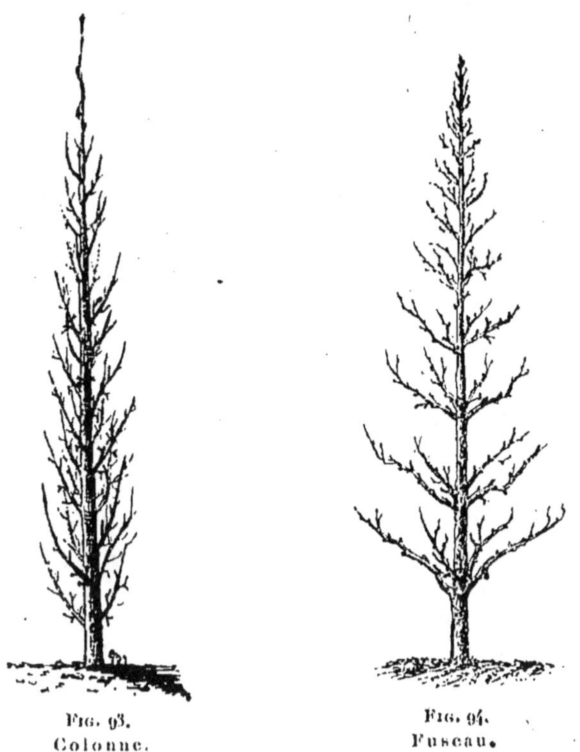

Fig. 93.
Colonne.

Fig. 94.
Fuseau.

On trouve aujourd'hui de jeunes pyramides disposées comme nous venons de le dire chez les bons pépiniéristes.

Les pyramides conviennent aux grands jardins ; on les plante à 3 ou 4 mètres de distance.

Colonne. — La colonne (fig. 93), se compose d'un axe ne portant que des branches fruitières, c'est donc un arbre de 0 m. 40 de diamètre environ et de 3 mètres de hauteur. La

colonne convient aux petits jardins et aux variétés peu vigoureuses comme Beurré clairgeau, Charles Ernest, etc.

Fuseau. — Le fuseau est un intermédiaire entre les deux
formes précédentes ; c'est une pyramide étroite de 1 m. 50
environ de diamètre à la base et qui se continue en colonne à
partir de 2 mètres de hauteur (fig. 94).

Comme dans les pyramides, le cycle inférieur doit se trouver
à 0 m. 60 ou 0 m. 70 de hauteur. Cette disposition facilite la
culture autour du pied de l'arbre et la production fruitière
n'est guère diminuée, car les branches trop rapprochées de terre
produisent peu.

Comme nous l'avons vu page 60 et figure 74 le fuseau peut se
continuer par un cordon horizontal à 3 mètres de hauteur, ce
qui permet de cultiver sous cette forme les variétés les plus
vigoureuses.

Formes palissées

Parmi les formes palissées de plein air nous citerons la pyramide à ailes et la palmette Verrier pour contre-espalier. Nous
reprochons au **vase** de tenir beaucoup de place par rapport
à sa production et de nécessiter une installation assez coûteuse.
Cependant les amateurs de cette forme trouveraient les renseignements qui permettent de l'établir au mot vase dans la
culture du pommier page 184.

Pyramide à ailes. — La pyramide à ailes produit davantage
que la pyramide ordinaire parce qu'elle est plus ouverte à la
lumière et moins secouée par les vents violents. La pyramide à
4 ailes doit être préférée à la pyramide à 5 ailes parce qu'elle
est encore plus éclairée que cette dernière.

La pyramide à 4 ailes (fig. 95), se compose d'un axe portant
tous les 0 m. 50 des cycles de 4 branches inclinées sur un
angle de 35° avec l'horizon. Les branches inférieures ayant un
bon mètre de longueur, la largeur de la pyramide sera de 2 mètres environ à la base et sa hauteur de 5 à 6 mètres.

La fructification est ici mieux assurée que sur la pyramide
ordinaire parce que le nombre de branches est plus limité et

que la régularité de la forme permet aux rayons solaires de pénétrer plus abondamment dans toutes les parties de l'arbre.

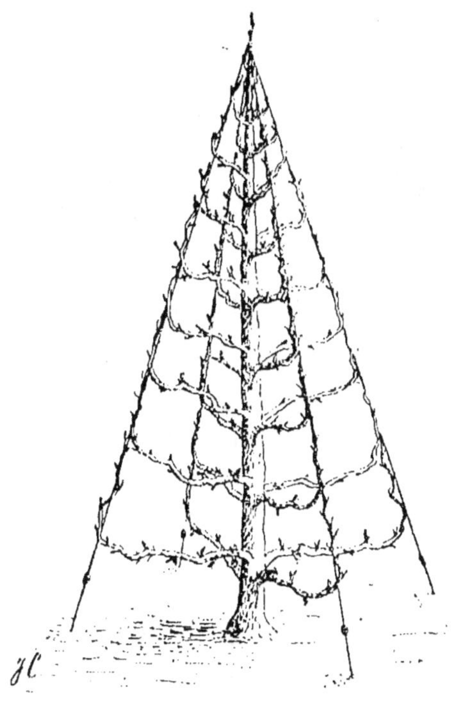

Fig. 95.

Pyramide à quatre ailes.

Toutes les branches étant bien soutenues, les fruits résistent généralement aux vents violents. Mais pour réaliser cette forme il faut d'abord faire une installation qui se compose (fig. 96) d'un piquet en bois, et préférablement en fer, *a b* de 5 à 6 mètres de hauteur du sommet duquel tombent 4 fils de fer galvanisé n° 16, *c, d, e, f*, qui viennent s'attacher à des briques enterrées dans le sol à 0 m. 70 de profondeur. Les distances *ac, ad, ae, af* sont de 1 m. 05 environ.

Tous les 0 m. 50, à la hauteur de chaque étage, quatre baguettes sont liées, d'une part sur l'axe principal *ab* et, d'autre part, sur les fils de fer, en les inclinant de 35° sur l'horizon.

A partir de 1 m. 50 à 2 mètres de hauteur, les étages, dont les branches deviennent plus courtes, peuvent être plus rapprochés et placés à 0 m. 40 de distance par exemple.

La forme de l'arbre étant dessinée à l'avance, rien de plus facile alors que de la réaliser ; mais les frais d'installation et la grande place qu'occupent les pyramides à ailes en feront toujours des arbres de luxe et d'amateurs.

Lorsque la branche latérale atteint le fil de fer, elle le longe et, lorsqu'elle est suffisamment développée, on la greffe par approche sur la branche immédiatement supérieure. On se sert généralement de la greffe en arc-boutant avec œil, voir page 48.

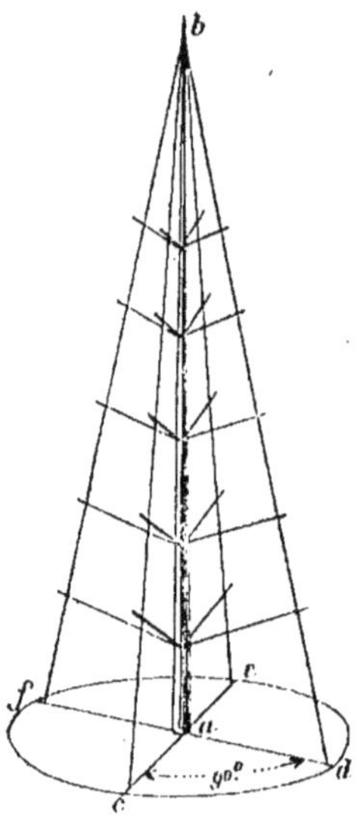

Fig. 96

Bâti pour pyramide à
quatre ailes.

Les pyramides à ailes étant généralement cultivées en ligne, on conçoit qu'il est très facile de faire la première taille à la même hauteur sur tous les poiriers ; on peut même se servir du cordeau pour indiquer cette taille.

Les baguettes destinées à recevoir la première série de branches latérales étant inclinées sur le même angle de 35°, on peut aussi indiquer sur les fils de fer, à l'aide du cordeau, l'endroit où il faut les lier ; dans ces conditions l'ensemble des pyramides présente une très grande régularité que l'on obtient sans compliquer la besogne. Il est bien entendu que les étages supérieurs seront tracés de la même façon.

Palmette Verrier. — La palmette Verrier (fig. 97), doit présenter des étages distants de 0 m. 40. Cette forme est incon-

vite lorsqu'elles fructifiaient, les racines des arbres se gênant réciproquement. On remplace aujourd'hui ces cordons par les U plantés à 0 m. 80 de distance ce qui donne des branches distantes de 0 m. 40 (fig. 99). Si l'on trouve qu'il faut ainsi trop de pieds d'arbre, on remplacera les U simples par les U doubles (fig. 100') ou par la palmette Verrier à 2 étages

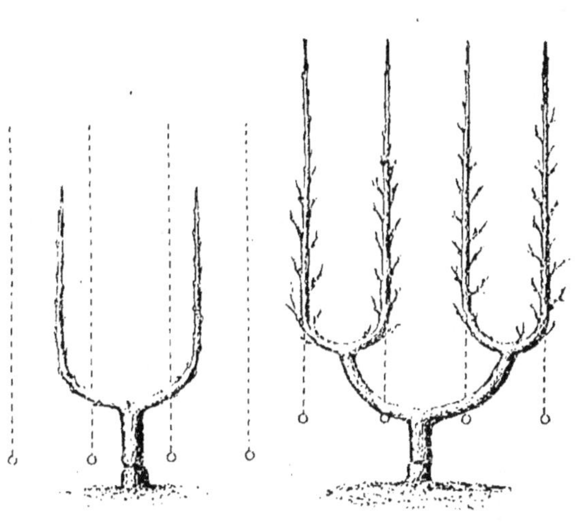

Fig. 100.

Fig. 100²

U double.

(fig. 101) que l'on plantera à 1 m. 60 de distance toujours pour avoir des branches verticales distantes de 0 m. 40.

Contre-espalier. — Voici une installation peu coûteuse pour contre-espalier. Chacun des deux montants A et B (fig. 102) est une barre plate de fer laminé dont les dimensions doivent varier avec la longueur du contre-espalier ; cette barre est scellée dans une pierre brute qui disparaît en terre et elle est tenue verticalement, soit par un arc-boutant soit par deux fils de fer nº 39 C et D attachés à deux grosses pierres enter-

murailles élevées ; il suffit pour les couvrir entièrement de prolonger les parties verticales de l'arbre.

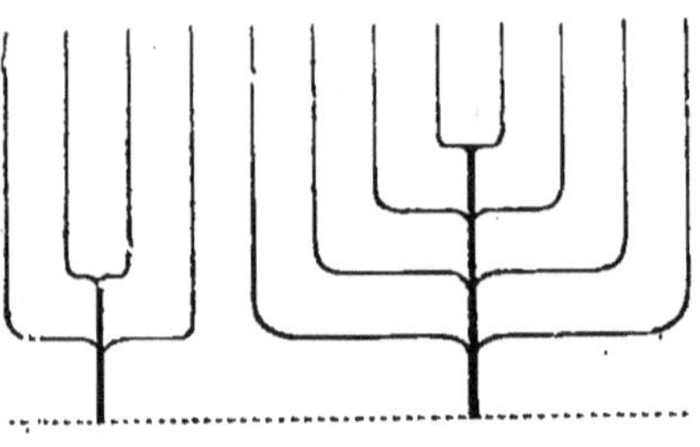

Fig. 98.

Deux palmettes Verrier.

On peut cultiver l'une à côté de l'autre, dans l'espalier ou le contre-espalier, deux variétés de vigueur très différente, l'une formant une palmette à deux étages, par exemple, et l'autre formant une palmette à quatre étages sans nuire à la régularité de l'espalier (fig. 98).

Puisque la palmette Verrier est la meilleure des formes, pour espalier et contre-espalier il nous paraît inutile d'étudier les autres formes destinées au même usage.

U. — Cependant, quand il s'agit de garnir de très hautes murailles comme les pignons de grange ou de maison, on doit recourir à des formes plus restreintes qui permettent de couvrir ces hautes murailles assez rapidement. Autrefois on plantait des cordons verticaux ou obliques à 0 m. 35 de distance. Ces plantations trop rapprochées s'emportaient lorsqu'elles étaient jeunes et s'épuisaient ensuite très

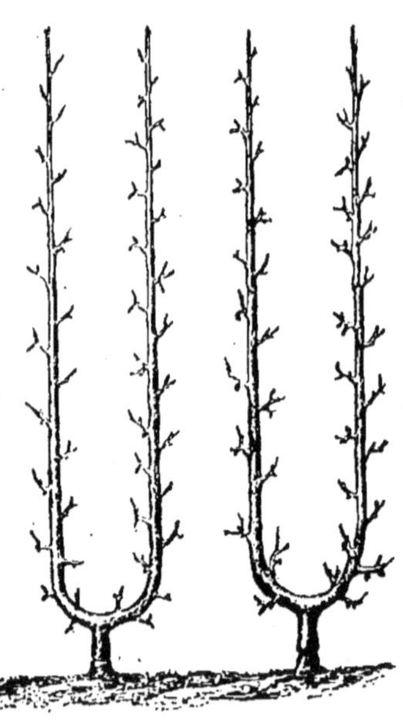

Fig. 99.

U simples.

vite lorsqu'elles fructifiaient, les racines des arbres se gênant réciproquement. On remplace aujourd'hui ces cordons par les U plantés à 0 m. 80 de distance ce qui donne des branches distantes de 0 m. 40 (fig. 99). Si l'on trouve qu'il faut ainsi trop de pieds d'arbre, on remplacera les U simples par les U doubles (fig. 100') ou par la palmette Verrier à 2 étages

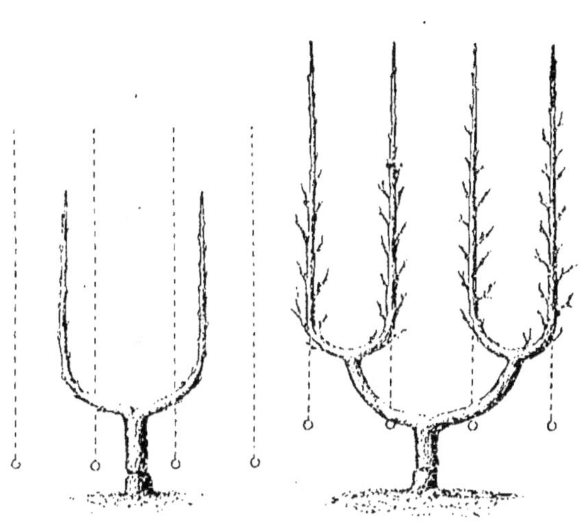

Fig. 100.   Fig. 100'

U double.

(fig. 101) que l'on plantera à 1 m. 60 de distance toujours pour avoir des branches verticales distantes de 0 m. 40.

Contre-espalier. — Voici une installation peu coûteuse pour contre-espalier. Chacun des deux montants A et B (fig. 102) est une barre plate de fer laminé dont les dimensions doivent varier avec la longueur du contre-espalier ; cette barre est scellée dans une pierre brute qui disparaît en terre et elle est tenue verticalement, soit par un arc-boutant soit par deux fils de fer n° 39 C et D attachés à deux grosses pierres enterrées à 0 m. 70 de profondeur. De simples supports intermédiaires placés tous les 4 ou 5 mètres suffisent pour maintenir les

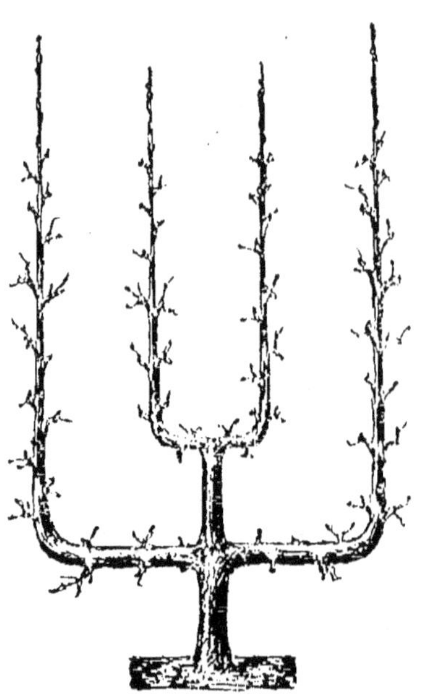

Fig. 101.
Palmette Verrier à deux étages.

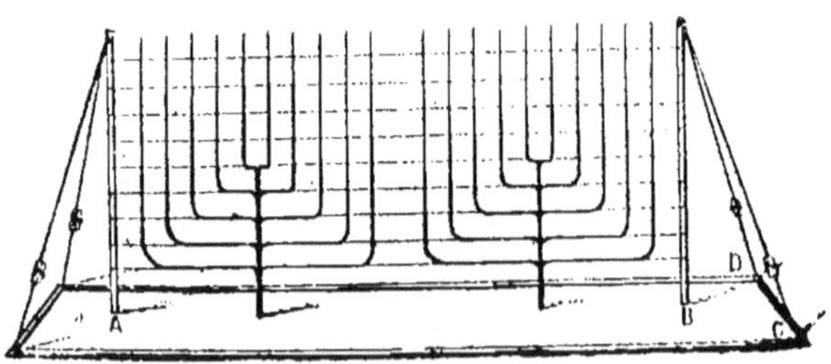

Fig. 102.
Contre-espalier.

fils horizontaux. Ces fils n° 15 sont tendus à l'aide de tendeurs galvanisés (fig. 103).

La forme des arbres est représentée sur les fils de fer au moyen d'osiers verts décortiqués ou préférablement de baguettes en pitchpin scié de 12 millimètres de côté et recouvertes de deux couches de peinture. Ces baguettes ou ces osiers sont attachés sur les fils du contre-espalier

Fig. 103.

Tendeur.

à l'aide d'autre fil de fer galvanisé très mince.

Pour sulfater les osiers, ou à l'occasion les tuteurs, ce qui les rend bien plus durables, on fait tremper leur base dans une dissolution de 2 kg. de sulfate de cuivre par hectolitre d'eau. Huit ou dix jours suffisent pour que la dissolution s'élève jusqu'à la partie supérieure des tuteurs s'ils sont encore verts; il faut plus longtemps s'ils sont secs.

Mode de végétation du poirier.
Ses diverses productions

Avant de s'occuper de la taille à faire subir aux poiriers en vue de leur donner une forme et aussi de la taille de la branche fruitière, il est indispensable de connaître le mode de végétation du poirier ainsi que ses diverses productions.

Considérons un bourgeon de poirier né au printemps et qui s'est développé librement jusqu'en octobre ; c'est ce que l'on appelle un *bourgeon de prolongement* lorsqu'il est situé à l'extrémité d'une branche de charpente.

Ce bourgeon de prolongement A (fig. 104), que nous avons choisi vertical, porte des feuilles à l'aisselle desquelles on distingue de petits corps ovoïdes insérés très obliquement : ce sont les *yeux à bois.*

Bientôt les feuilles vont tomber, la branche ne portera plus que les yeux à bois. On les appelle ainsi parce que tous ceux

qui sont bien situés vont donner naissance à des bourgeons.

Laissons cette branche A intacte et considérons-la au prin-

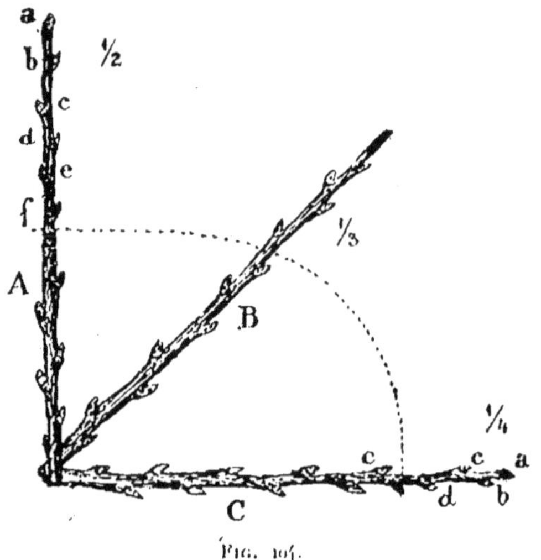

FIG. 104.

Taille du bourgeon de prolongement.

temps suivant. Le premier œil qui se développe est l'œil supérieur a ; il donne naissance à un bourgeon a' qui allonge la branche A (fig. 105). On traduit ce fait en disant que la tige a un
géotropisme négatif, c'est-à-dire qu'elle s'accroît en se dirigeant selon la verticale et dans le sens opposé au centre de la
terre.

C'est ensuite le 2e œil b (fig. 104) qui se développe à son tour
pour donner naissance à un bourgeon b' (fig. 105) qui prendra
moins de développement que le premier, puis successivement
les yeux c, d, e donneront naissance à des bourgeons qui
prendront de moins en moins de longueur (fi.g 105). L'œil f
qui a reçu peu de sève, assez pour se développer, pas assez
pour former un bourgeon, donne naissance à une petite pro-

duction de 2 ou 3 centimètres de longueur terminée en pointe, insérée perpendiculairement sur la branche et entourée d'une rosette de feuilles dont le nombre varie de 3 à 5 ou 6 ; c'est ce que l'on appelle un *dard* (fig. 106).

Les yeux à bois qui couvrent la moitié inférieure de la branche A ne se développent pas.

Ainsi lorsqu'une branche de charpente est verticale, la sève se porte vers le haut et ne fait développer les yeux qu'à peine sur la moitié supérieure de cette branche. Nous pouvons en déduire la règle suivante : *Pour faire développer à peu près tous les yeux que porte une* **branche verticale** *de poirier, il faut en retrancher la moitié supérieure en février-mars* (fig. 104).

On taille sur un œil situé en avant de la branche.

Considérons maintenant un bourgeon de prolongement qui occupe dans le poirier la position horizontale C (fig. 104). Au printemps la sève se porte encore tout d'abord à l'extrémité *a*, mais avec moins d'affluence que dans la branche verti-

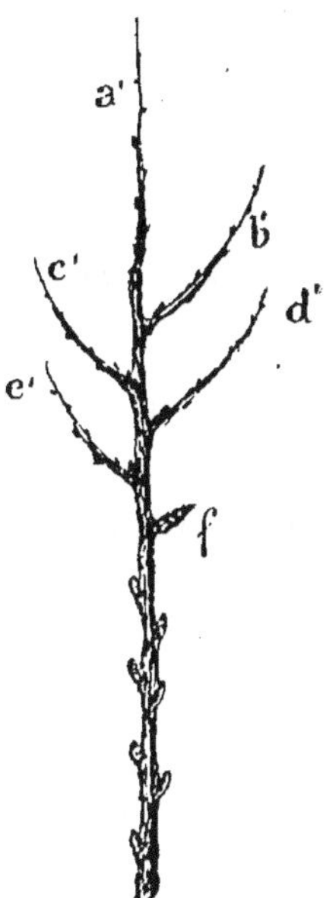

Fig. 105.

Mode de végétation du bourgeon de prolongement de poirier.

cale, et le bourgeon terminal se développe moins vigoureusement que dans le cas précédent ; il en est de même des bourgeons *b*, *c*, *d*, *e*, etc., autrement dit la sève se répartit ici plus régulièrement le long de la branche C, et la base de celle-ci reste dénudée sur le quart seulement de sa longueur, d'où la règle : *Pour qu'une* **branche horizontale** *de poirier développe tous les yeux qu'elle porte, il faut, par la taille, sup-*

Fig. 106.

Deux dards de poirier.

primer un quart de sa longueur (*fig.* 104). On taille sur un œil situé en dessous de la branche.

Le prolongement B (fig. 104) incliné dans l'arbre sur un angle de 45° avec l'horizon, présente une végétation moyenne entre celle des deux prolongements précédents ; les yeux ne se développent pas sur le tiers inférieur si ce bourgeon n'est pas taillé.

Pour provoquer le développement de tous les yeux que porte **une branche de poirier inclinée sur un angle de 45°** *avec l'horizon, on devra en retrancher un tiers (fig.* 104). On taille sur un œil situé en dessous de la branche.

La courbe de la figure 104 indique la taille que l'on doit faire subir à tous les bourgeons qui auraient des positions intermédiaires entre celles qui ont été indiquées. La taille de tous les bourgeons de prolongement qui concourent à la formation de la charpente de tous les poiriers est donc indiquée par la figure 104.

Remarque. — Contre une muraille qui coûte cher nous avons planté des poiriers disposés en palmette Verrier ou en U et, chaque année, nous avons le regret de faire tomber la moitié du bourgeon de prolongement qui est ici vertical.

Remarquons qu'il serait possible de couvrir la muraille bien plus rapidement en ne retranchant chaque année qu'un quart des bourgeons de prolongement. Il suffirait, au moment de la taille, en mars, de leur donner la position arquée indiquée par la figure 107. Vers le 15 juin

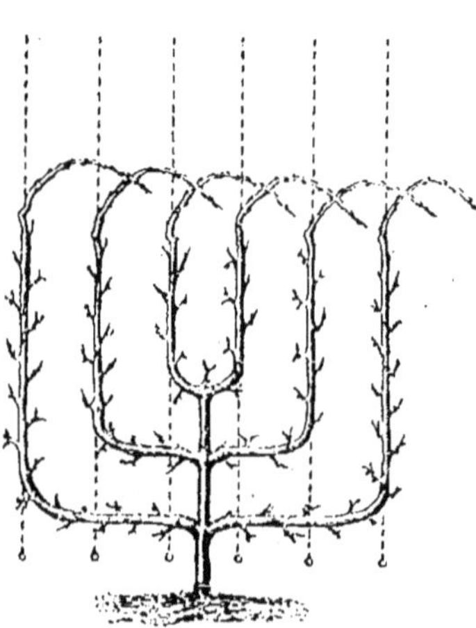

Fig. 107.

Procédé pour allonger la taille du bourgeon de prolongement.

tous les yeux seront développés jusqu'à la base des bourgeons de prolongement qu'on pourra alors relever et mettre dans leur position verticale. Avec des arbres vigoureux, on peut ainsi faire des tailles de 0 m. 80 de longueur sans produire de vides, d'où l'avantage de garnir rapidement une muraille d'une certaine hauteur.

Par ce procédé, il est à remarquer que les branches fruitières se développent verticalement sur les branches de charpente, qui sont horizontales, de sorte que, lorsque celles-ci sont redressées, les branches fruitières sont horizontales ce qui facilite leur mise à fruit.

Sous-yeux. — Yeux latents. — Un œil à bois présente, de chaque côté, un œil très petit appelé sous-œil *a, a* (fig. 108).

Si l'œil à bois évolue normalement, il donne naissance à un bourgeon vigoureux et les sous-yeux ne se développent pas. Mais si, en mars, on fait tomber l'œil à bois, les deux sous-yeux donnent naissance à deux maigres bourgeons si toutefois ils sont situés en bonne place. Les sous-yeux sont donc une précaution prise par la nature pour assurer la production d'une branche là où il y a un œil à bois.

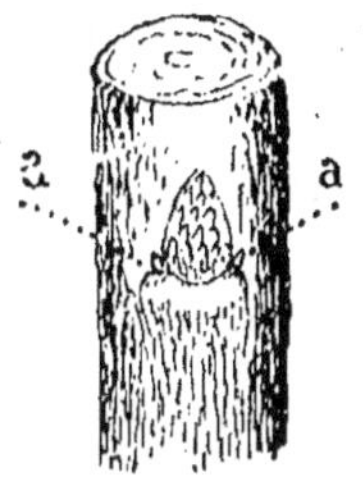

Fig. 108.

Les sous-yeux *a, a* accompagnent un œil à bois.

Si on laisse l'œil à bois se développer librement il donne naissance à une branche au pied de laquelle restent les deux sous-yeux. En coupant la branche au printemps suivant, à 2 millimètres de sa base, on peut encore faire développer les sous-yeux et même d'autres yeux appelés *yeux latents* : c'est ce qu'on appelait autrefois tailler la branche à l'épaisseur d'un écu.

Nous apprendrons plus tard que les branches fruitières d'un poirier doivent être faibles tout en étant portées par des branches de charpente saines et de bonne vigueur. Cette opposition dans la végétation de la branche fruitière et de la branche de charpente qui la porte, nous fait pressentir que ce résultat ne sera pas obtenu sans employer des procédés spéciaux.

Or, puisque les sous-yeux et yeux latents donnent toujours de faibles bourgeons, nous pouvons nous demander, en ce moment, si le problème ne serait pas résolu en remplaçant partout les bourgeons principaux par les faibles bourgeons issus des sous-yeux et yeux latents.

Cette substitution de bourgeons serait obtenue : 1º en supprimant l'œil principal en mars, ou bien 2º, en coupant en mars la branche d'un an à l'épaisseur d'un écu, ou bien, 3º en coupant la branche à un centimètre de sa base dès la première année de son développement, vers le 15 juin, lorsqu'elle est suffisamment aoûtée.

Examinons ces trois procédés.

1º *En supprimant l'œil principal en mars.* Cette méthode donnerait beaucoup de vides, surtout sur les arbres faibles et même de vigueur moyenne ; les sous-yeux ne se développeraient que dans la partie supérieure des branches de charpente, là où la sève abonde. Mais il est très logique d'éborgner l'œil *b* et même l'œil *c* avoisinant le bourgeon terminal dans le prolongement vertical (fig. 104). Deux maigres bourgeons se développent en chacun de ces points, on supprime le plus fort pour conserver le plus faible.

2º *En coupant en mars la branche d'un an à l'épaisseur d'un écu.* Soit A une branche fruitière développée l'année précédente (fig. 109). Cette branche provient d'un œil à bois ; les deux sous-yeux qui l'accompagnaient ne se sont pas développés et sont restés au pied du bourgeon A cachés dans l'écorce. Si, en mars, nous coupons cette branche à deux millimètres de sa base, les vaisseaux qui amenaient la sève dans cette branche continueront, au moins au printemps, à amener la sève en ce point ; aussi les deux sous-yeux vont se développer et donner naissance à deux

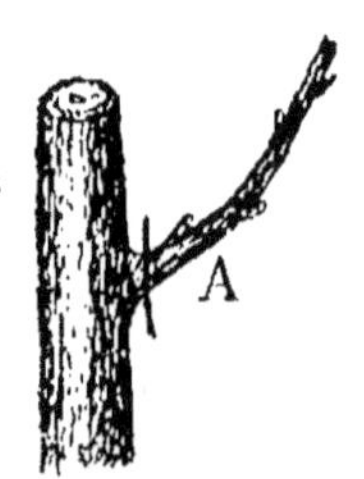

Fig. 109.
Taille à l'épaisseur
d'un écu.

bourgeons plutôt faibles. Souvent d'autres bourgeons se développeront encore surtout si la branche A était forte ; ces productions appelées *bourgeons adventifs* proviennent des yeux latents situés aussi à la base des branches et, d'une manière générale, dans les rides de l'écorce.

Ne pourrions-nous pas voir, dans la suppression du bourgeon principal, et dans le développement des sous-yeux et yeux latents, un moyen d'obtenir des branches fruitières faibles, voire même des productions fruitières ?

Ce procédé pourrait réussir avec des arbres parfaitement équilibrés ; mais, si les poiriers sont faibles, beaucoup de branches supprimées ne seront pas remplacées ; les sous-yeux ne se développeront pas sur la partie inférieure des bourgeons de prolongement malgré les entailles que l'on pourrait faire, et si les poiriers sont très vigoureux, les bourgeons issus des yeux latents et sous-yeux seront nombreux et ne tarderont pas à prendre autant de force que les bourgeons ordinaires. En somme ce serait perdre une année et chercher la difficulté, car la plupart des branches ordinaires se mettent facilement à fruit par le pincement sur un arbre bien équilibré, c'est-à-dire d'une bonne végétation moyenne.

La Quintinye, intendant des jardins de Louis XIV, et après lui, Lelieur, administrateur des parcs et jardins de l'Empereur, conseillaient la taille à l'épaisseur d'un écu de la branche fruitière trop vigoureuse, et ils désignaient comme branche trop vigoureuse, celle qui avoisine le bourgeon terminal *b* et quelquefois *c* (fig. 104 A). C'est encore ce qu'il y a de mieux à faire aujourd'hui.

3° En coupant la branche fruitière à un centimètre de sa base dès la première année de son développement, vers le 15 juin, lorsqu'elle est suffisamment aoûtée.

Cette méthode présente sur la précédente un double avantage :

1° On gagne un an, car on obtient une année plus tôt le développement des sous-yeux.

2° En opérant au 15 juin, c'est-à-dire après la première

poussée de la sève, on a plus de chance de voir les sous-yeux et yeux latents donner naissance à des productions fruitières plutôt qu'à des branches plus ou moins faibles.

Mais on se contentera d'appliquer cette méthode aux bourgeons *b* et *c* (fig. 104 A) sans la généraliser, car c'est précisément parce que le mouvement de la sève est ralenti que les sous-yeux et yeux latents ne se développeront pas à la base des branches de charpente chez les arbres peu vigoureux, et cela malgré les entailles que nécessiterait cette méthode.

Au contraire, chez les arbres vigoureux la suppression des bourgeons en juin, donnerait non pas des dards, mais des bourgeons qu'il faudrait supprimer à nouveau en août-septembre, ce qui compliquerait singulièrement l'entretien des arbres fruitiers.

Une pareille méthode ne pourrait réussir qu'avec des arbres parfaitement équilibrés, ni trop faibles, ni trop vigoureux, et demanderait une grande surveillance, beaucoup d'entailles et partant beaucoup de temps.

Mais l'inconvénient le plus grave, c'est que la taille de toutes les branches fruitières, l'année même de leur développement, en juin, entraînerait la suppression de quantité de feuilles en pleine végétation, au moment où l'arbre en a le plus besoin pour se nourrir et développer ses fruits. Une pareille fantaisie ne pourrait même pas être compensée par l'apport d'engrais spéciaux appliqués sans compter, et il ne serait pas possible de la renouveler un grand nombre d'années sans voir diminuer la vigueur de l'arbre et la grosseur des fruits.

Il ne faut pas chercher de difficultés là où il n'y en a pas, et tous les arboriculteurs savent que, sur des poiriers de bonne vigueur moyenne, il est facile de mettre les branches à fruit par le pincement et la taille d'hiver, opérations pratiques, rapides et pouvant être exécutées par toute personne renseignée. Lorsque le pincement ne réussit pas, c'est que l'arbre est trop vigoureux ou trop faible ; une autre méthode ne le mettrait pas mieux à fruit ; ce qu'il faut faire alors c'est modifier la végétation de cet arbre, la modérer si elle est trop vigoureuse, la stimuler si elle est trop faible. Voir comment on fortifie et comment on affaiblit un arbre, page 111. Il n'y a déjà pas trop d'amateurs d'arboriculture ; n'effrayons pas les propriétaires en leur faisant croire que cette science est remplie de difficultés que peuvent seuls résoudre les rares initiés.

Cependant nous verrons plus loin qu'on ne doit conserver qu'un seul bourgeon sur chaque branche fruitière et que néanmoins, sur les poiriers d'une certaine vigueur soumis à la taille, bien des branches fruitières en portent plusieurs. Cet excès de bourgeons fortifie les branches fruitières et rend leur mise à fruit plus difficile ; d'autre part, il empêche la lumière du soleil de frapper la base des branches fruitières ; or, là où le soleil ne pénètre pas il ne se forme pas de boutons à fruit. En coupant tous les bourgeons inutiles fin juin, à un centimètre de leur base, on favorise l'action solaire et des dards et des boutons à fruit se développent souvent à la base des bourgeons supprimés. Il est même bon de faire, fin août, une nouvelle suppression des bourgeons inutiles sur les arbres vigoureux.

Les arbres faibles ne présentent guère d'excès de bourgeons et il serait logique de ne pas en supprimer afin de ne pas nuire à la végétation de ces arbres.

Il résulte de cette étude des sous-yeux et yeux latents que, sur les poiriers soumis à la taille, il est bon d'avoir recours à leur développement dans des cas particuliers, mais qu'il serait exagéré de prétendre qu'ils doivent seuls assurer la mise à fruit du poirier. Cette manière de procéder serait du reste en désaccord complet avec la nature ; en effet dans le poiriers non soumis à la taille, les fruits ne proviennent pas des sous-yeux et des yeux latents ce qui n'empêche pas ces arbres de produire abondamment.

Mode de fructification du poirier

La production fruitière se développe sous l'influence de la lumière solaire ; là où la lumière ne pénètre pas en abondance il ne peut pas y avoir de fruit.

Nous connaissons *l'œil à bois* (fig. 104, *a*, *b*, *c*, *d*, *e*) ; nous savons que s'il reçoit de la sève il donne naissance à un bourgeon (fig. 105 *a'*, *b'*, *c'*, *d'*, *e'*). S'il ne reçoit pas de sève, il ne subit aucune transformation , exemple les yeux à bois qui se trouvent sur la partie inférieure du bourgeon de prolongement (fig. 105) ; s'il reçoit un peu de sève, assez pour subir une évolution, pas assez pour donner naissance à un bourgeon, il forme un *dard f* (fig. 105 et fig. 106), production ligneuse, longue de quelques centimètres, insérée perpendiculairement sur la branche de charpente et terminée en pointe.

Soit un dard (fig. 110) qui ne porte que deux ou trois feuil-

Fig. 110

Jeune dard.

les ; s'il est à l'ombre et ne reçoit pas de nourriture il reste stationnaire. Si ce dard reçoit de la lumière et de la sève il se fortifie et s'entoure de 7 à 8 feuilles. Ce dard sera un *bouton à fruit* (fig. 111) au printemps suivant, à moins cependant qu'il ne reçoive trop de sève en juin, juillet et août, auquel cas il s'allongerait et se transformerait en bourgeon.

On peut reconnaître ces rameaux provenant des dards

allongés ; ils portent à leur base une écorce plissée transversalement et des feuilles très rapprochées (fig. 135).

Le dard se comporte donc comme l'œil à bois ; s'il reçoit beaucoup de sève il donne naissance à une branche, s'il ne reçoit pas de sève il reste stationnaire ; s'il reçoit un peu de sève il évolue et devient bouton à fruit.

Fig. 111

Bouton à fruit.

On appelle *lambourde* un dard peu ligneux et cassant à peau ridée, qui s'allonge quelquefois énormément (fig. 112). La lambourde trop longue ne se met plus à fruit ; il faut la raccourcir pour faire développer les yeux latents contenus dans les plis de l'écorce. Les lambourdes courtes peuvent être assimilées aux dards.

Le bouton à fruit donne toujours naissance à des fleurs et à des fruits si ceux-ci nouent, quelle que soit du reste la quantité de sève qu'il reçoive, aussi peut-on forcer les arbres trop vigoureux à fructifier en leur greffant des boutons à fruit fin août jusqu'au 15 septembre.

FIG. 112.

Vieilles lambourdes de poirier à restaurer.

La poire est attachée sur un corps spongieux, ovoïde, appelé *bourse* (fig. 113) qui reste sur l'arbre après la cueillette du fruit. La bourse pendant quelques années produit des dards et des boutons à fruit, quelquefois des brindilles, mais son extrémité se décompose sans cesse, il faut la rafraîchir et elle finit par disparaître.

Nous comprenons maintenant pourquoi un arbre très vigoureux ne fleurit pas ; les yeux à bois se transforment en bourgeons, et si par hasard il se forme quelques dards, ils reçoivent trop de sève et se transforment en branches.

Inversement, chez un arbre faible tous les yeux à bois donnent des dards et des boutons à fruit ; cet arbre fleurit énormément mais n'a pas la vigueur nécessaire pour nourrir ses fruits.

Un poirier est en bonne santé et bien équilibré lorsqu'il produit tout à la fois du bois et des boutons à fruit. Toute la

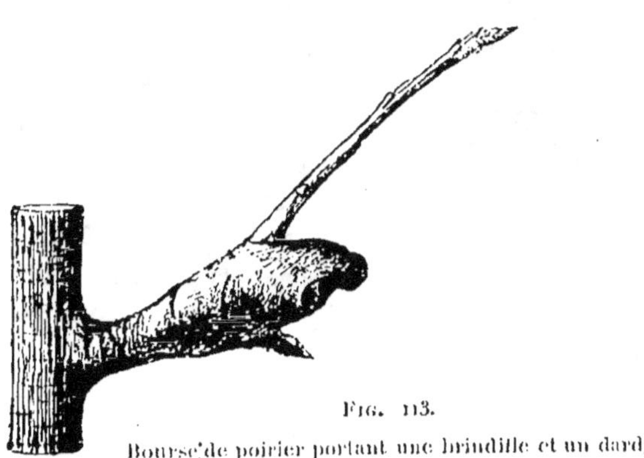

Fig. 113.

Bourse de poirier portant une brindille et un dard.

science de l'arboriculteur ne réside donc pas dans la taille mais bien dans l'art d'entretenir les arbres fruitiers en bon état ; il est indispensable de donner des engrais aux arbres faibles ; il est très nuisible d'en fournir aux arbres déjà trop vigoureux.

Des moyens à employer pour fortifier une branche

Il faut délier la branche, la laisser libre ou lui donner la position verticale.

Faire une entaille en V renversé au-dessus de l'empattement de cette branche (fig. 114). Cette entaille doit pénétrer jusque dans l'aubier mais elle doit être étroite de manière à se cicatriser facilement. On force ainsi la sève ascendante à pénétrer en plus grande quantité dans la branche. Cette entaille se fait aussi au-dessus des yeux dont on veut provoquer le développement ; on se contente, dans ce cas, de couper les vaisseaux avec la serpette sans enlever de bois.

FIG. 114

Entaille en V renversé.

On supprime les fruits sur la branche si elle en porte.

On fait une incision longitudinale dans l'écorce de cette branche avec la pointe de la serpette. L'écorce durcit sur les branches qui cessent de s'accroître et elle devient par la suite un obstacle à leur développement. En la fendant on permet à la branche de grossir.

La branche à fortifier doit être taillée long. Plus on lui laisse d'yeux, plus elle portera de feuilles, plus elle attirera de sève.

Il faut la tailler tôt, avant toute circulation de la sève, afin de ne pas lui en retrancher.

Des moyens à employer pour affaiblir une branche

Il faut palisser la branche en lui donnant la position horizontale ou même légèrement arquée en dirigeant l'extrémité vers le sol (fig. 115).

Faire une entaille en V en dessous de l'empattement de la branche (fig. 116) ; cette entaille, pénétrant jusque dans l'aubier, empêche la sève brute de s'élever dans la branche.

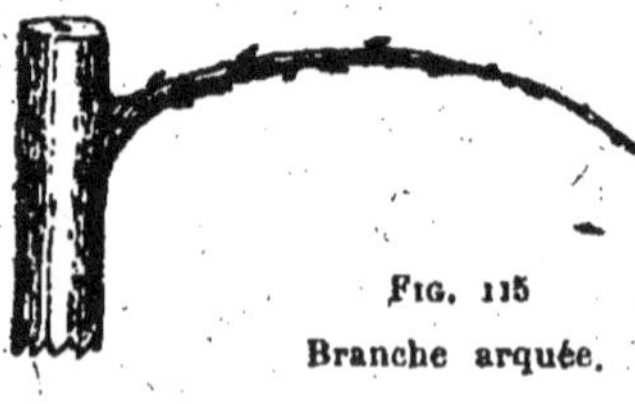

FIG. 115

Branche arquée.

FIG. 116

Entaille en V.

Greffer des boutons à fruit sur cette branche, fin août jusqu'au 15 septembre (fig. 50).

Tailler court et tard lorsque la branche porte déjà des feuilles.

Supprimer quelques feuilles.

Des procédés employés pour fortifier un arbre

Pratiquer la taille courte ; c'est répartir la même quantité de sève sur un petit nombre d'yeux qui pourront donner naissance à quelques bourgeons.

Tailler tôt, avant toute circulation de la sève, afin de ne pas en retrancher à l'arbre.

Supprimer les pincements qui priveraient l'arbre d'un certain nombre de feuilles.

Donner des engrais à l'arbre. Voir engrais page 63.

Fin mai, après un binage, répandre un paillis qui maintient l'humidité dans le sol et favorise le développement des racines même dans la partie superficielle.

Ce paillis doit s'étendre sur la terre occupée par les racines, par conséquent sous les branches de l'arbre.

Des procédés à employer pour affaiblir un arbre

Il faut bien se garder de classer parmi les arbres trop vigoureux de jeunes sujets de quelques années de plantation, poussant vigoureusement et promettant d'atteindre rapidement leur complet développement.

Cette vigueur est nécessaire pour obtenir, en peu de temps, des arbres ayant de belles formes. Il est bien préférable de posséder de jeunes arbres vigoureux que de leur voir porter quelques fruits qui les épuisent et retardent singulièrement leur développement.

On a souvent parlé de couper quelques racines à l'arbre pour l'affaiblir ; ce procédé est à rejeter. En effet, chaque racine est en rapport avec une branche spéciale ; couper quelques racines c'est faire souffrir quelques branches seulement et non l'arbre tout entier.

Il est préférable de faire un trait de scie autour de l'arbre à une hauteur de 0 m. 20 environ, jusque dans l'aubier. Ce trait de scie doit être donné avant toute végétation, en février par exemple. On empêche ainsi une grande partie de la sève ascendante de s'élever dans l'arbre. Cependant celui-ci ne meurt pas parce qu'il possède des réserves nutritives avec lesquelles il forme moins de feuilles et des bourgeons moins longs et moins vigoureux. Le trait de scie se trouve cicatrisé en juillet. Pour mettre à fruit un arbre trop vigoureux par ce procédé, il est quelquefois nécessaire de renouveler cette opération plusieurs années de suite.

Pratiquer le pincement puisqu'il supprime des feuilles.

Tailler tard cet arbre lorsqu'il porte déjà des feuilles, afin de lui soustraire de la sève.

Tailler long pour répartir la sève sur un plus grand nombre d'yeux. Il suffit, le plus souvent, de donner aux arbres vigoureux une étendue en rapport avec leur vigueur pour les mettre à fruit.

Greffer, fin août jusqu'au 15 septembre, des boutons à fruit sur l'arbre trop vigoureux (fig. 50). C'est assurément un moyen très élégant de le mettre à fruit. Il est bon, pour faciliter la récolte, de greffer sur un arbre des boutons à fruit appartenant à la même variété.

Conserver les brindilles et les palisser dans l'arbre en les arquant légèrement. C'est le moyen le plus pratique de mettre à fruit beaucoup de poiriers trop vigoureux.

Enfin, si l'arbre n'est pas trop âgé, on peut le déplanter et le replanter sur place en novembre ; il est rare que ce dernier moyen ne réussisse pas. Malheureusement il demande trop de main-d'œuvre, aussi se contente-t-on souvent, lorsqu'il s'agit des pommiers greffés sur doucin et des poiriers sur cognassier, de les soulever un peu à l'aide d'un levier après avoir découvert les principales racines.

Tous ces procédés pour fortifier ou affaiblir soit une branche,

soit un arbre, sont applicables à toutes les espèces fruitières.
On n'oubliera cependant pas qu'il est préférable de ne pas
user des incisions et des entailles sur les arbres à fruits à noyau
afin d'éviter la gomme et de ne pas en abuser dans le pommier
de crainte d'attirer le puceron lanigère.

Quelques observations générales sur la taille des arbres fruitiers

Le moment le plus favorable pour tailler les arbres fruitiers
est celui qui suit les fortes gelées, fin février commencement
de mars. On taille d'abord les arbres à fruits à noyau, la vigne,
puis le poirier et on termine par le pommier qui entre plus
tard en végétation.

Cependant lorsqu'on a beaucoup d'arbres à tailler, on peut
se livrer à cette opération pendant le repos de la végétation,
de novembre en mars en ce qui concerne le poirier et le pommier, mais on évite de tailler pendant les fortes gelées, le givre
et le verglas.

On ne taille pas au printemps les jeunes arbres qui ont été
plantés avant l'hiver précédent, car, pour former la charpente
d'un arbre, il faut de beaux bourgeons bien vigoureux, or les
arbres nouvellement plantés ne sauraient les produire. D'autre
part, pour favoriser la végétation de l'arbre planté récemment,
il faut lui laisser des branches et par conséquent des feuilles
capables d'élaborer la sève nécessaire à l'entretien et au développement de la racine. Cependant, si dans la transplantation on a supprimé quelques racines, il faut aussi retrancher
l'extrémité de quelques branches, de manière à conserver
une certaine harmonie entre la partie souterraine et la partie
aérienne de l'arbre.

Une exception est faite pour les arbres à fruits à noyau,
les pêchers en particulier, dont les yeux à bois s'annuleraient
si ces arbres n'étaient pas taillés l'année même de la plantation

Coupe du bois. — La branche doit être coupée nettement

et en biais au-dessus d'un œil sans laisser d'onglet comme l'indique la figure 117. La figure 118 montre une mauvaise

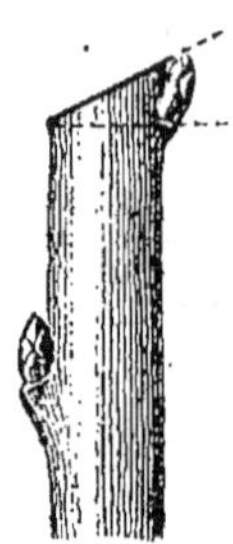 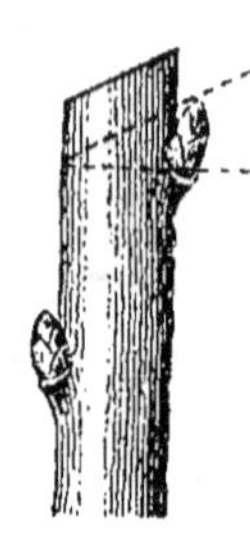 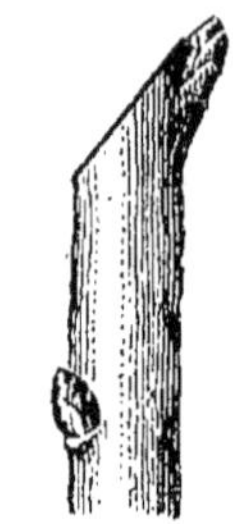

FIG. 117   FIG. 118   FIG. 119

Rameau bien taillé.   Onglet à supprimer.   Coupe trop en biais.

coupe ; on a laissé un onglet dans lequel la sève ne peut pas circuler ce qui fait une plaie qui ne peut pas se cicatriser. La figure 119 indique un excès contraire, une coupe faite trop en biais ; l'œil supérieur est éventé et ne pourra pas donner naissance à un bourgeon bien constitué.

Nous verrons qu'une exception est faite pour la vigne ; on laisse au-dessus de l'œil terminal un onglet de 2 centimètres qui est supprimé l'année suivante.

Le sécateur, à moins qu'il ne soit en excellent état, écrase toujours plus ou moins la branche en la coupant et fait une plaie qui se cicatrise assez difficilement, de sorte qu'on peut se servir quand même de cet instrument pour tailler les branches fruitières parce qu'il rend cette besogne commode et rapide, mais il est prudent de recourir à la serpette pour tailler les branches de charpente, et il n'est même pas inutile de recouvrir les grandes plaies de mastic.

Choix de l'œil terminal. — L'œil qui, après la taille, doit terminer le bourgeon de prolongement, sera choisi en avant sur toutes les branches d'espalier et de contre-espalier. Si l'on choisissait un œil de côté on obtiendrait un coude regrettable pour la vue (fig. 120). En choisissant l'œil terminal en avant, le coude existe encore, mais il n'est pas visible pour la personne placée en face de l'arbre.

Dans toute branche horizontale ou inclinée, on choisit l'œil terminal en dessous de la branche (fig. 121). Le bourgeon b qui se développe tend à se relever et prolonge ainsi très bien la branche a.

Si, dans le poirier, on doit tailler sur un œil éperonné, c'est-à-dire porté par un long coussinet formant angle droit avec la branche, on coupe l'éperon (fig. 122), un sous-œil se développera.

Taille longue et taille courte. — Soit la branche B figure 104 faisant avec l'horizon un angle de 45°. D'après ce que nous avons vu, si nous retranchons moins d'un tiers de cette bran-

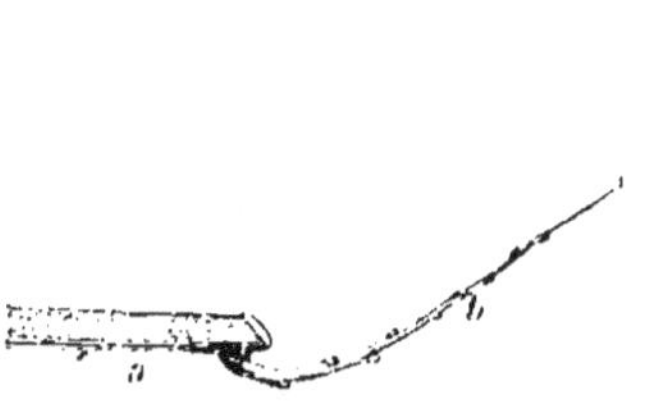

Fig. 120

Taille sur un œil de côté.

Fig. 121

Taille sur un œil situé en dessous de la branche.

Fig. 122

Suppression de l'œil éperonné.

che *nous taillons long* et, dans ces conditions, nous sommes exposés à voir les yeux de la base de la branche ne point se développer ; de plus quelques yeux de la branche de charpente peuvent donner naissance à des dards puis à des boutons à fruit.

Est-il bon de voir des boutons à fruit se développer directement sur la branche de charpente ?

Il est certain que les fruits qui naissent sur la branche de charpente ne manquent point de sève et prennent généralement un beau développement, mais nous savons, d'autre part, que la bourse qui persiste après le fruit ne dure que quelques années puis disparaît ; un bouton à fruit naissant directement sur la branche de charpente amènera donc un vide sur cette branche quelques années plus tard. Ceci sera cependant sans inconvénient si le nombre de ces boutons à fruit n'est pas considérable, car il n'est pas nécessaire que tous les yeux à bois d'une branche de charpente donnent naissance à des branches fruitières ; au contraire, s'il en était ainsi, les branches fruitières seraient trop rapprochées et elles doivent se trouver au moins à 10 ou 12 centimètres de distance. Le praticien s'apercevra donc qu'il taille trop long si la base des branches de charpente se dénude soit parce que les yeux à bois qu'elle porte ne se développent pas, soit parce qu'il se forme trop de dards et de boutons à fruit directement sur la branche de charpente.

Nous taillons court si nous retranchons plus d'un tiers de la branche B figure 104. Tous les yeux, même ceux de la base, donnent alors naissance à des bourgeons.

On usera donc des tailles longues et des tailles courtes comme il a été dit aux procédés à employer pour fortifier ou affaiblir une branche ou un arbre page 109, et en général :

On taille long les variétés vigoureuses et les arbres plantés dans un sol fertile. Le poirier greffé sur franc est taillé plus long que le poirier greffé sur cognassier.

On taille court les variétés faibles, les arbres plantés en sol pauvre, les variétés comme Beurré royal, Bon chrétien Williams, Passe-crassane, dont les yeux de la base des bourgeons se développent difficilement.

Comment on obtient les formes du poirier

Palmette Verrier. — Dans la palmette Verrier, comme dans les U simples et les U doubles, la distance entre les branches de charpente doit être au moins de 0 m. 35 et préférablement de 0 m. 40 lorsqu'il s'agit de cultiver des variétés produisant sur de longues brindilles comme Joséphine de Malines, Jules d'Airoles, Beurré Magnifique, etc.

Dessinons la palmette Verrier sur la muraille (fig. 123). Nous supposons un poirier, greffé d'un an, planté en A et nous voulons trois branches à la hauteur du premier étage, qui doit se trouver à environ 0 m. 40 du sol, à savoir : deux branches latérales situées à 10 ou 15 centimètres en dessous du premier étage et un prolongement de l'axe de l'arbre.

Les trois yeux *a* et *b* sur les côtés et *c* en avant de la tige nous fourniront ces branches, mais, pour leur permettre de se développer, nous devons tailler audessus de l'œil *c*. Nous savons en effet que la sève se porte toujours à l'extrémité des branches et des tiges surtout si elles sont verticales.

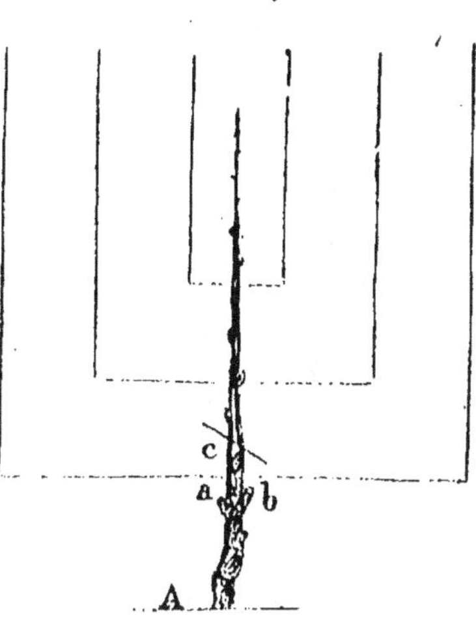

Fig. 123.

Formation de la palmette Verrier.
1re taille.

Les trois yeux *a b c* vont donc donner naissance à trois branches et tous les autres bourgeons qui se développeraient seraient supprimés.

Le résultat de l'opération ci-dessus indiquée est représenté par la figure 124. On laisse tout d'abord développer les bourgeons *a' b' c'* à volonté, puis en juillet, et pendant que les jeunes branches sont encore flexibles, on incline la base des bourgeons *a' b'* mais on relève verticalement leur extrémité pour ne pas entraver leur développement. On obtient ce résultat en palissant l'étage inférieur contre une baguette formant

un demi-cercle (figure 124). Le bourgeon c' est palissé verticalement.

Les deux branches a' b' doivent être équilibrées ; si la branche b' par exemple pre-
nait plus de longueur et
de force que la branche
a' elle serait plus inclinée que cette dernière.

L'année suivante, fin
février, on taillera les
branches a' b' selon la
règle indiquée par la
figure 104, c'est-à-dire
qu'on en retranchera un
tiers en taillant en a'
et en b' sur un œil situé
en dessous de la bran-
che et le bourgeon de
prolongement sera taillé
en d sur un œil situé
en avant pour obtenir

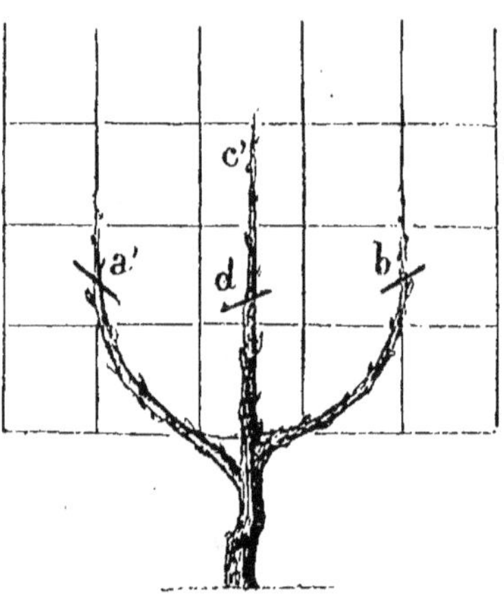

Fig. 124.

Formation de la palmette Verrier
2ᵉ taille.

un second étage situé à 0 m. 35 et même 0 m. 40 du premier
(fig. 124.). Le résultat de cette opération est indiqué par
la figure 125.

Les branches a' b' se couvrent de branches fruitières et
donnent naissance à des bourgeons de prolongement qu'on
laisse pousser librement jusqu'en juillet ; à cette époque
on incline davantage les branches a' b' en les rapprochant
de leur position définitive, mais leurs bourgeons de prolongement doivent conserver la position à peu près verticale afin
de ne pas entraver leur développement ; ces branches a' b'
et leurs prolongements sont mises au printemps suivant dans
la position qu'elles doivent occuper définitivement.

Les branches fruitières qui se développent sur a' b' sont
soumises au pincement, mais les bourgeons de prolongement
ne sont jamais pincés, si ce n'est lorsque l'un d'eux prend un

développement trop considérable par rapport aux autres bourgeons terminaux.

Les mêmes opérations se répètent chaque année jusqu'à ce que la palmette soit terminée.

On forme généralement un nouvel étage chaque année, mais il ne faut pas oublier que les étages doivent être de plus

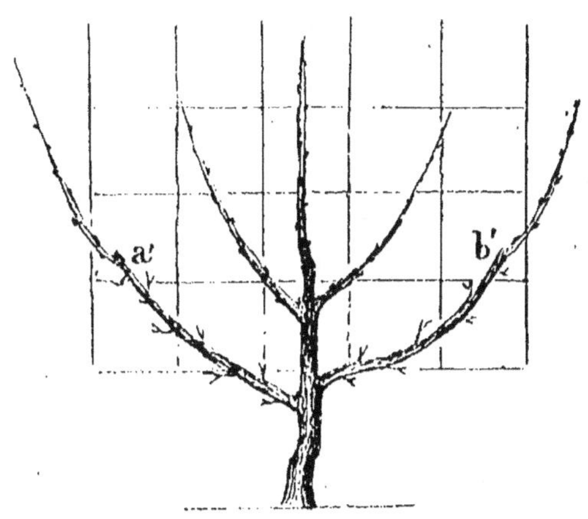

Fig. 125

Formation de la palmette Verrier. Résultat de la 2e taille.

en plus courts et de plus en plus faibles à mesure qu'on s'élève dans l'arbre. Si deux étages successifs atteignaient même longueur, le supérieur l'emporterait bientôt sur l'inférieur.

Lorsque, dans la formation de la palmette, le développement du dernier étage formé laisse à désirer, mieux vaut ne pas prendre de nouvel étage l'année suivante afin de permettre à ce dernier étage de se fortifier. Si, au contraire, le nouvel étage menace de devenir plus fort que l'étage immédiatement inférieur, il faut palisser horizontalement les branches de ce nouvel étage et les pincer s'il y a lieu.

Dans la pratique on plante généralement des arbres portant

déjà un ou deux étages, il est bien évident qu'il n'y a plus qu'à achever la palmette en suivant la méthode ci-dessus exposée.

Nota. — Il arrive quelquefois qu'une branche ou une tige ne porte que des boutons à fruit là où la taille s'impose. On taille alors sur un bouton à fruit. Le bouton à fruit renferme à sa base un œil à bois qui se développe si l'on a soin de supprimer les fleurs dès que le bouton est épanoui.

U simple. — Le sujet est taillé en février à 0 m. 35 du sol ; les deux branches supérieures seront palissées sur le fil de fer comme l'indique la figure 99 ; les autres bourgeons seront supprimés.

Chaque année, en février, on retranchera la moitié du bourgeon de prolongement en taillant sur un œil situé en avant. Le bourgeon de prolongement sera palissé sur le fil de fer, les autres bourgeons seront traités comme branches fruitières.

U double. — On forme d'abord un U simple dont les branches sont écartées de 0 m. 70 et même 0 m. 80 (fig. 100). L'année suivante, en février, les deux branches de cet U simple sont taillées à environ 0 m. 65 du sol pour former chacune un U simple (fig. 100').

Pyramide. — Pour former la pyramide nous taillons le scion d'un an bien vigoureux en *a* (fig. 126) à 0 m. 70 du sol pour obtenir un bourgeon de prolongement et un cycle de 5 ou 6 branches les plus rapprochées du sommet du poirier, tous les autres bourgeons seront supprimés. La figure 126 indique le résultat de cette taille.

On laisse pousser ces 5 ou 6 branches librement jusqu'au mois de juillet et, à cette époque, on incline les branches du premier cycle sur un angle de 35° avec l'horizon au moyen d'arcs-boutants formés de légères baguettes de sureau.

Au printemps suivant, le bourgeon de prolongement de la tige *a* est taillé en *b* à 0 m. 60 de sa base (fig. 126) pour obtenir un nouveau cycle de 5 ou 6 branches et un nouveau bourgeon de prolongement.

On a soin de choisir l'œil terminal alternativement à gauche et à droite de la tige.

Quant aux branches formant le premier cycle, on en retran-

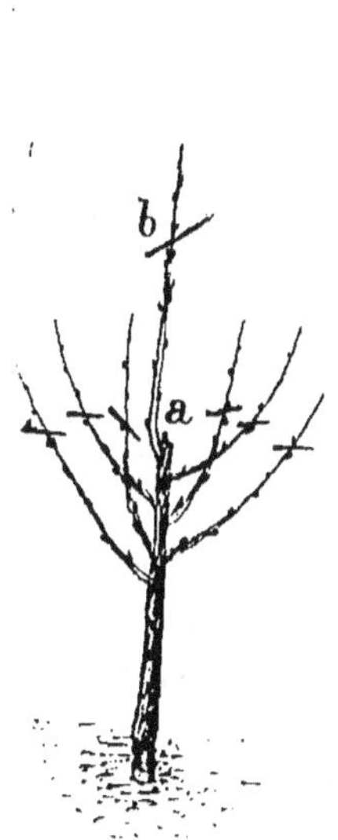

Fig. 126

Formation de la pyramide
1re et 2e taille.

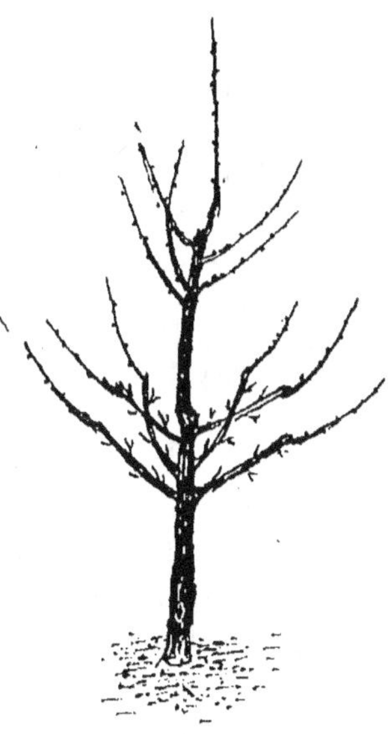

Fig. 127

Formation de la pyramide.
Résultat de la seconde taille.

che un tiers en taillant sur un œil situé en dessous de la branche afin de faire développer les yeux en branches fruitières et obtenir un bourgeon de prolongement (fig. 127).

En résumé, le bourgeon de prolongement qui termine l'axe principal est taillé chaque année à environ 0 m. 60 de sa base. Cette taille doit laisser un écartement d'au moins 0 m. 40 entre deux branches de charpente situées l'une au-dessus de l'autre ; cet écartement pourra être un peu moins grand dans le haut de la pyramide.

Les prolongements des branches de charpente sont taillés

assez long dans le bas de la pyramide et de plus en plus sévèrement à mesure qu'on s'élève afin de donner à l'arbre la forme d'un cône. On pourra donner aux branches du premier cycle une longueur totale de 1 m. 10 ; la pyramide aura ainsi un diamètre de 2 mètres à la base et une hauteur de 5 à 6 mètres.

La pyramide ainsi constituée sera parfaitement ensoleillée et différera sensiblement de la plupart des pyramides que l'on faisait autrefois dans lesquelles, non seulement on rapprochait trop les branches de charpente, mais on donnait trop souvent aux branches inférieures une longueur démesurée ; ces branches inférieures en se relevant entouraient la pyramide d'un rideau de verdure qui empêchait le soleil de pénétrer dans l'arbre, de sorte que ces pyramides ne pouvaient porter des fruits qu'à leur périphérie.

Remarque. — On peut obtenir presque toutes les branches d'un cycle à la même hauteur. Pour cela le bourgeon de prolongement est taillé en *b* (fig. 126) l'année même de son développement, en juin, lorsqu'il est suffisamment aoûté. Il se développe bientôt un bourgeon anticipé qu'on laisse pousser à volonté et, l'année suivante au printemps, on taille ce bourgeon anticipé quelques millimètres au-dessus de sa base. Les sous-yeux et yeux latents qui se trouvent à cette base se développent et donnent des bourgeons qui peuvent concourir à la formation du cycle

Ce procédé est applicable aux palmettes pour obtenir, exactement à la même hauteur, les deux branches qui constituent un étage. Cette manière d'opérer est loin d'être indispensable.

Pyramide à ailes. — La pyramide à ailes (fig. 95) se forme par les mêmes procédés que la pyramide ordinaire. Chaque année, on doit obtenir un nouveau cycle de 4 branches et un bourgeon de prolongement.

La distance entre les cycles devant être d'environ 0 m. 55, le bourgeon de prolongement est raccourci chaque année, en février, à cette longueur.

Les quatre branches qui forment un cycle absorbent naturellement beaucoup de sève, et, dans les variétés peu vigoureuses elles n'en laissent plus assez au bourgeon de prolongement pour se développer convenablement. Malgré sa position verticale, le bourgeon de prolongement est trop faible pour donner un nouveau cycle l'année suivante ; aussi faut-il renoncer à soumettre à cette forme des variétés peu vigoureuses comme Beurré bachelier, Charles Ernest, Passe-crassane, etc. De plus il ne faut pas tarder, chaque année, à abaisser et à palisser les quatre branches qui forment le nouveau cycle, de façon à favoriser le développement du bourgeon qui prolonge l'axe de l'arbre.

Colonne. — La colonne (fig. 93) ne doit porter que des branches fruitières. La première année on usera d'une taille longue à environ 0 m. 70 de hauteur, de manière à obtenir les premières branches fruitières à 0 m. 50 du sol, et, dans les années ultérieures, on retranchera la moitié du bourgeon de prolongement en ayant soin de tailler sur un œil choisi alternativement à droite puis à gauche. (Voir le Traitement de la branche fruitière).

Fuseau. — Pour obtenir cette forme (fig. 94), l'arbre est taillé jusqu'à 1 m. 50 ou 2 mètres de hauteur comme pyramide et plus haut il est taillé comme colonne.

Traitement de la branche fruitière

Nous avons vu dans le mode de fructification du poirier que si les arbres sont abandonnés à eux-mêmes, comme les poiriers haute tige, seuls portent de beaux fruits les poiriers bien équilibrés qui ne sont ni trop faibles ni trop vigoureux. Quant il s'agit des arbres soumis à la taille, c'est encore cet état de bonne végétation moyenne que nous devons rechercher. C'est pourquoi l'arbre sera entretenu dans de bonnes conditions hygiéniques. Il sera planté dans un sol sain, bien exposé à la lumière solaire, entretenu en bon état de propreté et les récoltes abondantes seront compensées par l'apport d'engrais appropriés ; la taille fera le reste.

Mais il ne faut pas penser un instant que la taille est tout en arboriculture et qu'elle seule peut faire donner des fruits aux arbres épuisés pas plus qu'aux arbres d'une vigueur excessive.

Pour trop de personnes encore, cultiver un poirier c'est le tailler ; c'est absolument comme si l'on disait : élever un enfant c'est lui infliger des punitions corporelles.

La taille n'est qu'un procédé employé pour donner une forme déterminée à certains arbres, pour modifier la végétation des branches fruitières et régulariser la production.

On comprend très bien que des branches de charpente de bonne vigueur doivent donner naissance à des ramifications ou branches fruitières également vigoureuses et dont les yeux auront tendance à s'emporter en bourgeons. L'intervention de l'arboriculteur est ici nécessaire pour obtenir, sur des branches saines et suffisamment vigoureuses, des branches fruitières assez faibles pour se mettre à fruit. Nous allons voir par quels procédés ce résultat est obtenu.

Traitement de la branche fruitière

1re année. — Pincement.

Dès que les branches fruitières atteignent une longueur de 15 à 18 centimètres on les pince environ à 12 ou 14 centimètres sur 5 ou 6 feuilles sans compter les feuilles stipulaires de la base en *a* (fig. 128). Pincer une branche c'est enlever son extrémité herbacée que l'on saisit entre le pouce et l'index.

Il est à remarquer que les 3 ou 4 feuilles de la partie inférieure du rameau n'ont, à leur aisselle que des yeux avortés ; outre ces feuilles de la base, on doit laisser au moins 3 feuilles portant des yeux à leur aisselle.

Le pincement aura pour effet non seulement d'entraver le développement de la branche fruitière, mais encore de concentrer la sève dans les yeux conservés qui se gonfleront et se disposeront à fructifier.

Il est bien évident que dans la pratique on ne compte pas

toujours les feuilles du bourgeon à pincer ; il s'agit ici de se renseigner avec toute la précision suffisante sur la manière d'opérer ce pincement ; dans la pratique on acquiert bientôt l'habitude de faire cette opération rapidement.

Le bourgeon de prolongement présente assez rarement, l'année même de son dévelop-pement, des *bourgeons anticipés* encore appelés faux bourgeons. Ils sont pincés court, sur 3 ou 4 feuilles seulement, parce que toutes leurs feuilles, même celles de la base, portent des yeux à leur aisselle.

On doit procéder au pince-ment, dès le commencement de mai, sur les espaliers exposés au sud et à l'est, puis on le con-tinue sur les arbres de plein air. On pince d'abord les branches fruitières qui avoisinent le bourgeon de prolongement ; les branches fruitières qui se déve-loppent à la base des bourgeons

Fig. 128

Pincement du bourgeon de poirier.

de prolongement ont alors une longueur de quelques centi-mètres seulement et seront pincés bien plus tard. En résumé, le pincement doit se faire en plusieurs fois, au fur et à mesure du développement des branches fruitières. Dès le mois de mai, les poiriers seront visités tous les 8 ou 10 jours et les bourgeons qui ont atteint la longueur voulue seront pincés. Cette opération est du reste rapidement faite.

Le pincement ainsi compris est un régulateur de la végéta-tion ; la sève se porte principalement aux extrémités des bourgeons de prolongement, et les yeux situés à leur base ont peine à se développer surtout si le prolongement est vertical ; grâce au pincement les branches fruitières bien situées ne prennent qu'une quantité limitée de sève ; celle-ci est mieux répartie le long du bourgeon de prolongement et toutes les branches fruitières tendent à devenir d'égale force.

Mais pour atteindre ce résultat il faut que les premiers pincements en particulier soient faits à temps, de manière à entraver le développement de la branche lorsque celle-ci est encore jeune. En effet, si l'on attend pour la pincer que la branche fruitière ait atteint la longueur de 30 centimètres et plus, cette branche est déjà forte à sa base ; elle reçoit beaucoup de vaisseaux et quantité de sève. Le pincement survenant à ce moment ne change rien à cette situation et ne fait pas maigrir la branche ; la sève se porte aussitôt vers l'œil terminal qui ne tarde pas à donner naissance à un bourgeon anticipé vigoureux. Le pincement a été mal fait et ne produit pas ici tout son effet.

Le premier pincement achevé, le travail de la première année n'est pas terminé. La sève se porte vers l'œil terminal de la branche fruitière et, au bout d'un temps assez long, si le premier pincement a été fait à temps, cet œil donne naissance à un *bourgeon anticipé*. Cet œil, en effet, ne devait donner un bourgeon que l'année suivante ; c'est à cause du pincement qu'il se développe cette année et c'est pourquoi il est dit anticipé.

Lorsqu'on s'aperçoit de la présence du bourgeon anticipé, ce qui arrive généralement lorsqu'il atteint de 6 à 10 centimètres de longueur, on le supprime complètement si les yeux de la branche fruitière sont peu développés, et on le pince sur une ou deux feuilles si les yeux paraissent bien développés ; en somme, on le supprime complètement si le premier pincement a été fait un peu long et on le pince sur une ou deux feuilles dans le cas contraire (fig. 129). S'il se développait un second bourgeon anticipé, il subirait le même sort que le premier.

Le cassement. — Des propriétaires très occupés et ne se servant pas de jardinier ne pratiquent pas le pincement ; mais comme les branches fruitières allongées démesurément finissent par obstruer l'arbre, ils cassent toutes ces branches à 14 centimètres de longueur environ, au commencement du mois d'août, en se servant d'une serpette ou d'un couteau.

Lorsque cette opération est terminée, l'arbre prend instantanément et à distance un aspect aussi régulier que si on avait pratiqué le pincement, mais il ne faut pas s'y laisser tromper, le cassement est loin de valoir le pincement.

Le cassement intervenant trop tard n'affaiblit pas la forte branche fruitière comme le pincement ; il entrave un peu le développement des branches fruitières à l'arrière-saison et permet surtout aux yeux à bois et aux dards qui se trouvent à la base de ces branches de profiter de l'action solaire ; il est donc préférable de le pratiquer plutôt que de laisser les branches fruitières intactes.

Fig. 129

Pincement du bourgeon anticipé.

Le cassement, pratiqué le même jour sur l'arbre tout entier, est une opération dangereuse, attendu qu'on supprime une bonne partie des branches et qu'on refoule par cela même quantité de sève sur tous les dards qui se trouvent à leur base ; ceux-ci peuvent s'emporter et se transformer en bourgeons, ce qui supprime la production fruitière pour l'année suivante. C'est pour cette raison qu'on attend, pour pratiquer le cassement, le commencement d'août alors que le mouvement de la sève est déjà ralenti. C'est pour la même raison qu'on évite de faire les pincements importants et surtout les cassements à la suite des orages et, d'une manière générale, par les temps chauds et humides qui déterminent une forte poussée de sève.

Des brindilles. — Sur les poiriers, même les plus vigoureux, on trouve des branches fruitières très minces à leur base (3 à 4 millimètres de diamètre) et pouvant atteindre

20 à 30 centimètres de longueur et davantage (fig. 130).

Ces brindilles ne doivent pas être soumises au pincement lorsqu'elles n'atteignent pas plus de 0 m. 25 de longueur, car elles portent souvent un bouton à fruit à leur extrémité à la fin de l'année, tandis que les yeux qu'elles portent à leur partie inférieure sont à peine visibles.

Si, au printemps, une brindille n'est pas terminée par un bouton à fruit, on l'incline horizontalement en l'arquant légèrement (fig. 131) et les yeux de l'extrémité se transforment en dards et en boutons à fruit. On peut généralement raccourcir les brindilles qui ont fructifié à leur extrémité en **a** par exemple fig. 130, car il s'est formé des productions fruitières plus rapprochées de leur base.

Le traitement des brindilles est un moyen très commode et très pratique de faire produire les variétés vigoureuses qui se mettent

Fig. 130

Brindille de poirier terminée par un bouton à fruit.

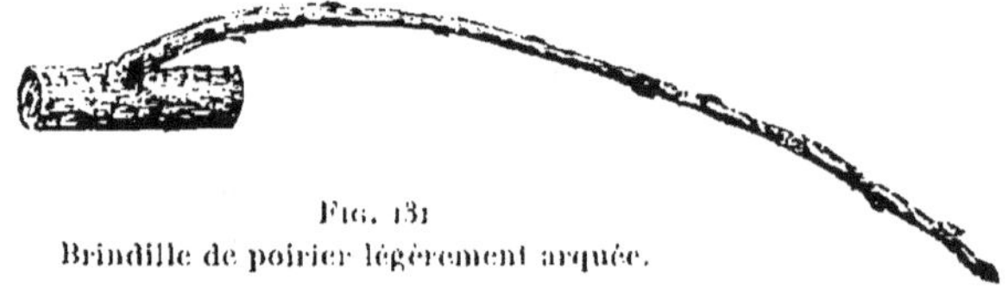

Fig. 131

Brindille de poirier légèrement arquée.

difficilement à fruit comme Beurré magnifique, Doyenné du Comice, Poire curé, Jules d'Airoles, etc.

Traitement de la branche fruitière

(2ᵉ année)

Grâce au pincement on trouve, au printemps suivant, des branches fruitières à peu près d'égale force, présentant des yeux à bois bien développés. Nous allons cependant supposer que l'arbre porte des branches fruitières faibles, des branches de vigueur moyenne et des branches fortes ; nous étudierons ainsi tous les cas qui peuvent se présenter.

1° Branche faible. — La branche faible est taillée, fin février, sur 3 ou 4 yeux (fig. 132). La sève va se porter dans l'œil *a* qui donnera naissance à un bourgeon que l'on pincera comme il a été indiqué précédemment, c'est-à-dire sur 5 ou 6 feuilles en *a'* (fig. 133) et les deux yeux inférieurs *b* et *c* (fig. 132) formeront deux dards *b' c'* (fig. 133), au cours de la deuxième année.

Cependant, si, au moment du pincement, on s'aperçoit que

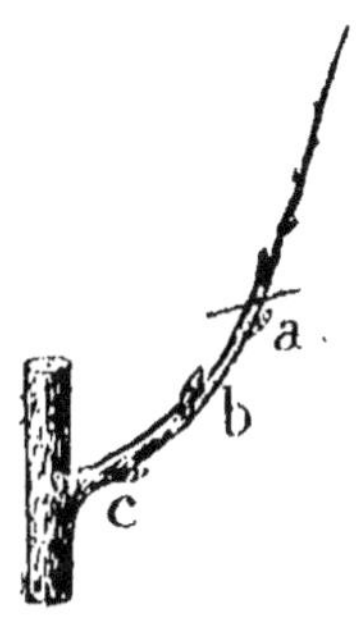

<table>
<tr><td>Fig. 132</td><td>Fig. 133</td></tr>
<tr><td>Taille sur 3 yeux.</td><td>Résultat de la taille sur 3 yeux.</td></tr>
</table>

les deux productions inférieures *b' c'* (fig. 133) se développent difficilement, on pince un peu plus court ; si, au contraire on constate la présence d'un dard entouré déjà de 5 ou 6 feuilles, c'est-à-dire d'une production fruitière presque formée pour l'année suivante, on pince plus long de crainte de donner trop de sève à ce dard et de le voir s'allonger en branche. Comme on le voit, il n'y a rien d'absolu dans le pincement ; on doit considérer le tire-sève *a'* (fig. 133) comme un régulateur de la végétation de la branche fruitière et ceci s'applique à tous les pincements exécutés sur les bourgeons qui se développent à l'extrémité des branches fruitières.

Mais, disons, pour ne pas compliquer la question, que le

pincement ordinaire sur 5 ou 6 feuilles donne d'excellents résultats dans la plupart des cas ; ce qui importe surtout dans la mise à fruit d'un arbre, c'est qu'il soit de bonne vigueur moyenne et que les branches soient parfaitement ensoleillées.

2° Branche de vigueur moyenne. — La branche fruitière de vigueur moyenne est cassée sur 4 ou 5 yeux. Le cassement produit une plaie qui ne se cicatrise pas et fait souffrir la branche dont on modère ainsi la végétation.

L'œil supérieur donnera un bourgeon tire-sève *a* (fig. 134) qui sera pincé ; les autres yeux donneront des dards. Cependant il se peut très bien qu'il se développe un second bourgeon *b* (fig. 134). Dans ce cas il restera encore les yeux *c* et *d* pour donner les productions fruitières.

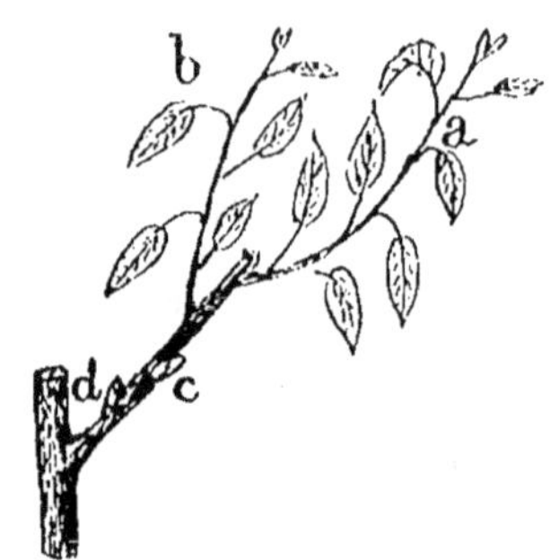

Fig. 134

Branche cassée sur 4 yeux.

Mais alors faut-il conserver les deux bourgeons *a* et *b* comme tire-sève ? Un tire-sève pincé sur 6 feuilles suffit pour attirer la sève nécessaire à une branche fruitière ; deux tire-sève attireraient trop de sève, fortifieraient trop la branche fruitière, affameraient les deux productions *c* et *d* tout en les empêchant de bien recevoir l'action solaire.

Le bourgeon *b* sera pincé sur deux feuilles, ou bien il sera soumis au pincement ordinaire et coupé ensuite à 1 centimètre de sa base vers le 15 juin.

Il va sans dire que tous les bourgeons qui pourraient se développer en dehors du tire-sève *a* seraient traités comme le bourgeon *b*.

Remarquons que le pincement des bourgeons inutiles sur deux feuilles est une opération qui exigerait des visites nombreuses, longues et minutieuses. La suppression des bourgeons inutiles, à un centimètre de leur base, faite en une fois, vers le

15 juin, est beaucoup plus pratique. Jusqu'à cette époque on pince indifféremment tous les bourgeons ayant plus de 14 centimètres de longueur sans vérifier s'ils sont utiles ou inutiles ; c'est ainsi que les deux bourgeons *a* et *b* (fig. 134) seront soumis au pincement ordinaire. Arrivé au 15 juin on passe une revue plus complète de toutes les branches fruitières et on élimine les bourgeons inutiles ce qui a pour effet de donner plus de lumière aux branches fruitières tout en permettant aux sous-yeux et yeux latents de la base des bourgeons supprimés de concourir à la formation des productions fruitières.

Mais la suppression du bourgeon inutile *b*, (fig. 134), en le coupant fin juin à 1 centimètre de sa base, ne donnera pas toujours des productions fruitières ; il arrivera que les sous-yeux produiront un ou deux nouveaux bourgeons, de sorte que si nous adoptons cette méthode il sera bon, fin août, de faire une nouvelle visite et de supprimer à nouveau les bourgeons inutiles qui auraient pu se développer depuis le 15 juin ; et comme la saison est alors avancée, les sous-yeux ne pourront plus guère donner naissance à des bourgeons ; ou bien ils produiront des dards plus ou moins développés, ou bien ils ne se développeront pas ; dans tous les cas nous aurons assuré l'éclairement des branches fruitières et c'est notre but principal ; nous comptons, pour assurer la fructification, sur les yeux *c* et *d* (fig. 134) ; si d'autres productions fruitières résultant du développement des sous-yeux venaient s'y ajouter, nous verrions plus tard s'il y a lieu de les utiliser.

Lorsque la branche inutile provient d'un dard qui s'est allongé, au lieu de la couper vers sa base, on la coupe à 3 ou 4 centimètres de longueur sur les feuilles très rapprochées qu'elle porte à sa base en *a* (fig. 135) afin de faire développer les yeux latents qui se trouvent dans leur écorce plissée.

3° **Branche vigoureuse.** — La bran-

Fig. 135

Dard transformé en branche.

che fruitière vigoureuse est cassée complètement sur
7 ou 8 yeux et partiellement sur 3 ou 4 (fig. 136). Ces deux
cassements ont pour but de faire souffrir la branche et, bien

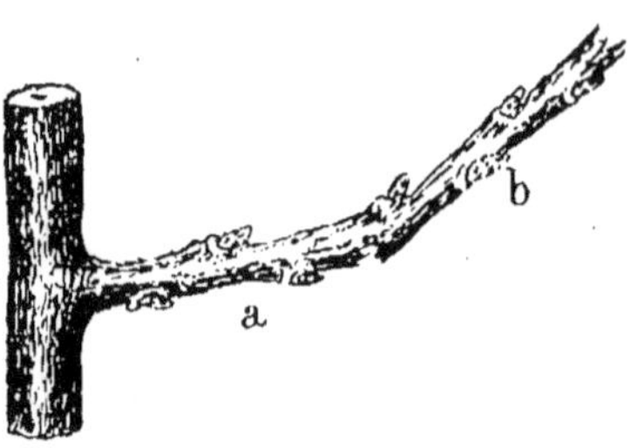

Fig. 136

Cassement partiel.

souvent, il se forme
des productions frui-
tières soit sur la partie
a, soit sur le tronçon *b*
cassé partiellement,
tandis qu'il se déve-
loppe un ou plusieurs
bourgeons qu'on traite
comme il a été dit pré-
cédemment, c'est-à-dire
qu'ils sont pincés à 12
ou 14 centimètres, et au 15 juin on conserve le plus éloigné
de la base comme tire-sève et on supprime les autres en
les coupant à 1 centimètre de leur base.

Cependant si les yeux que porte cette branche à sa
partie inférieure donnaient naissance à des bourgeons, on
pourrait aussi tailler sur le bourgeon inférieur qui deviendrait la branche fruitière et que l'on pincerait selon la règle
générale.

Le fruit porté par la branche cassée pourra être beau, même
s'il vient sur le tronçon *b*, car la cassure est généralement cica-
trisée dès le mois de juillet.

Il est bon de provoquer la cassure en relevant l'extrémité,
de la branche ; la cassure se fait à sa partie inférieure (fig. 136)
et la branche présente ainsi plus de solidité au cas où le fruit
est porté par la partie *b*.

Remarquons que ces branches trop vigoureuses sont presque
toujours celles qui avoisinent le bourgeon de prolongement
et nous savons qu'on peut les éviter :

1º Par l'éborgnage des yeux au moment de la taille d'hiver ;

2º Par des pincements faits à temps.

3º Par la taille du bourgeon à un centimètre de sa base vers
le 15 juin.

M. Passy, dans son excellent traité d'arboriculture fruitière, donne encore un autre moyen de réduire ces bourgeons trop vigoureux. On les pince le plus tôt possible, dans la première quinzaine de mai, sur la première bonne feuille a (fig. 137).

On appelle ainsi la feuille qui porte un œil bien constitué à son aisselle. Cet œil ne tarde pas à donner naissance à un bourgeon anticipé qui est pincé sur 3 feuilles seulement (fig. 138), car on sait que toutes les feuilles des bourgeons anticipés ont des yeux à leur aisselle. On obtient ainsi une branche parfaitement constituée. M. Passy recommande avec raison, de réserver ce pincement aux seuls bourgeons trop vigoureux et de ne pas le généraliser afin d'éviter une suppression exagérée des feuilles, ce qui nuirait au développement de l'arbre.

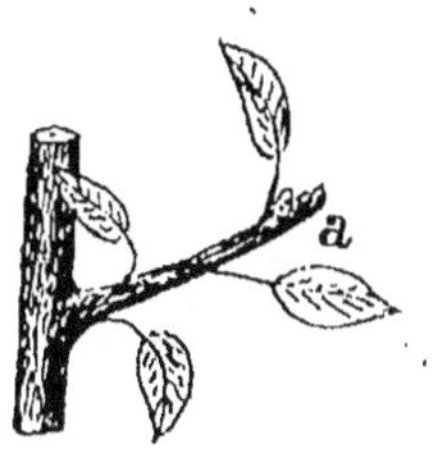

Fig. 137

Pincement sur la première bonne feuille.

L'amateur a donc à sa disposition une série de procédés pour traiter les bourgeons vigoureux ; il pourra donc faire son choix selon le temps dont il dispose.

Traitement de la branche fruitière

(3e année)

Au printemps de la troisième année, la branche

Fig. 138

Pincement du bourgeon anticipé sur 3 feuilles.

fruitière porte des dards à sa base et des yeux à bois sur le tire-sève (fig. 139). Les dards se comportant comme les yeux à bois, on taille les branches qui portent des dards comme celles qui portent des yeux à bois ; la taille de la troisième année du traitement ne diffère donc pas de la taille de la seconde année. C'est ainsi qu'une branche faible est taillée sur trois dards ; une branche de vigueur moyenne sera cassée sur 4 ou 5 dards, et, si elle ne porte pas tous ces dards,

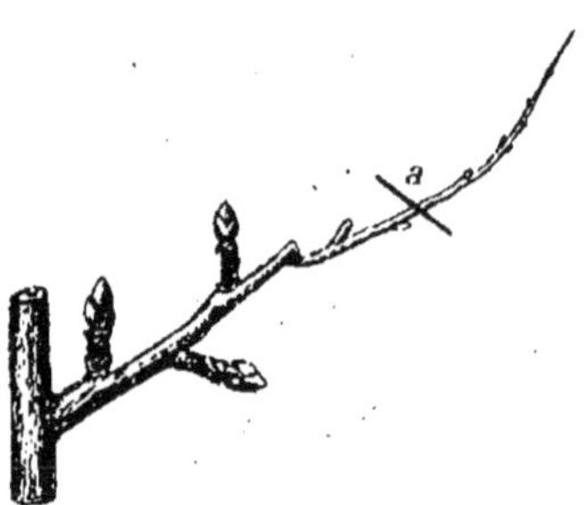

Fig. 139

Taillé au printemps de la
3ᵉ année.

ce qui arrivera souvent, on complètera le nombre de dards avec des yeux à bois. La branche de vigueur moyenne pourra donc être cassée par exemple en *a*, sur 3 dards et 2 yeux à bois (fig. 139).

Le traitement des tire-sève reste toujours le même ; on n'en conserve qu'un seul qui est pincé à 12 ou 14 centimètres, les autres bourgeons qui pourraient se développer sont pincés sur deux feuilles ou coupés vers le 15 juin à 1 centimètre de leur base.

Pendant cette troisième année les dards se transforment en boutons à fruit, ce qui arrive lorsqu'ils sont entourés de 7 ou 8 feuilles.

Traitement de la branche fruitière
(4ᵉ année)

Au printemps de la quatrième année, les branches fruitières portent des boutons à fruit ; on taille sur un seul bouton à fruit. Un bouton à fruit renferme une dizaine de fleurs ; c'est plus qu'il n'en faut pour une seule branche. On pèche souvent en laissant trop de boutons à fruit ; c'est déjà un signe de faiblesse si l'arbre en porte beaucoup ; lorsqu'on lui en laisse trop il achève de s'épuiser par une floraison excessive et n'a plus la force de porter du fruit.

On fait une exception à la règle et on taille sur plusieurs boutons à fruit : 1° lorsque dans un arbre vigoureux quelques branches seulement portent des boutons à fruit ; 2° dans les

arbres très faibles parce qu'alors en taillant sur un seul bouton
à fruit on ne laisserait plus que des branches fruitières par
trop courtes ; or, une branche frui-
tière doit avoir au moins 4 ou 5 centimètres de longueur (fig. 140). Il ne
faut pas oublier que c'est d'elle que
nous attendons les productions fruitières dans l'avenir. Sans doute le
bouton à fruit renferme un œil à
bois, mais celui-ci ne se développe
pas si les fruits nouent. Au moment
de la floraison on supprime les fleurs
en excès. Avec des ciseaux effilés on
coupe l'axe floral et on ne laisse
que les fleurs inférieures du corymbe.

Remarque. — Les boutons à fruit
apparaissent quelquefois sur du bois
d'un an, dans les parties très ensoleillées, chez certaines variétés comme
la Duchesse d'Angoulême. Il va sans
dire que ces branches d'un an qui

FIG. 140

Taille sur deux boutons à
fruit et un dard.

portent des boutons à fruit sont taillées comme il vient
d'être indiqué.

De la taille des anciennes branches fruitières

Bourse. — Le pédoncule du fruit est attaché sur un corps
renflé et spongieux appelé bourse (fig. 113).

La bourse reste sur le poirier après la cueillette du fruit ;
elle donne naissance pendant quelque temps à d'autres boutons
à fruit, mais son extrémité se décompose et doit être rafraîchie
lors de la taille en sec.

Lambourde. — Les dards situés à la base des branches de
charpente, où ils sont peu éclairés, s'allongent souvent sans se
transformer en boutons à fruit ; ils forment des productions
à peau ridée, peu fibreuses et par conséquent cassantes :
c'est ce qu'on appelle des lambourdes.

Après s'être allongée considérablement, la lambourde se ramifie, ce qui est une nouvelle difficulté à sa mise à fruit, la sève ne pouvant alimenter ces ramifications (fig. 112).

Lors de la taille en sec, on doit faire disparaître une grande partie des ramifications des lambourdes et raccourcir celles-ci en C D (fig. 112), de manière à provoquer le développement des yeux latents contenus dans les rides de l'écorce. Ces yeux donneront naissance à de jeunes bourgeons que l'on mettra facilement à fruit.

Distance à laisser entre les branches fruitières.
— Choix des branches fruitières.

On n'oubliera pas que la branche de charpente doit présenter des branches fruitières bien séparées les unes des autres et distantes de 10 centimètres au moins lorsqu'elles se trouvent du même côté, et que chaque branche fruitière doit avoir, après la taille, une longueur d'environ 5 à 10 centimètres, exception faite pour les brindilles.

On sera amené à supprimer quelquefois des branches fruitières trop rapprochées. On supprimera de préférence les branches vigoureuses, assez grosses à la base, à peau lisse et présentant des yeux peu développés et séparés par de longs mérithalles. Remarquons qu'on ne trouve ces branches que sur les arbres qui n'ont pas été soumis au pincement.

On conserve de préférence les branches faibles, celles qui présentent une écorce plus ou moins ridée et des yeux à bois bien développés.

La position qu'occupe la branche fruitière sur la branche de charpente a aussi une grande influence sur sa mise à fruit. Si elle est placée verticalement sur la partie supérieure d'une branche de charpente horizontale ou oblique, elle recevra beaucoup de sève et se mettra difficilement à fruit ; c'est pourquoi il ne serait pas inutile de supprimer les yeux occupant cette position.

La branche fruitière recevra moins de sève et se mettra plus facilement à fruit si elle se développe horizontalement sur le côté de la branche de charpente et surtout si elle est inclinée vers le sol.

Taille à l'épaisseur d'un écu appliquée
à la branche fruitière

Voici, sur un arbre peu soigné, une branche fruitière présentant, à la taille en sec en février-mars, deux ramifications *a* et *b* (fig. 141). La règle dans ce cas est de rabattre la branche fruitière sur le bourgeon *a* le plus rapproché de la branche de charpente et de tailler cette nouvelle branche fruitière selon sa vigueur comme il a été dit plus haut. Mais nous trouvons cette branche *a* un peu forte et nous lui reprochons surtout d'être posée presque verticalement sur la branche qui lui a donné naissance, aussi nous préférons tailler en *c* et couper les ramifications *a* et *b* à 2 millimètres de leur base et attendre les productions fruitières

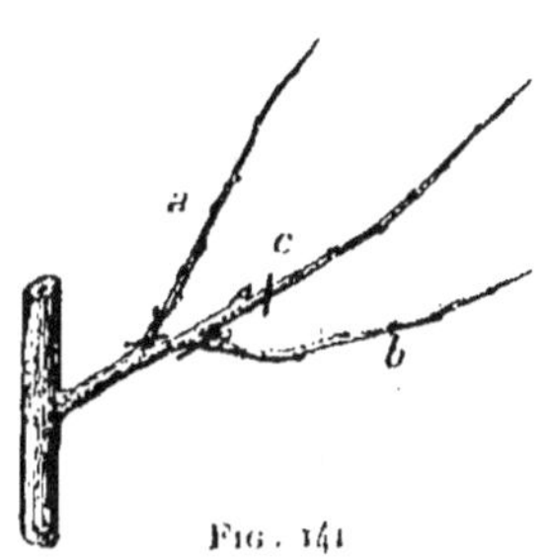

FIG. 141

Taille des branches *a* et *b*
à 2 millimètres de leur base.

des yeux latents et sous-yeux qui se trouvent à la base des branches supprimées.

On voit donc que, lorsqu'il s'agit d'anciennes branches fruitières, il faut non seulement tenir compte des yeux à bois et des dards que portent ces branches, mais il faut souvent s'adresser aux sous-yeux et yeux latents, c'est pourquoi toutes les ramifications à supprimer sur les branches fruitières sont toujours taillées à l'épaisseur d'un écu.

Des têtes de saule. — Dans les arbres peu soignés où le pincement n'est pas pratiqué, on trouve souvent de fortes branches fruitières que l'on taille en février-mars à l'épaisseur d'un écu pour obtenir des productions plus faibles. Cette

taille (fig. 142) ne supprime pas les vaisseaux qui amenaient la
sève dans la branche *a* ; au printemps cette sève va donc affluer
à la base de cette branche et y fera développer les sous-yeux

Fig. 142

Taille à l'épaisseur d'un écu.

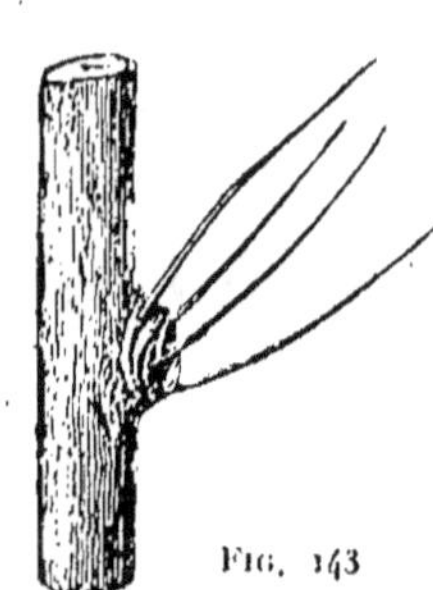

Fig. 143

Résultat de la taille
à l'épaisseur d'un écu.

et yeux latents qui produiront quatre ou cinq branches
(fig. 143). Ces branches sur les arbres mal surveillés seront à
leur tour coupées à leur base l'année suivante à la taille
d'hiver, et, toujours pour la raison ci-dessus énoncée, elles
seront remplacées par des branches plus nombreuses qui
formeront ce qu'on appelle une tête de saule : nodosité sur
laquelle se développent beaucoup de branches.

Dire comment naissent les têtes de saule, c'est indiquer
comment on peut les éviter.

C'est d'abord en empêchant la branche fruitière de devenir
trop forte ; on dispose pour atteindre ce résultat d'une série
de procédés exposés à la page 132. Si d'autre part on coupe
une branche trop forte à 2 millimètres de la base, il faut avoir
soin de ne conserver que le plus faible des bourgeons qui
vont se développer, de le soumettre au pincement et de supprimer les autres bourgeons soit en les pinçant sur 2 feuilles,
soit en les coupant à 1 centimètre de leur base en juin.

Quant aux têtes de saule qui existent, on les supprime en
les coupant à la serpette ou avec un ciseau de menuisier, et,
comme il vient d'être dit, on ne conserve que le bourgeon

le plus faible parmi ceux qui se développent au pourtour de la nodosité disparue.

Le traitement de la branche fruitière a été exposé ici longuement ; nous avons voulu donner à cette étude une certaine précision. On remarquera cependant que le traitement de la branche fruitière ne comprend qu'un nombre restreint d'opérations faciles à exécuter :

1° Une taille d'hiver que le jardinier exécute à son aise lorsqu'il ne manque pas de loisirs.

2° Quelques pincements rapidement exécutés en bonne saison auxquels il faut ajouter deux visites plus minutieuses des branches fruitières faites mi-juin et fin août.

En arboriculture, comme dans toutes les cultures, on doit considérer le prix de revient des fruits ; or, cette considération nous amène à éliminer des méthodes compliquées en désaccord du reste avec les lois naturelles.

Suppression des fruits trop nombreux. — En se conformant aux règles que nous avons données concernant l'éclairement du poirier, en maintenant son équilibre au point de vue végétatif et en mettant en pratique le traitement rationnel de la branche fruitière que nous venons de décrire et qui est enseigné dans toutes les écoles d'horticulture, on obtient presque toujours un excès de fruits.

Dès qu'ils sont noués, il est bon de n'en laisser que deux ou trois par bouton, en supprimant de préférence les fruits qui se touchent, et, si la fructification est générale, on fait bien de n'en laisser qu'un par bouton. Cette dernière suppression doit se faire en juin, lorsque les fruits ne peuvent plus tomber d'eux-mêmes.

Maladies du poirier

Chlorose. — La chlorose est une maladie organique du poirier. Sous son influence les feuilles du poirier jaunissent et, si la maladie est très prononcée, les extrémités des rameaux sont desséchées et brûlées sous l'action d'un soleil ardent.

Cette maladie est souvent due au terrain trop argileux.

Le sous-sol d'un terrain étant formé d'argile pure, si on plante un poirier après avoir amendé imparfaitement le sous-sol, il n'est pas rare de constater que certaines branches du poirier jaunissent, les autres restant parfaitement vertes. Les branches qui jaunissent correspondent à des racines qui ont pénétré dans l'argile pure, tandis que les branches vertes correspondent aux racines qui se trouvent dans le sous-sol amendé. Cette constatation nous indique clairement que, dans ce cas, on guérit la chlorose en amendant le terrain. Voir amendements, page 63.

L'amendement du sol peut encore se faire, mais plus difficilement après plantation. Pour cela on ouvre une jauge circulaire à quelque distance de l'arbre en enlevant la terre jusque dans l'extrémité des racines. Cette terre est amendée puis remise en place.

La chlorose peut encore provenir d'un excès d'humidité dans le sous-sol, ce qui arrive dans les terrains bas. Les racines baignent dans l'eau pendant l'hiver ce qui les fait souffrir. Il faut dans ce cas drainer le sol en évitant de faire passer les drains près des racines qui les boucheraient, ou bien, si le drainage n'est pas possible, il faut planter sur butte.

On a indiqué comme remède contre la chlorose une dissolution de sulfate de fer de 1 gramme par litre en pulvérisation sur les feuilles et en arrosages sur la terre occupée par les racines ; c'est un adjuvant utile mais incapable de guérir le poirier si l'on ne fait pas disparaître la cause de la maladie.

N'oublions pas que l'application d'engrais appropriés, engrais chimiques, cendres, purin, vidanges, etc., aide beaucoup à remettre les arbres atteints de chlorose en bon état.

Principales maladies causées par des cryptogames

Chancre du poirier. — Il est causé par un champignon microscopique appelé la *nectria ditissima*. Sous l'influence de ce champignon, l'écorce se déprime, puis se sèche et se fendille (fig. 144) ; la branche attaquée meurt dès que le chancre l'entoure complètement.

Comme la plupart des maladies, il est plus facile d'éviter
le chancre que de le guérir. On évite le chancre en choisissant
des greffes sur les arbres sains, absolument
exempts de chancre, car il semble bien que
la maladie s'hérite ; en entretenant les
poiriers en bonne végétation et dans un
grand état de propreté. Voir soins à donner
aux arbres fruitiers, page 66. On n'oubliera
pas que toute blessure dans l'écorce est une
porte ouverte au chancre ; la spore de la
nectria ne peut en effet se développer que
si on lui permet de pénétrer dans l'écorce.
On évitera donc les blessures et toute con-
tusion pouvant détériorer l'écorce ; si cette
dernière est altérée par le gel ou autrement,
on enlève les parties mortes et la plaie est
complètement fermée au mastic ou au
goudron végétal.

Fig. 141
Chancre.

Les chancres naissent aussi à la base des
branches mortes ; celles-ci seront supprimées en les coupant à la base de leur empattement et la
plaie sera également recouverte de mastic.

On traite les chancres en enlevant les parties malades à
l'aide de la serpette, voire même au moyen d'une gouge ou
d'un ciseau de menuisier ; toutes les parties retranchées ainsi
que les branches chancreuses que l'on pourrait couper dans
l'arbre sont éliminées et brûlées. On badigeonne ensuite le
chancre avec la dissolution suivante : sulfate de fer, 500 grammes, acide sulfurique 1 centilitre, eau 1 litre. On verse l'acide
sulfurique sur le sulfate de fer et on ajoute l'eau peu à peu avec
précaution.

Pour badigeonner la plaie, on se sert d'un tampon formé
par un chiffon lié au bout d'une baguette.

Lorsque la plaie est ressuyée, on l'enduit d'un isolant,
c'est-à-dire d'un mastic quelconque.

Lorsqu'on a beaucoup de chancres à traiter, on se sert avec

avantage du goudron végétal additionné de résine, dans la proportion de 300 grammes environ par litre, qu'on applique à chaud à l'aide d'un pinceau. Il faut bien se garder d'employer le goudron de houille qui brûle les arbres.

Tavelure. — C'est une maladie produite par un champignon microscopique, *Fusicladium pyrinum*, qui se développe sur les feuilles, les jeunes rameaux et les fruits qu'il empêche souvent de nouer.

Les fruits attaqués et qui ne tombent pas se développent irrégulièrement, se fendillent et sont impropres à la consommation.

Certaines variétés y sont plus sujettes que les autres : Louise-bonne d'Avranches, Doyenné d'hiver, Bergamote espéren, Beurré magnifique, etc. Les cultures en espalier, surtout avec auvent, sont moins sujettes à la tavelure.

En février, après avoir taillé les arbres atteints de cette maladie, on les nettoie au racloir, puis on pulvérise sur toutes les branches, même les branches fruitières, la dissolution de sulfate de fer et d'acide sulfurique indiquée page 67. En mars, avant toute végétation, on pulvérise la bouillie bordelaise forte, ou la bouillie Michel Perret dans la proportion de 4 kg. par hectolitre d'eau.

Cette opération devra être faite avant toute végétation, mais le plus tard possible cependant, afin que la bouillie soit encore adhérente sur l'arbre en bonne saison, au moment de la germination des spores, de manière à tuer les germes qui pourraient en sortir dès leur naissance.

Enfin, deux ou trois pulvérisations à la bouillie bordelaise ordinaire seront faites en pleine végétation à quinze jours d'intervalle, surtout si l'année est humide et chaude.

Une seule de ces opérations serait incapable de faire disparaître complètement cette maladie ; elle laisserait toujours quelques spores qui se développeraient par la suite ; pour guérir l'arbre il faut détruire la totalité des champignons de la tavelure.

On aura soin de bien fumer les arbres ainsi traités ; une

bonne végétation aide puissamment à la disparition des maladies cryptogamiques.

Le propriétaire peut facilement préparer la bouillie qui lui est nécessaire.

Bouillie bordelaise. — Pour préparer 100 litres de bouillie bordelaise, il faut 2 kg. de sulfate de cuivre et 1 kg. de chaux grasse en poudre.

Le sulfate de cuivre a une réaction acide ; pour faire la bouillie bordelaise on ne doit employer que la quantité de chaux nécessaire pour décomposer et neutraliser le sulfate de cuivre.

On opère dans un vase en cuivre, en grès ou en bois, soit un tonneau défoncé d'un côté, par exemple. On ne doit jamais se servir d'un vase en fer.

Les 2 kilogs de sulfate de cuivre seront dissous dans 50 litres d'eau. Ils sont immergés à la partie supérieure de l'eau dans un nouet de linge peu serré ou dans un panier en osier. La solution de sulfate tombe au fond du vase à mesure qu'elle se forme, de sorte que la dissolution du sel est assez rapide.

La chaux, éteinte au moment de l'emploi, sert à faire un lait de chaux qu'on étend d'eau un peu à la fois de manière à en faire 50 litres.

Ce lait de chaux est très dilué afin d'obtenir une bouillie fine ; il est versé très lentement dans la dissolution de sulfate de cuivre en agitant constamment.

On reconnaît que la quantité de chaux est suffisante lorsqu'un papier blanc à la phénophtaléine devient rouge dans la bouillie. Ce papier, qui reste blanc dans la solution acide de sulfate de cuivre, devient rouge dès que le sulfate de cuivre est décomposé et neutralisé par la chaux. Cette manière d'opérer permet de préparer une bouillie neutre qui est très adhérente.

Il s'est formé du sulfate de chaux et de l'hydrate d'oxyde de cuivre qui seul agit dans la bouillie bordelaise. Cet hydrate est à peu près insoluble dans l'eau pure, aussi faut-il avoir soin de remuer la bouillie lorsqu'on la pulvérise sur les plantes. Elle doit être appliquée sur les deux faces des feuilles.

Bouillie bourguignonne. — Cette bouillie se compose de 2 kilog. de sulfate de cuivre et de 1 kilog. de carbonate de soude.

On procède comme pour la chaux avec cette différence que le sulfate de cuivre sera dissous dans 90 litres d'eau et le carbonate de soude dans 10 litres d'eau.

On verse la dissolution de carbonate de soude peu à peu dans la dissolution de sulfate de cuivre en remuant sans cesse le mélange jusqu'au moment où le papier blanc à la phénophtaléine devient rouge.

Il se forme du sulfate de soude qui reste dissous dans l'eau et un dépôt composé d'hydrate d'oxyde de cuivre et de carbonate de cuivre plus facilement soluble que l'hydrate d'oxyde de cuivre seul.

La bouillie bourguignonne se pulvérise plus facilement que la bouillie bordelaise, mais elle demande à être utilisée le jour même de sa préparation, tandis que la bouillie bordelaise peut se conserver plusieurs jours ; d'autre part elle est plus facilement entraînée par les pluies que la bouillie bordelaise.

Eau céleste. — On dissout 1 kilog. de sulfate de cuivre dans 5 litres d'eau chaude, puis on laisse refroidir.

On verse d'autre part 1 litre 5 d'ammoniaque à 22° Baumé dans 3 litres d'eau.

Puis on verse peu à peu la solution ammoniacale dans le sulfate de cuivre en agitant jusqu'à ce que ce dernier soit décomposé et neutralisé, ce qui sera indiqué par le papier blanc à la phénophtaléine.

Il se forme du sulfate d'ammoniaque et de l'oxyde de cuivre hydraté qui se redissout dans l'ammoniaque. C'est toujours l'oxyde de cuivre qui agit sur les cryptogames.

Au moment de l'emploi on complète à 100 litres avec l'eau.

L'eau céleste est très liquide et très adhérente ; elle ne fait pas de taches visibles sur les feuilles qui peuvent être brûlées par le sulfate d'ammoniaque que l'eau céleste contient lorsqu'elle est trop concentrée.

On évitera cet accident en ne forçant pas la dose de sulfate de cuivre et en employant le papier à la phénophtaléine.

Bouillie au verdet. — Les verdets sont des acétates de cuivre. On distingue le verdet gris qui ne se dissout pas dans l'eau mais s'y délaie simplement et le verdet neutre soluble dans l'eau.

On emploie par hectolitre d'eau 500 grammes à 1 kilog. de verdet neutre. Pour le dissoudre on le suspend dans un nouet de linge à la partie supérieure de l'eau.

La bouillie au verdet est très efficace ; elle ne brûle pas les feuilles, mais ne fait pas de tache. Pour la rendre plus visible sur les feuilles on peut ajouter 500 grammes de plâtre par hectolitre.

En général, les bouillies sont d'autant moins adhérentes qu'elles sont plus anciennement préparées.

La bouillie bourguignonne, l'eau céleste et le verdet s'emploient plus commodément sur la vigne sous serre parce qu'elles salissent peu les vitres de la serre.

Bouillie sucrée. *Formule de Michel Perret.* — On prend 2 kilog. de sulfate de cuivre, 1 kilog. de chaux fraîchement éteinte et 1 kilog. de mélasse.

On broie la chaux et la mélasse dans une quantité d'eau suffisante. La chaux se combine avec les sucres de la mélasse ; il se forme en particulier du saccharate de chaux. On ajoute de l'eau en remuant de manière à former 50 litres de mélange.

Le sulfate de cuivre ayant été dissous dans 50 litres d'eau, on y verse peu à peu le saccharate de chaux en remuant constamment. Il se forme un hydrate d'oxyde de cuivre et du sulfate de chaux ; de plus les sucres de la mélasse forment avec l'hydrate d'oxyde de cuivre des sels peu stables qui sont solubles et colorent en bleu pâle le liquide qui surnage quand on laisse reposer la bouillie. Les bouillies sucrées sont plus adhérentes que la bouillie bordelaise.

Les bouillies sont projetées sur les arbres au moyen d'un

pulvérisateur. On opère par un temps sec et lorsque la rosée est tombée.

Ensachage des poires et des pommes. — Beaucoup d'arboriculteurs ont pris l'habitude d'ensacher les fruits d'hiver, pouvant être vendus comme fruits de luxe, dans de petits sacs en papier mince et glacé. Ils évitent ainsi la tavelure, les larves qui rendent les fruits véreux et donnent aux fruits (poires et pommes) des couleurs plus vives qui les font rechercher.

Les sacs sont posés en juin lorsque les fruits sont bien noués et de la grosseur d'une noix. Le sac qui a ordinairement 15 centimètres environ de largeur sur 22 centimètres de longueur est fendu d'un coup de ciseau jusqu'à moitié de sa longueur. Cette incision livre passage au pédoncule du fruit qui est ainsi amené au milieu du sac sans subir aucune traction. Il ne reste plus qu'à fermer le sac en croisant fortement les deux bords de l'incision, en faisant un pli de l'autre côté du sac et en retenant ces plis en place à l'aide d'une épingle.

Lorsque l'ensachage se fait le long d'un mur exposé au sud, il est prudent d'enlever les deux angles du fond du sac et de pratiquer ainsi deux trous d'aération qui éviteront les brûlures produites par la concentration de la chaleur dans l'intérieur du sac.

La peau du fruit ensaché est extrêmement tendre ; il faut éviter de la laisser brûler par le soleil lorsqu'on enlève les sacs ; aussi cette opération doit se faire tard en saison, fin septembre, commencement d'octobre. On commence par enlever les angles du sac ; quelques jours plus tard on le déchire dans toute sa longueur en le laissant en place, et peu de temps après on l'enlève complètement vers le soir par un temps sombre. C'est alors que l'épiderme très tendre prend de belles colorations sous l'influence d'une lumière modérée.

Principaux insectes nuisibles aux poiriers

Parmi les COLÉOPTÈRES nous citerons :

L'Anthonome du poirier. *Anthonomus piri. — Kollar* (fig. 145), longueur 6 millimètres (1).

En mars il pond ses œufs sur les boutons à fruit ; la larve en ronge l'intérieur au printemps puis se métamorphose dans la loge qu'elle s'est creusée. Les boutons attaqués ne s'épanouissent pas et prennent l'apparence de clous de girofle ; l'insecte parfait en sort pour aller se cacher sous divers abris et en particulier sous les vieilles écorces soulevées où il passe l'hiver.

Fig. 145

Anthonome du poirier. l. 6.

Destruction. — Pratiquer le nettoyage des arbres fruitiers en hiver, voir page 66. Lorsque les arbres sont en pleine floraison, cueillir les boutons qui ne sont pas épanouis et les jeter au feu. Dans les endroits où l'anthonome est abondant, laisser sur les arbres plus de boutons à fruit qu'il n'en faut ordinairement.

En ce qui concerne les arbres à haute tige on conseille de les secouer le matin, avant leur floraison, au-dessus d'une toile, pour récolter les anthonomes et les brûler.

Le Rhynchite bacchus. — *Rhynchites Bacchus. — Linn.* l. 6 à 8 est un petit charançon d'un beau rouge métallique qui dépose ses œufs sur les petites poires. L'œuf donne naissance à une larve qui pénètre dans le jeune fruit lequel ne tarde pas à tomber.

Lorsque la larve a atteint son complet développement, elle passe en terre où elle se chrysalide pour donner naissance à un insecte parfait au printemps suivant.

---

(1) La dimension des insectes sera toujours exprimée en millimètres. Les chiffres donnés indiqueront la *longueur* des insectes pour tous les ordres à l'exception des Lépidoptères où ils donneront la mesure de l'*envergure*.

Destruction. — Ramasser les poires véreuses dès qu'elles tombent et les jeter au feu.

Le Rhynchite conique. *Rhynchites conicus.* — *Illiger.* encore appelé lisette, coupe-bourgeon, est un charançon d'un bleu foncé, de 4 millimètres de longueur (fig. 146). Cet insecte coupe à moitié les bourgeons vers leurs extrémités; la larve se nourrit de la moelle du bourgeon à moitié coupé.

Fig. 146

Rhynchite
conique. 1. 4.

Destruction. — Prendre ces extrémités de bourgeons qui pendent et les jeter au feu.

La Phyllobie oblongue. — *Phyllobius oblongus. Linn.* (fig. 147), est un petit coléoptère roussâtre qui s'attaque aux jeunes feuilles particulièrement à celles des greffes. Les recueillir pour les détruire.

Parmi les LÉPIDOPTÈRES, nous citerons :

Fig. 147.

Phyllobie
oblongue. 1. 6.

Le Bombyx cul brun. *Liparis chrysorrhæa. Linn.* (fig. 148). Le papillon est blanc et l'extrémité de l'abdomen de la femelle porte un pinceau de poils fauves. La femelle pond en juillet-août des œufs qu'elle dispose sur les feuilles par paquets entre-mêlés de poils agglutinés. Peu après les chenilles éclosent et ne tardent pas à gagner l'extrémité des petites branches où elles tissent en septembre-octobre une toile soyeuse englobant quelques feuilles. Elles hivernent dans ces abris et se réveillent au mois d'avril pour dévorer les feuilles. C'est cette espèce qui a provoqué la loi sur l'échenillage.

Destruction. — Couper et brûler en hiver tous les abris soyeux.

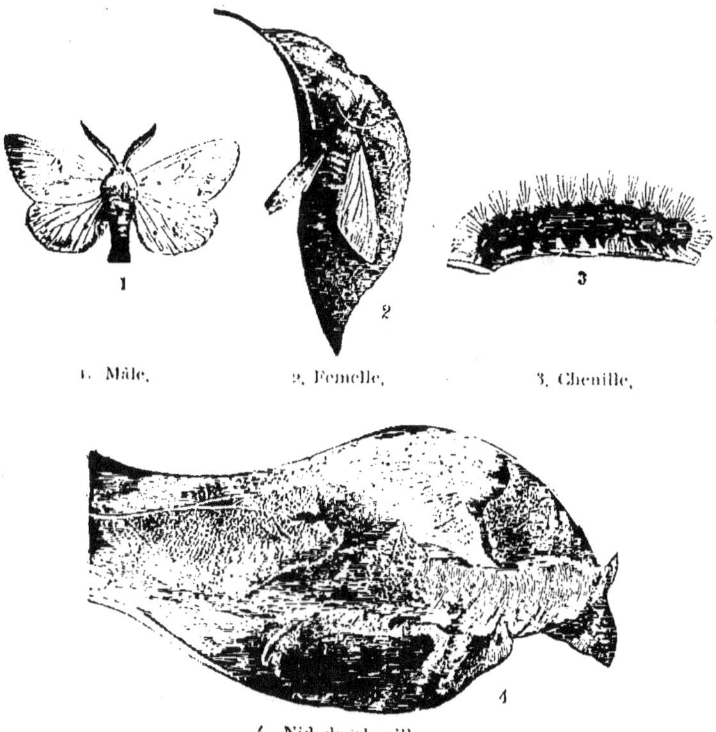

1. Mâle. 2. Femelle. 3. Chenille.

4. Nid de chenilles.

Fig. 148. — Bombyx cul brun. E. 3/2.

Le Bombyx neustrien. *Bombyx neustria. Linn.* (fig. 149), encore appelé bombyx livrée parce que la chenille porte des lignes longitudinales bleues, rousses, noires et blanches. Le papillon dépose ses œufs en juillet sous forme de bagues entourant les petites branches. Les chenilles éclosent en avril et vivent d'abord en famille.

Destruction. — Enlever les

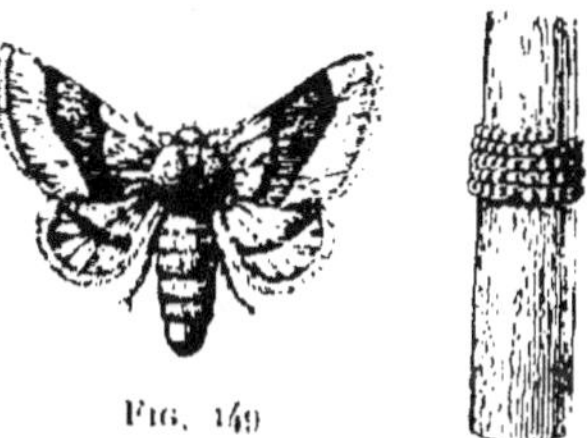

Fig. 149

Bombyx livrée mâle E. 3/2
et ponte du bombyx livrée.

bagues et les brûler en faisant la taille d'hiver. Lorsqu'au printemps on trouve une réunion de ces chenilles les écraser ou les brûler.

Le Bombyx disparate. *Liparis dispar. Linn.* (fig. 150). — Le mâle est plus petit que la femelle et de couleurs différentes, de là le qualificatif disparate. La femelle a les ailes d'un blanc jaunâtre ornées de traits noirs en zigzag ; elle porte au bout du ventre une touffe de poils roux se détachant au moment de la ponte qui a lieu en juillet ; ces poils recouvrent les œufs d'une sorte de matelas que l'on prendrait pour un morceau d'amadou collé sur l'écorce des arbres. Ces œufs passent l'hiver dans cet abri et éclosent en mai.

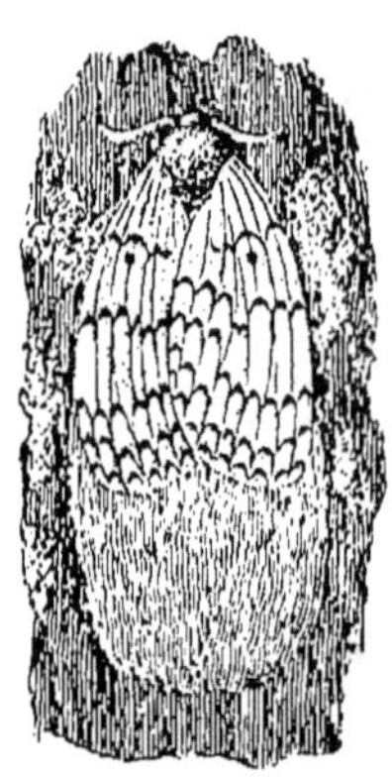

Fig. 150

Bombyx disparate
femelle. E. 5⁄10

La chenille, d'un brun noir, a 6 à 7 centimètres de longueur à son complet développement et porte de nombreux faisceaux de poils roux provoquant de vives démangeaisons sur la peau. Elle attaque toutes les essences, aussi bien les arbres fruitiers que les arbres forestiers ; elle se transforme en chrysalide en été et le papillon éclôt fin juillet. La ponte a lieu aussitôt.

Destruction. — A l'automne et pendant l'hiver, rechercher les œufs placés généralement à une faible hauteur sur le tronc des arbres et les détruire. En été, faire la chasse aux chenilles qui se réfugient, pendant les fortes chaleurs du jour, sous les grosses branches où elles se placent en rangs parallèles.

La Teigne hémérobe. *Cemyostoma scitella.* — Encore appelée la tache noire. La chenille de ce microlépidoptère vit dans l'intérieur des feuilles du poirier tout en respectant les épidermes. Des taches noires apparaissent sur ces feuilles en juin (fig. 151). Si sur ces taches on soulève l'épiderme supérieur, on aperçoit une petite chenille blanche de 2 à 3 millimètres de longueur. Une feuille peut présenter plusieurs taches, ce qui nuit considérablement à ses fonctions.

Lorsque la chenille est arrivée à son complet développement, elle sort de la feuille et se laisse pendre au bout d'un fil de soie jusqu'à ce que le vent la pousse contre le tronc de l'arbre ou contre le mur ; là elle se construit une petite coque pour se transformer au printemps en un petit papillon d'un gris brillant.

Cet insecte sévit sur les espaliers, surtout s'ils se trouvent contre des murailles mal crépies.

Destruction. — Dès que l'on voit apparaître les taches, les presser fortement entre le pouce et l'index pour écraser les chenilles. Ce moyen est peu pratique si les taches sont nombreuses ; il est préférable de détruire les cocons en hiver en nettoyant sérieusement les espaliers après les avoir dépalissés. Entretenir les murailles en bon état ; les brosser à l'aide d'un balai de bois et les blanchir à la chaux au besoin.

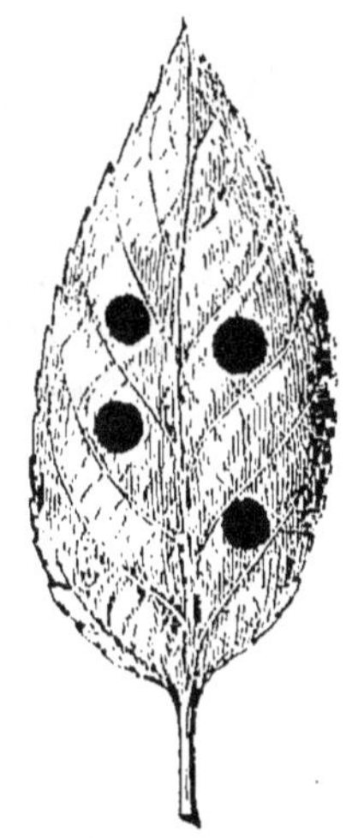

Fig. 151

La tache noire.
Teigne hémérobe. E. 5.

On obtient de bons résultats en pulvérisant un lait de chaux en mars sur les espaliers et sur la muraille.

Le Cossus gâte-bois. — *Cossus ligniperda. Fabr.* (fig. 152). La grosse chenille jaunâtre, luisante, avec les segments du dos couleur de brique, vit dans la partie inférieure des troncs de saule, de peuplier, etc., et quelquefois aussi dans le tronc de nos arbres fruitiers.

La femelle pond ses œufs sur les écorces ; les jeunes chenilles pénètrent dans l'aubier par les fissures qu'elles peuvent trou-

ver, puis elles creusent dans le bois des galeries qui peuvent
atteindre plusieurs mètres de longueur. Elles vivent deux ou
trois ans, affaiblissent les arbres et les tuent quelquefois.

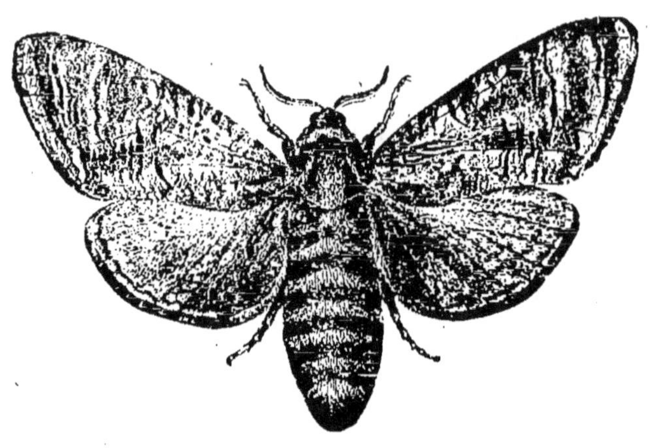

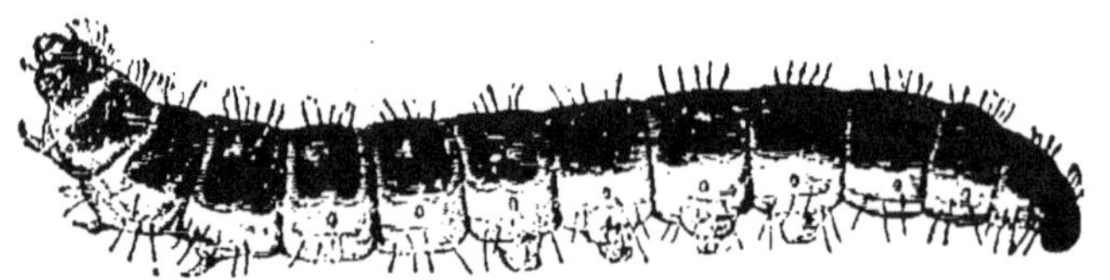

Fig. 152

Cossus gâte-bois. E. ⁷⁄₁₀ et sa chenille.

Lorsqu'elles sont sur le point de passer à l'état de chrysalide, les chenilles se rapprochent de la surface de l'arbre, rongent l'intérieur de l'écorce de manière à n'en laisser qu'une
mince couche qui sert d'opercule à la galerie, mais qui cédera
très facilement pour livrer passage au papillon dès qu'il sera
éclos.

Destruction. — Dès que l'on aperçoit la sciure de bois ou la
sève s'échapper d'un tronc, on introduit dans le trou que
présente l'arbre un long fil de fer dont on a recourbé l'extré-

mité en hameçon. Quand on a gagné le fond de la galerie, on retourne le fil de fer plusieurs fois sur lui-même et la chenille est souvent harponnée, tirée dehors ou tuée dans sa galerie.

Lorsque ce moyen ne réussit pas, on asphyxie la chenille en introduisant dans la galerie un tampon d'ouate imbibé de benzine et on bouche l'orifice avec de l'argile.

La Pyrale contaminée. *Teras contaminana. Hübner.* E. 20. En avril-mai la chenille de ce microlépidoptère attaque les feuilles placées à l'extrémité des branches ; elle roule ces feuilles et les relie ensemble à l'aide de quelques fils de soie.

Destruction. — Séparer ces feuilles et tuer la chenille.

La Carpocapse des pommes. *Carpocapsa pomonella. Linn.,* encore appelée pyrale des pommes, ver des poires et des pommes (fig. 153). La chenille vit dans les poires et les pommes qu'elle rend véreuses.

Fig. 153

La carpocapse des pommes ou Pyrale des pommes. E. 20.

Destruction. — Ramasser les fruits véreux et les brûler. Nettoyer les arbres en hiver.

La Phalène hyémale. *Cheimatobia brumata Linn.* E. 30. — La femelle, presque sans ailes, grimpe sur les arbres en novembre et décembre. Au printemps la chenille pénètre dans les bourgeons de poirier, de pommier, etc., puis se place entre deux feuilles qu'elle relie par des fils de soie et qu'elle dévore ensuite.

On empêche les femelles de grimper dans les arbres fruitiers en entourant leurs troncs, à l'automne, de bandes enduites de goudron végétal. Ce goudron sèche moins vite si on l'additionne d'huile ou de corps gras.

Parmi les DIPTÈRES :

La Cécidomyie noire. *Cécidomyia nigra. Meigen.* l. 1,5. — C'est vers le mois d'avril que la cécidomyie, grâce à sa longue tarière, introduit ses œufs dans le bouton à fruit. Les larves qui en naissent ne tardent pas à pénétrer dans l'ovaire ; au lieu de s'allonger, les petites poires qui les contiennent prennent une forme sphéroïde et sont désignées sous le nom de calebasses (fig. 154) ; elles tombent bientôt.

Destruction. — Ramasser les calebasses dès qu'elles tombent et les brûler, car les petites larves qu'elles contiennent s'en-

Fig. 154

Calebasse et poire saine.

Fig. 155

Kermès coquille. — Les œufs grossis.

fonceraient en terre pour s'y métamorphoser et reparaîtraient au printemps suivant à l'état d'insectes parfaits.

Parmi les HÉMIPTÈRES :

Les Kermès. — Plusieurs espèces attaquent le poirier. Les plus nuisibles sont le Kermès virgule, encore appelé Kermès coquille, *Mytilaspis pomorum* (fig. 155) ; celui qui a la forme d'une huître, *Diaspis ostræformis* (fig. 156).

Les femelles du Kermès virgule pondent et déposent leurs œufs sous leur propre corps qui se vide à mesure que la ponte se fait ; lorsqu'elle est terminée, le corps de la femelle est réduit à l'état de carapace qui s'applique sur les œufs et les protège. Cette enveloppe, collée sur la branche, est imperméable à l'eau et résiste aux agents chimiques, aussi est-il très difficile de détruire les œufs de Kermès.

Fig. 156

Aspidiotus pyri très grossi.

Ces œufs éclosent fin mai commencement de juin pour donner naissance à des insectes très agiles ressemblant à de petits pucerons qui cherchent un endroit à leur convenance où ils se fixent en enfonçant leurs suçoirs dans l'écorce, car ils vivent des sucs de l'arbre.

Ces insectes sont très nuisibles aux poiriers et aux pommiers. Sous leur influence l'écorce se durcit et se fendille et les branches se dessèchent. Cet insecte sévit sur beaucoup d'arbres en espalier ; on l'observe aussi quelquefois sur les pommiers de plein air.

Destruction. · Elle est très difficile. Nous avons essayé bien des procédés qui n'ont donné que des résultats médiocres, mais finalement le traitement au chlorosulfure de calcium nous a donné complète satisfaction.

L'arbre attaqué par le Kermès, préalablement taillé, est badigeonné tout entier, branches de charpente et branches fruitières, avec ce produit, en mars, avant toute végétation.

Les branches de charpente sont déliées de manière à badigeonner aussi la partie postérieure faisant face à la muraille. On se sert soit du pinceau, soit du pulvérisateur.

On opère en mars, le plus tard possible avant la végétation, afin que le chlorosulfure adhère encore à l'arbre au commencement de juin, époque de l'éclosion des œufs de Kermès.

Préparation du chlorosulfure de calcium. · On prend : eau 1 litre, chaux vive en morceaux 200 grammes, fleur de soufre 140 grammes, sel marin 100 grammes, collette 50 grammes.

On met la chaux vive en morceaux dans le chaudron qui servira à la préparation.

On chauffe l'eau et le sel dans un autre récipient.

Lorsque la dissolution salée est bouillante on la verse petit à petit et avec précaution sur la chaux vive en remuant. La chaux s'échauffe et se délite instantanément.

On met le chaudron contenant le mélange sur le feu et on verse peu à peu la fleur de soufre en remuant.

De temps en temps on ajoute un peu d'eau chaude pour compenser l'eau évaporée par l'ébullition et on continue à remuer la masse.

L'opération dure une heure. On ajoute la collette puis, lorsque cette dernière est fondue, l'eau d'addition à savoir : 3 litres en hiver et 9 litres en été. Le traitement d'hiver suffit ordinairement.

On passe le liquide au tamis si l'on doit l'appliquer au pulvérisateur.

Lorsque l'arbre atteint du Kermès n'a subi aucun traitement, il est très logique d'attaquer l'insecte lorsqu'il vient de naître et qu'il est vulnérable.

Fin mai, commencement de juin, (on trouvera le moment précis en examinant à la loupe les branches atteintes de Kermès non traité), on pulvérisera, vers le soir, la dissolution de chlorosulfure à employer pendant la végétation ou encore la préparation suivante au jus de tabac :

Eau, 10 litres ; jus riche de tabac, 100 centimètres cubes ; Esprit de bois (alcool à brûler), 100 centimètres cubes ; savon noir, 100 grammes ; carbonate de soude (cristaux), 100 grammes.

On conserve cette préparation dans un petit tonneau ou une tourie parfaitement bouchée.

On renouvellera ces pulvérisations plusieurs fois à quelques jours d'intervalle, puis l'arbre sera copieusement lavé à l'eau pure.

L'écorce du poirier attaqué par le Kermès est durcie ; on fera des incisions longitudinales dans l'écorce des branches afin de permettre leur accroissement et on fumera copieusement les arbres atteints.

Enfin on n'oubliera pas qu'il est plus facile d'éviter l'invasion du Kermès que de nettoyer les arbres attaqués. Il suffit pour cela de pulvériser chaque année, en mars, sur les jeunes espaliers non envahis par le Kermès, un lait de chaux additionné de gélatine auquel on peut encore ajouter un peu d'acide phénique.

Cette opération rapidement faite évitera sur les espaliers les Kermès, la teigne hémérobe, la tavelure, etc. C'est un moyen préventif des plus recommandables.

Les Pucerons. — Plusieurs espèces de pucerons attaquent quelquefois les jeunes bourgeons de poirier et y causent assez peu de dégâts.

Destruction. — Dès que les premiers pucerons apparaissent, pulvériser, vers le soir, la préparation au jus de tabac indiquée pour détruire les jeunes Kermès.

La Psylle rouge du poirier. *Psylla piri. Linn.* — C'est une sorte de puceron toujours ailé, de 2 millimètres 5 de longueur, sautant à l'aide de ses pattes postérieures.

Cet insecte cause peu de dégâts. La femelle pond, fin mai, des œufs jaunâtres sur les feuilles du poirier ; il en sort en juin des larves de un tiers de millimètre qui piquent les feuilles et les déforment légèrement.

La Psylle orangée. *Psylla aurantiaca.* l. 3. — Elle apparaît un peu plus tard que la psylle rouge. Mêmes mœurs.

Destruction. — Employer les pulvérisations au jus de tabac.

Le Tingis ou Tigre du poirier. — *Tingis piri. Geoffroy,* de 3 millimètres de longueur (fig. 157) se comporte comme les pucerons, mais vit à la face inférieure des feuilles.

La sève s'échappe par les piqûres que fait l'insecte et forme des taches noirâtres sur les feuilles.

Le tingis n'attaque guère les poiriers dans la région du Nord.

Destruction. — On le combat comme le puceron et par les fumigations de tabac lorsqu'on opère sur des espaliers. On recueille alors les tingis sur une toile et on les brûle.

Fig. 157

Le tigre du poirier grossi. 1. 3.

Parmi les HYMÉNOPTÈRES :

La Tenthrède limace. *Blennocampa œthiops.* *Fabr.* l. 6., encore appelée tenthrède éthiopienne. La larve de cet insecte noire et gluante ressemble à une petite sangsue (fig. 158).

On la trouve sur les feuilles du poirier de juillet à octobre ; elle dévore le parenchyme et la feuille ressemble alors à une dentelle.

Destruction. — Écraser ces larves à l'aide d'un petit torchon et, si elles sont nombreuses, saupoudrer les feuilles avec de la chaux vive pulvérisée. Pour cette dernière opération on se servira avec avantage du soufflet qui sert à pulvériser la fleur de soufre sur les vignes.

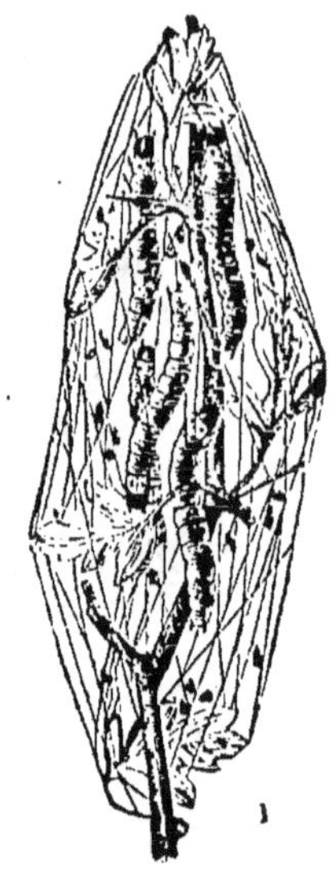

Fig. 158   Fig. 159

Larves de tenthrède limace.   Larve de mouche à scie du poirier.

La Tenthrède du poirier. *Lyda piri. Schrank*, l. 18, encore appelée mouche à scie du poirier. La larve de cet insecte, qui mesure 2 centimètres de longueur lorsqu'elle atteint son complet développement, est couleur jaune d'œuf avec la tête d'un noir luisant (fig. 159). Ces larves, au nombre de 10 à 20, filent une toile qui embrasse un certain nombre de feuilles qu'elles mangent, puis changent de place. A l'approche de l'hiver, elles descendent dans la terre, à une dizaine de centimètres de profondeur, où elles forment une coqué soyeuse et y subissent leur métamorphose.

Destruction. — Écraser ces larves ou pulvériser sur les feuilles qu'elles occupent une solution de savon noir, 25 grammes par litre d'eau.

Le Cèphe comprimé. *Cephus compressus* encore appelé pique-bourgeon est un hyménoptère de la famille des tenthré-dinides.

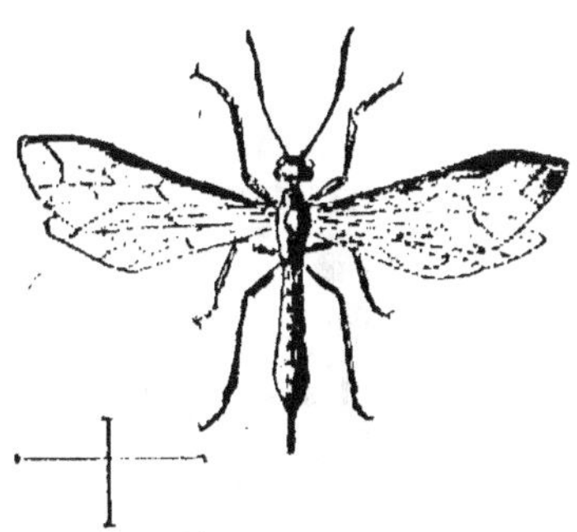

Fig. 160

Le cèphe comprimé.
Femelle grossie. 1. 10.

Au commencement du mois de mai, la femelle (fig. 160), à l'aide de sa tarière, pond un œuf dans chaque bourgeon du poirier. Cet œuf donne naissance à une petite larve blanche de 5 millimètres de longueur qui ronge l'intérieur du bourgeon.

Destruction. — Couper les rameaux dont les pousses noircissent et se courbent et les jeter au feu.

Parmi les Arachnides :

Le Phytoptus piri acarien qui produit la cloque du poirier, petites pustules jaunes puis chocolat qui apparaissent sur les jeunes feuilles. Les dégâts causés par cet acarien sont généralement peu importants.

Destruction. — Enlever les feuilles inférieures des pousses du printemps alors qu'elles renferment les œufs et les individus adultes qui ont passé l'hiver dans les bourgeons.

Les soufrages et la bouillie bordelaise sont aussi employés comme moyen préventif.

Tels sont les principaux insectes nuisibles au poirier. D'autres insectes nuisent aux autres arbres fruitiers, aux arbres forestiers, aux légumes et aux plantes de la grande culture. La destruction de ces insectes nuisibles est chose bien plus importante qu'on ne le croit généralement.

Outre les moyens de destruction que nous venons d'indiquer, on ne saurait trop recommander de protéger les *oiseaux utiles* : hirondelles, rouges-gorges, mésanges, fauvettes, etc., ainsi que les *insectes utiles* qui détruisent leurs congénères, à savoir, parmi les coléoptères : les carabes (fig. 161), le calosome sycophante (fig. 162) la cicindèle champêtre (fig. 163) ; les coccinelles (fig. 164), le drile jaunâtre (fig. 165), le lampyre ver

Fig. 161

Le carabe doré, l. 25 et sa larve.

Fig. 162

Le calosome sycophante. l. 26.

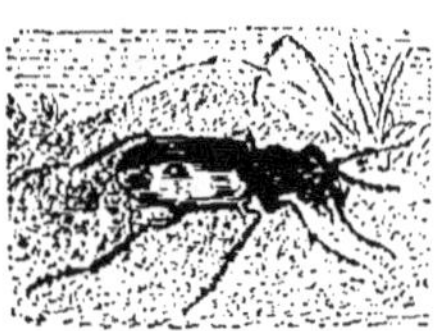

Fig. 163

La cicindèle champêtre.
l. 15.

Fig. 164

La coccinelle.
l. 5 à 8.
Novius cardinalis.

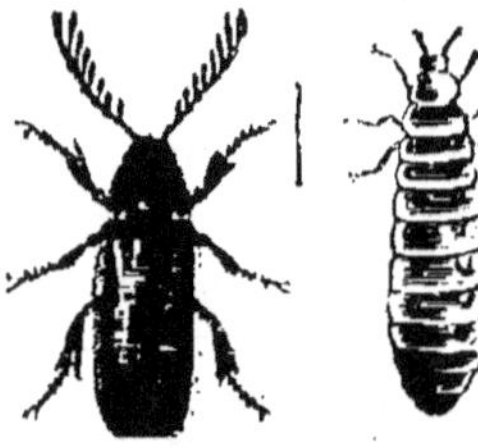

Fig. 165

Le drile jaunâtre. l. 8.
mâle et femelle.

luisant (fig. 166), le staphylin odorant (fig. 167). Parmi les hyménoptères : les ichneumonides : ichneumons (fig. 168), pimples ; les brachionides : microgasters, etc. Parmi les diptères : les tachines, l. 8 à 9, les syrphes (fig. 169) et les asiles.

Les ichneumonides, les brachionides, etc., les évaniens déposent leurs œufs sur les chenilles et les font périr chaque année en très grand nombre ; les syrphes et les asiles s'attaquent aux autres insectes.

Fig. 166
Le lampyre ver luisant. l. 12 à 14. — Femelle et mâle.

Fig. 167
Le staphylin odorant.
l. 30.

Fig. 168
Ichneumon
grandeur naturelle.

Fig. 169
Le syrphe.
l. 9 à 11.

Nous mentionnons aussi les grenouilles et les crapauds qui se nourrissent de limaces et d'insectes et que l'on doit conserver pour cette raison.

Récolte et conservation des poires

Les poires d'été doivent être cueillies dès qu'elles commencent à jaunir et à tomber, c'est-à-dire quelques jours avant la complète maturité ; elles achèveront de se faire au fruitier et blettiront moins vite que si on les cueillait complètement mûres.

Les poires d'automne se récoltent lorsqu'elles ont acquis leur complet développement et qu'elles prennent un ton plus clair, plus coloré et qu'elles commencent à tomber.

Les poires d'hiver se cueillent le plus tard possible avant les gelées et lorsqu'elles commencent à tomber. Cueillie trop tôt la poire d'hiver se ride et manque de saveur ; cependant, si on la cueillait trop tard après avoir été exposée aux gelées blanches, elles se conserverait moins longtemps et la chair serait farineuse.

La cueillette des fruits doit se faire avec soin ; on ne doit pas tirer sur la poire ce qui pourrait casser la branche fruitière, mais la relever de manière à détacher le pédoncule de la bourse. Les fruits seront déposés avec précaution dans des paniers plats afin d'éviter les blessures et les contusions qui amèneraient la pourriture.

Le cueille-fruits (fig. 170) aidera à récolter les fruits sur les branches élevées des arbres à haute tige.

Fruitier. — Le fruitier doit être une salle propre présentant une température constante de 4 à 7 degrés centigrades. Ce sera une cave sèche et bien aérée ou bien un sous-sol ou une salle au rez-de-chaussée.

Fig. 170

Cueille-fruits.

Les ouvertures s'ouvriront au nord ou au nord-est et seront munies de toile métallique à mailles assez étroites pour empêcher les rongeurs d'y pénétrer et garnies de volets, car le fruit se conserve mieux dans l'obscurité.

Si la salle est trop sèche les fruits se rident ; si elle est trop humide, ce qui est plus fréquent, ils se couvrent de buée et pourrissent plus facilement. Dans ce dernier cas on peut disposer dans le fruitier de la chaux vive ou mieux encore du chlorure de calcium qui s'emparent de l'excès d'humidité.

Les fruits seront disposés tout autour de la salle sur des tablettes horizontales distantes de 30 à 40 centimètres, profondes de 0 m. 60 et munies d'un rebord de 3 centimètres de haut pour empêcher les fruits de tomber (fig. 171). Ces tablet-

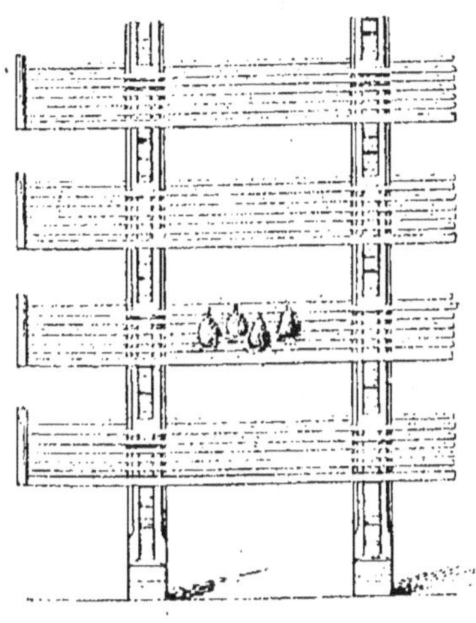

Fig. 171

Tablettes du fruitier.

tes peuvent être formées de lattes rabotées de 3 centimètres de largeur dont les angles sont adoucis pour éviter de blesser les fruits et présentant des écartements de 15 millimètres. Ces tablettes sont faciles à nettoyer et permettent la libre circulation de l'air.

Un système d'étagères analogue (fig. 171') peut être disposé au milieu du fruitier à la condition de laisser tout autour un pas-

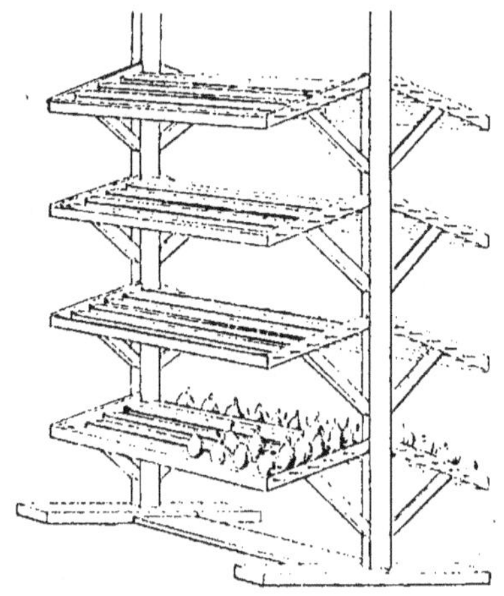

Fig. 171'
Étagère disposée au milieu du fruitier.

sage de 1 m. 50 de largeur pour permettre de circuler à l'aise.

Les poires sont posées sur l'œil et les pommes sur le pédoncule. Il n'est pas inutile d'envelopper les fruits de choix d'une feuille de papier de soie. On a soin d'écarter tous les fruits plus ou moins blessés, car ils ne tarderaient pas à se décomposer et à communiquer la pourriture aux fruits voisins. Du reste on passe la visite du fruitier plusieurs fois par semaine pour retirer les fruits faits et éliminer les fruits altérés.

Il est bon de laisser circuler l'air dans le fruitier surtout lorsqu'on vient d'y introduire les fruits, car ils ont besoin de se ressuyer ; mais pendant les temps pluvieux, les brouillards épais et les gelées intenses, on fermera les ouvertures. Il est bien entendu que la température du fruitier ne doit jamais être inférieure à zéro degré. Lorsque les fruits sont ressuyés, le renouvellement de l'air dans le fruitier à pommes est moins indiqué que pour les fruitiers à poires, car la pomme ne doit pas être ridée si l'on veut qu'elle reste bien marchande.

POMMIER

Si les pommes forment un dessert moins varié que les poires, en revanche elles sont d'une conservation plus longue et d'une grande utilité au point de vue culinaire. De plus on en fait encore du cidre et, par le séchage, des pommes tapées et des pâtes de pomme ; la confiserie et la pâtisserie en tirent aussi un excellent parti.

Notre climat tempéré convient bien au pommier ; cependant ses fleurs sont plus sensibles à la gelée que celles du poirier et, bien que s'épanouissant plus tard, elles sont trop souvent détruites par les gelées ; aussi le pommier est-il surtout cultivé dans le nord-ouest de la France : Picardie, Normandie, Bretagne, où il trouve un climat très doux et brumeux. On le cultive cependant à bien d'autres endroits et en particulier en Thiérache, dans le Maine, l'Auvergne, etc.

On ne saurait trop conseiller à tout propriétaire de planter quelques pommiers à haute tige soit dans la cour de la maison, soit dans une pelouse ou dans quelque hors d'équerre du jardin. Cette plantation assure la provision du ménage pour tout l'hiver. La pomme est une nourriture tout à la fois hygiénique et agréable dont les Anglais usent bien plus largement que nous.

Tous nos herbagers ont intérêt à planter leurs pâturages en pommiers à haute tige ; ils donnent ainsi une plus-value considérable à leurs propriétés.

Les pommiers plantés à 14 ou 15 mètres de distance, soit 50 pommiers par hectare, ne nuiront guère à l'herbe ; ils donneront, après 15 ou 20 ans de plantation, chacun au moins 200 kilogs de pommes tous les deux ans, soit en moyenne un quintal par an : c'est un très beau rapport.

Les sols argilo-siliceux, suffisamment pourvus de calcaire, conviennent très bien au pommier qui est moins difficile, quant au terrain, que le poirier ; ainsi, par exemple, le pommier réussit encore dans un terrain argileux trop humide en hiver où le poirier jaunit, ce qui ne veut pas dire que le pommier ne préfère pas des sols plus sains. Voir préparation du sol page 61.

Multiplication du pommier. — Le pommier, pas plus que le poirier, ne se reproduit naturellement de semis ; on le greffe sur pommier franc, sur doucin et sur paradis. Ces sujets sont cités par ordre de vigueur.

Le pommier franc est le sujet le plus vigoureux, il est employé pour faire des arbres à haute tige destinés aux vergers et aux pâturages.

Comme pour le poirier franc, on met en stratification des pépins ordinairement recueillis dans le marc de pomme, attendu que les pommiers à cidre sont généralement plus vigoureux que les pommiers à pommes de table ; mais il serait mieux encore de choisir les pépins des variétés à cidre les plus vigoureuses, exemptes de chancre et résistant au froid, comme la pomme de Marais, par exemple.

Les pépins de pomme se sèment comme les pépins de poire ; (voir multiplication naturelle du poirier, page 71), il en est de même de la transplantation des sujets et des soins à leur donner. Les pulvérisations aux bouillies cupriques sont recommandées, le pommier étant sujet aux maladies cryptogamiques. La pépinière de pommiers doit être bien aérée et bien éclairée pour éviter le chancre et le puceron lanigère.

Comme la tige de l'égrain pousse souvent lentement et peu droite, dès le mois d'août qui suit la plantation on écussonne généralement, au pied des jeunes pommiers francs, une variété vigoureuse et rustique : Transparente de Croncels, calville rouge d'hiver, la pomme de Marais de l'arrondissement d'Avesnes, Rambour d'hiver, Reinette de Caux, Belle de Pontoise, etc. Cependant si les sujets étaient trop petits, on attendrait l'année suivante pour les écussonner.

Lorsque le sujet obtenu par l'écussonnage est trop faible, on le rabat à 3 centimètres de sa base, au printemps de l'année suivante, afin d'obtenir un nouveau jet plus vigoureux. Les tuteurs sont souvent nécessaires, que l'on ait affaire à l'égrain ou surtout à l'écusson.

Lorsque la tige est suffisamment forte, ce qui arrive souvent lorsque l'écusson a deux ou trois ans de végétation, on peut la greffer au mois d'août en écusson à 2 m. 25 de hauteur, mais le plus souvent on attend un peu plus tard pour la greffer en fente en avril.

Beaucoup d'herbagers achètent des égrains qu'ils plantent dans leurs pâturages là où ils désirent des pommiers. Ils les taillent à 2 m. 50 de hauteur pour leur faire produire 3 ou 4 branches qui sont greffées en fente lorsqu'elles sont suffisamment fortes. Cette méthode présente les avantages suivants :

La certitude de cultiver les variétés désirées.

Un choix judicieux des greffes que l'on coupera toujours sur des arbres plutôt jeunes, fertiles, sains et absolument exempts de chancre.

La possession de pommiers qui se développent rapidement après l'opération du greffage.

Enfin, par cette méthode, on évite généralement les bourrelets qui se forment en dessous des greffes lorsqu'il y a une différence très grande entre la vigueur du sujet et celle de la greffe. En effet, nous recherchons, pour faire nos pommiers, les sujets les plus vigoureux, mais si, sur un sujet d'une bonne vigueur, nous posons une seule greffe d'une variété à bois dur se développant lentement, comme les reinettes, par exemple, le sujet fournira un excès de sève que la tête sera incapable d'absorber et il se formera un bourrelet au-dessous de la greffe.

Si, au lieu de greffer l'axe seulement, nous greffons encore trois ou quatre branches latérales, nous donnons plus d'issue à la circulation de la sève, et nous avons plus de chance d'éviter les bourrelets. Cependant on comprendra qu'il serait plus logique de greffer une variété à bois dur sur un sujet également à bois dur et c'est pourquoi M. C. Baltet conseillait de greffer les variétés à bois dur et à développement lent sur la Noire de Vitry.

Pommier doucin. — On s'en sert pour obtenir les grandes formes des arbres à basse tige : pyramide, palmette, vase. Il existe un doucin amélioré un peu moins vigoureux que le doucin ordinaire.

Le pommier greffé sur doucin donne des résultats dans les terrains médiocres et peu profonds, mais il s'emporte et se met difficilement à fruit dans les bons sols, aussi il ne faut pas craindre de lui donner de l'espace.

On est souvent obligé, pour modérer sa vigueur dans les bons sols, de le déplanter et de le replanter sur place en novembre, ou tout au moins de découvrir ses principales racines et de soulever le pommier à l'aide d'un levier, de manière à faire souffrir toutes ses racines. C'est pour ces raisons que, dans les sols riches de la région du nord de la France, il est préférable de recourir aux formes plus restreintes et d'adopter le sujet paradis.

On obtient le pommier doucin à l'aide du marcottage par cépée (voir page 53). La plante mère, ayant été recépée au printemps, on butte la touffe mère en juillet, quand les rameaux sont développés et vont passer à l'état ligneux. En mars suivant on éclate ces rejets sur le tronc, en ayant soin de conserver leur base ; ceux qui ne sont pas enracinés sont repiqués à 5 centimètres de distance dans des lignes situées à 0 m. 30 ; les autres, qui ont des racines, sont plantés en pépinière bien défoncée à 0 m. 60 en quinconce et coupés à 0 m. 25 du sol.

Les pommiers doucins sont écussonnés en août, commencement de septembre, l'année même de leur plantation en pépinière. Quinze jours après l'opération on renouvelle les écussons qui n'ont pas pris. On greffe les sujets rebelles à l'écussonnage en mars suivant, en fente, à l'anglaise ou en greffe de côté avec des rameaux greffons conservés. Les pulvérisations à la bouillie bordelaise sont recommandées sur les jeunes greffes.

Pommier paradis. — C'est le sujet le moins vigoureux ; il ne peut servir qu'à faire de petites formes à basse tige comme les cordons horizontaux et les buissons ; il produit promptement et de beaux fruits mais à la condition d'être cultivé en bon sol frais et substantiel. Lorsqu'il est planté en sol pauvre, il reste petit et rabougri ; on sait alors qu'on doit recourir au sujet doucin.

On distingue le paradis noir ou de Fontenay qui est plus anciennement employé et le paradis jaune ou de Metz qui est un peu plus vigoureux que le premier et moins sujet aux maladies cryptogamiques.

Le pommier paradis s'obtient, comme le doucin, à l'aide du marcottage par cépée. On butte en juillet les bourgeons de l'année même ; au printemps on détache les marcottes de manière à conserver le talon, puis on les plante en pépinière à 0 m. 50 en quinconce et on les coupe à 0 m. 20 du sol. Le paillis et les arrosages sont quelquefois nécessaires.

Les pommiers paradis sont écussonnés dans le courant du mois d'août et, quinze jours après, on vérifie l'opération pour la recommencer si la première a manqué.

Dans les terrains très secs, où la sève s'arrête de bonne heure, on pourrait aussi écussonner à œil poussant en mai et juin avec des yeux pris sur des rameaux conservés de l'année précédente. Un plant rendurci sera greffé au printemps en rameau inoculé. Les variétés de pommiers greffés sur paradis forment toujours un bourrelet sur le sujet.

Les pépiniéristes n'aiment pas le paradis qui donnent souvent de très petits scions ; ils préfèrent le doucin qui produit des sujets plus vigoureux et par conséquent mieux vendables. L'amateur qui désire des sujets sur paradis devra donc insister sur la commande et surveiller la livraison.

Variétés de pommiers à cultiver

Les variétés de pommes à couteau sont très nombreuses, mais les différences qui les caractérisent ne sont pas aussi marquées que dans les variétés de poires.

Nous diviserons les variétés de pommiers en deux catégories : 1° celles qui conviennent aux pommiers à basse tige; 2° celles qui conviennent aux pommiers à haute tige.

Variétés qui conviennent aux pommiers à basse tige.

Variétés hâtives d'août à octobre.

Ces variétés sont peu utiles et par conséquent peu recherchées attendu qu'on récolte quantité d'autres fruits au moment où elles mûrissent.

Nous citerons cependant :

Astrakan rouge   fin juillet
Transparente de Croncels (fig. 172)   août-septembre;
Borovitsky   août.

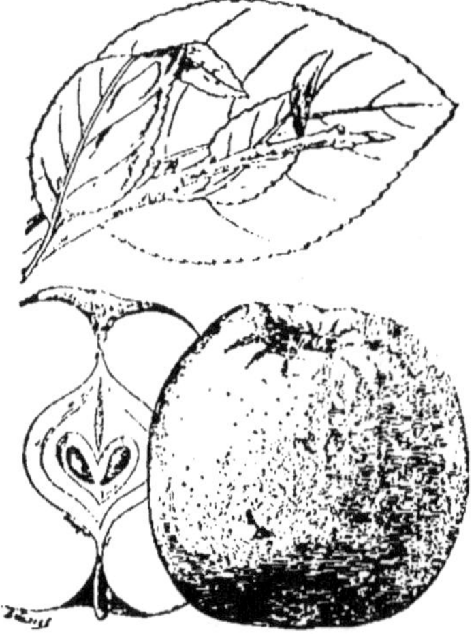

Fig. 172   Fig. 173

Transparente de Croncels.   Reine des reinettes.

Variétés d'octobre, novembre, décembre

Gravenstein   octobre-janvier
Double bon pommier   décembre-janvier
Reine des reinettes (fig. 173)   novembre-décemb.

Reinette grise d'automne   octobre-décemb.
Peasgood Nonsuch (fig. 174)   octobre-décemb.
Schoolmaster   octobre.-janv.
The Queen   octobre-novemb.
Golden noble   octobre-janvier
Calville de Saint-Sauveur   novembre-décemb.
Cellini. Pour la cuisine. Var. très fertile   novembre-janv.
Bismarck. Pour la cuisine. Var. très fert.   novemb.-février
Reinette ou royale d'Angleterre   novemb.-décemb.
Grand Alexandre (fig. 175)   novemb.-décemb.
Belle fleur rouge   novembre-janv.
Malapias   novembre-déc.

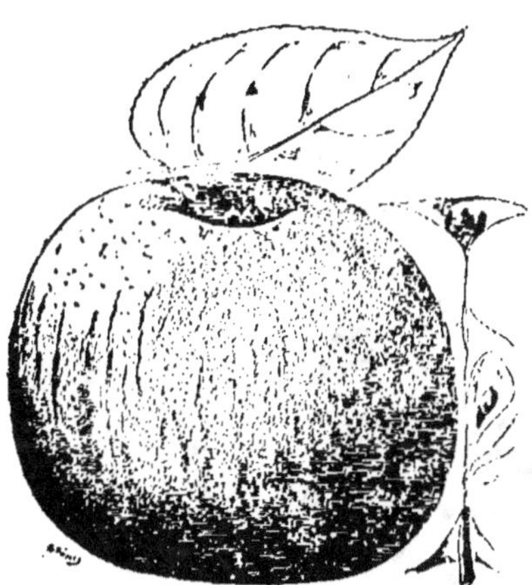

FIG. 174
Peasgood Nonsuch.

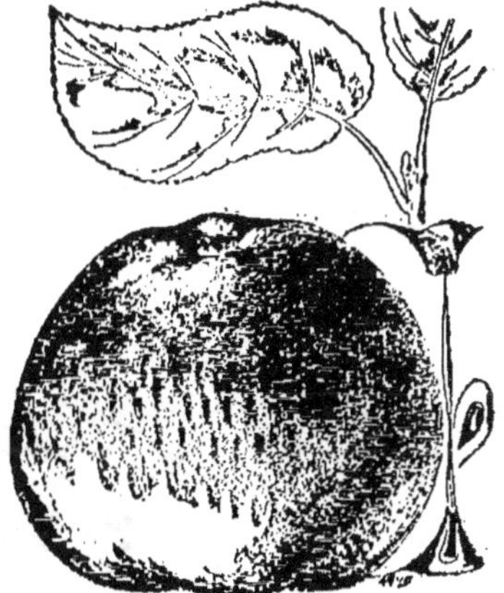

FIG. 175
Grand Alexandre.

Variétés tardives de janvier à juin.

Calville blanc d'hiver, en espalier   janvier-avril
Belle de Boskoop   janvier-mars
Calville du roi   hiver

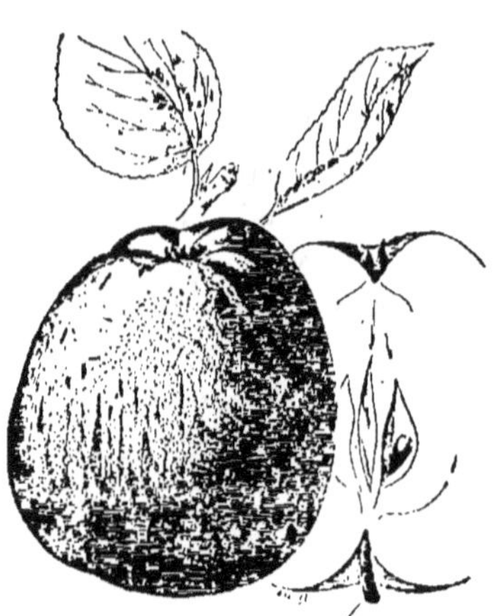

Fig. 176

Rambour d'hiver.

Fig. 177

Belle fleur jaune.

Fig. 178

Reinette de Caux.

Calville rouge d'hiver   janvier-mars
Calville Mme Lesans   décembre-janv.
Linneous pippin (Belle fleur jaune) (f. 177) décembre-février
Reinette de Caux (fig. 178)   février-mai

Reinette grise haute bonté (R. grise de Saintonge)	Janvier-mai
Reinette du Canada (fig. 179)	décembre-février
Reinette du Canada jaune	
Reinette de Canada grise	

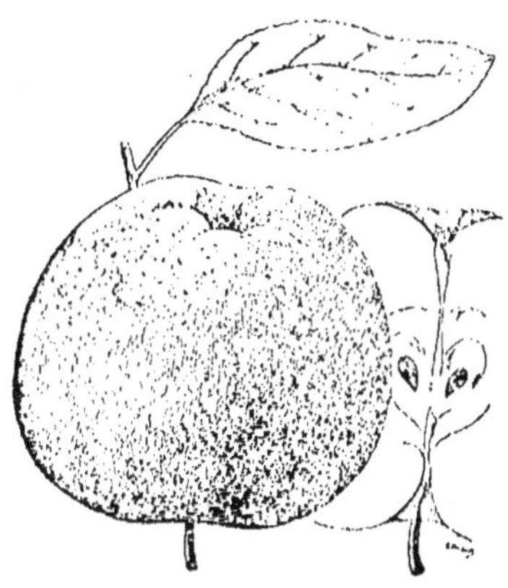

Fig. 179

Reinette du Canada grise.

Reinette de Cuzy	novembre-février
Pépin de Ribston	novembre-février
Belle de Pontoise	hiver
Court pendu gris	janvier-mars
Court pendu du Portugal	
Court pendu rouge (rosa)	hiver
Impériale	décembre-mars
Newton Pippin	janvier-mars.

Variétés pour pommiers à haute tige.

Depuis quelque temps la plupart des anciennes variétés de pommiers sont malades, atteintes par le chancre, la tavelure, et aussi par les insectes nuisibles, le puceron lanigère et le Kermès, en particulier. Il en est ainsi dans l'arrondissement d'Avesnes et, d'une manière générale, en Thiérache et dans les pays voisins : dans les Ardennes, l'Argonne, en Belgique, en Hollande, en Allemagne.

Le chancre, produit par le nectria ditissima, est de beaucoup la maladie la plus grave et par conséquent la plus inquiétante. (Voir chancre du poirier, page 140.) Les jeunes branches de deux ou trois ans présentent de nombreux chancres qui ne tardent pas à les entourer complètement ; bientôt les feuilles se sèchent à leurs extrémités qui paraissent comme brûlées, cependant que sur les branches maîtresses on trouve des chancres ordinaires. De pareils arbres cessent de produire et sont gravement compromis. La suppression de toutes les petites branches chancreuses par un élagage sérieux, le traitement des chancres sur les grosses branches, la fumure de l'arbre à l'aide d'engrais appropriés améliorent son état sans le guérir toujours complètement.

Ces maladies ne datent pas d'hier ; elles existaient autrefois. Pourquoi présentent-elles une recrudescence en ce moment?

Ces maladies sévissent avec plus d'intensité qu'autrefois :

1° Parce que les maladies cryptogamiques qui ne sont pas combattues doivent fatalement s'étendre. Le chancre en particulier est produit par un champignon microscopique qui se reproduit par des spores emportées par le vent, ce qui en fait une maladie contagieuse. Le chancre paraît aussi s'hériter ; une greffe prise sur un arbre chancreux devient souvent chancreuse. Tant que cette maladie n'a pas causé de dégâts considérables on ne s'en est guère préoccupé, aussi le chancre s'est multiplié au point de devenir un réel danger pour la culture du pommier.

Nous pourrions en dire autant de la tavelure et du puceron lanigère.

2° Ces maladies sévissent avec plus d'intensité qu'autrefois parce que bien souvent les pommiers sont mal cultivés et manquent de vigueur, ce qui augmente leur réceptivité aux maladies et même aux insectes nuisibles.

On a planté dans un sol trop argileux sans l'amender ou

dans un sol trop humide sans le drainer ou sans planter sur butte ; on laisse pousser les mauvaises herbes, les orties en particulier, autour du pommier récemment planté, ce qui nuit considérablement à son développement. Le pommier ainsi planté et traité dans son jeune âge a peu d'avenir.

On cultive des pommiers dans les mêmes pâturages depuis des siècles et on ne s'applique pas, comme pour les cultures annuelles, à donner régulièrement des fumures qui compensent les récoltes. Les terrains finissent par s'épuiser.

3° Ces maladies sévissent avec plus d'intensité qu'autrefois parce que les variétés s'affaiblissent en vieillissant. Il est à remarquer qu'une variété de pommier n'est pas autre chose qu'un même individu porté par plusieurs sujets. La variété peut cependant vivre bien plus longtemps qu'un pommier parce qu'elle se rajeunit à chaque greffe bien faite.

Faire une greffe c'est choisir un jeune rameau bien venu sur un arbre bien sain, et ce jeune rameau va prolonger l'existence de la variété, surtout s'il est greffé sur un sujet convenable planté en bon sol. C'est en procédant de la sorte que nous pouvons prolonger l'existence de nos bonnes variétés.

Avant de condamner une variété et de la déclarer caduque, il serait très logique et très intéressant de la cultiver en prenant les précautions dont nous venons de parler ; tout porte à croire que bien des variétés seraient améliorées. Cependant il faut bien reconnaître qu'un individu naît, vit et meurt et qu'il en est de même d'une variété. La variété réellement trop vieille devient plus sujette aux maladies.

Jusqu'à maintenant, dans les pays de pâturages, on a peu soigné les arbres fruitiers ; on se contente de les élaguer rarement et de répandre quelques engrais sur le pâturage et c'est tout ; le nettoyage des arbres fruitiers, l'emploi de la bouillie bordelaise pour combattre les maladies cryptogamiques, les insecticides y sont complètement inconnus, et si l'on en fait l'observation aux herbagers, ils répondent : Nos pères cultivaient comme nous et réussissaient bien ; pourquoi changer de méthode ?

Là où les pères ont réussi, les fils peuvent très bien n'avoir plus de succès pour les raisons que nous venons d'énumérer.

Dans les pays vignobles on a longtemps cultivé la vigne sans soins particuliers, puis les vignerons, ruinés par le phylloxéra et les maladies cryptogamiques ont dû recourir à des méthodes de culture plus scientifiques. Aujourd'hui les vignerons emploient partout la bouillie bordelaise contre les maladies cryptogamiques de la vigne et prennent les précautions nécessaires pour combattre les insectes nuisibles ; ils peuvent se féliciter d'être sortis de la routine car leurs vignes sont prospères, et c'est ainsi que chaque génération doit faire les efforts qui lui sont imposés par les circonstances. C'est au tour des pomiculteurs à se servir des pulvérisateurs, des insecticides, des bouillies cupriques et leurs pommiers élagués, nettoyés, ensoleillés et surtout bien fumés prendront une nouvelle vigueur et donneront encore de belles récoltes.

Le pomiculteur devra rechercher les variétés vigoureuses qui résistent le mieux au puceron lanigère et au chancre. Les variétés qui fleurissent tardivement présentent l'avantage de nouer plus sûrement leurs fruits.

Beaucoup de variétés cultivées à haute tige se sont localisées dans les endroits où elles ont été obtenues de semis. En faisant un choix parmi ces variétés, le cultivateur est assuré des résultats qu'il pourra obtenir. Mais il ne faudrait cependant pas tomber dans la routine et s'en tenir exclusivement aux variétés locales parmi lesquelles on trouve souvent beaucoup de pommes de peu de valeur, tandis que l'on cite, parmi les variétés étrangères, des pommes bien plus estimées.

On n'oubliera cependant pas que la végétation du pommier et la qualité de son fruit varient considérablement selon le climat et le sol dans lequel on le cultive, aussi, avant d'adopter une variété étrangère à haute tige et de la cultiver en grand, il est indispensable d'en avoir essayé la culture dans la localité. Un verger d'étude n'est pas indispensable ; si 5 cultivateurs de la localité se chargent de planter chacun 4 variétés nouvelles, c'est 20 variétés sur lesquelles on sera fixé après 10 ou 15 ans de culture.

En suivant cette méthode, on marcherait sûrement vers le progrès et on ne verrait plus, dans des localités où l'on cultive tout spécialement les arbres fruitiers, des pomiculteurs ignorer des variétés comme Belle de Boskoop, Reinette de Caux, Reinette de Hollande, Bismarck, etc.

On a agité la question de savoir si le nombre de greffages qu'a subis le sujet pouvait avoir une influence sur sa vigueur et par conséquent sur sa réceptivité aux maladies. Le pommier en effet peut être greffé une seule fois soit en pied, soit en tête, ou bien deux fois, en pied d'abord, puis en tête à 2 m. 30 de hauteur.

La différence de vigueur de ces deux pommiers n'est guère visible ; pour s'en rendre compte il faudrait faire des constatations très précises. Théoriquement parlant, l'arbre qui n'a été greffé qu'une fois doit être plus vigoureux que celui qui l'a été deux fois, attendu que la sève éprouve une certaine difficulté à traverser la partie greffée. On sait du reste que le fait de greffer un arbre modère sa végétation et le porte à se mettre à fruit.

Liste de variétés pour pommiers à haute tige :

Belle de Boskoop, janvier-mars. La pomme est aussi belle que la reinette grise du Canada et se conserve plus longtemps. Arbre sain, vigoureux, fertile. Résiste à la maladie et au puceron lanigère. La pomme assez grosse résiste difficilement aux vents violents.

Reinette de Caux, février-mai. (fig. 178). Résiste à la maladie. La pomme tient bien sur l'arbre.

Lancashire, décembre. Arbre vigoureux, fertile, réfractaire au chancre et au puceron. La pomme ressemble au double bon pommier sans en avoir toutes les qualités.

Posson de France, décembre-avril. Variété très fertile et résistant à la maladie. Cultivée en Belgique. Fruit très gros de deuxième qualité.

Bismarck, novembre-janvier. Arbre vigoureux et d'une grande fertilité ; donne tous les ans ; réfractaire au chancre et au puceron lanigère. Beau fruit d'un rouge vif ; bon pour la cuisine.

Cellini, novembre-janvier. Arbre vigoureux et très fertile; peut être attaqué par le puceron lanigère. A cultiver cependant.

Petit bon ente, mars-avril. Encore appelé petit bon pommier dans l'arrondissement d'Avesnes. Le pommier vigoureux et très fertile résiste à la maladie. La pomme, bien que petite, est recherchée pour la fabrication des pâtes de pomme.

Gravenstein, octobre-janvier. Bonne pomme au couteau, d'un beau jaune passant au rouge, que l'on peut manger d'octobre à fin janvier.

Belle fleur jaune, (fig. 177), décembre-février. (Linneous-pippin) Variété très recommandable.

Reinette du Canada, décembre-février. Arbre bien plus fertile que la reinette grise du Canada.

Reinette grise haute bonté, janvier-mai. Excellent fruit moyen.

Reine des reinettes, (fig. 173), novembre-janvier. Belle pomme, mais l'arbre est sujet au chancre et au puceron lanigère et le fruit est souvent véreux.

Reinette de Furnes, hiver. Excellente petite pomme de bonne conservation, mais l'arbre est sujet au chancre. Mériterait d'être cultivée dans d'excellentes conditions.

Reinette de Hollande, février-mars. Arbre vigoureux et fertile. Très belle et très bonne pomme qui a le défaut de tomber en trop grande quantité avant la maturité. A cultiver aux endroits abrités.

Reinette de Cuzy, novembre-février. Arbre robuste et fertile.

Reinette grise, ou *Gris Brabant*, hiver. Arbre très vigoureux et très fertile ; résiste à la maladie dans l'arrondissement d'Avesnes.

Reinette grise du Canada (fig. 179), hiver. Très belle et très bonne pomme. Arbre à cultiver en bon sol, car il est sujet au chancre.

Calville rouge d'hiver, janvier-mars. Arbre vigoureux et fertile, résiste au froid. Pomme d'excellente conservation.

Court pendu du Portugal, hiver, Résiste à la maladie. Pomme un peu plus grosse que le court pendu rouge.

Court pendu rouge, fin hiver. Excellente pomme à chair fine, serrée, très savoureuse. L'arbre se développe très lentement ; il est sujet au chancre et à la tavelure.

Pépin de Ribston novembre-février. Pomme classique des vergers de l'Angleterre. Arbre vigoureux et productif.

Rambour d'hiver (fig. 176), décembre-février. Arbre sain et vigoureux ; fruit gros, assez bon ou bon.

De jaune (reinette du Mans), janvier-juin. Excellente petite pomme de très longue conservation. Arbre sain et fertile.

Double bon pommier, décembre-janvier. Une des meilleures variétés mais l'arbre est atteint par la maladie.

Belle fleur rouge, novembre-janvier. Une des variétés les plus communes et les plus estimées de l'arrondissement d'Avesnes ; arbre vigoureux et fertile, malheureusement très atteint par la maladie. Cette variété, comme la précédente, mérite que l'on fasse des essais pour la régénérer.

Pomme de Marais, mars-avril, Pommier très vigoureux qui a résisté à l'hiver 1879-1880. La pomme de grosseur moyenne est de qualité très ordinaire. Arbre sujet à la tavelure ; commence à être atteint par le chancre.

Transparente de Croncels, août-septembre. Variété très vigoureuse, très résistante aux gelées et aux maladies, obtenue par C. Baltet. Beau fruit qui malheureusement ne se conserve guère.

Quant au choix des variétés étrangères dont il serait bon d'essayer la culture, il est toujours possible de se renseigner auprès des professionnels étrangers ; nos herbagers auraient même tout intérêt à se tenir en rapport avec eux.

En décembre 1910, le distingué professeur départemental d'agriculture du Nord signalait, d'après renseignements par lui reçus, quelques variétés étrangères saines, vigoureuses et résistant au chancre. En voici la liste.

Variétés belges.

Petit bon pommier, mars-avril. Variété commue dans l'arrondissement d'Avesnes.

Gueule de Mouton, janvier-mars, Fruit assez gros de qualité moyenne.

Variétés hollandaises.

Belle de Boskoop, janvier-mars. Variété déjà commue, excellente du reste.

Double Brabant, novembre-mai. Fruit de moyenne grosseur, rouge, de bonne qualité pour la table et la cuisine.

Jacob Dirck. Cultivée dans la province Over-Yssel.

Reinette Ananas, décembre-mars. Fruit de grosseur moyenne de très bonne qualité. Arbre de vigueur moyenne, fertile. Variété très appréciée en Allemagne.

Variétés des Provinces Rhénanes

Roter Eiserapfel, jusqu'en mai. (Pomme rouge). Pomme de grosseur moyenne, bonne pour la table et la cuisine et propre à la fabrication du cidre.

Purpuroter Cousinot, novembre-mai. (Cousinotte rouge-pourpre), fruit moyen ou petit.

Boikenapfel, (Pomme de Boiken). Fruit de grosseur moyenne de première qualité pour la table. Floraison tardive.

Dans son traité de la Culture fruitière, M. Charles Baltet, sans s'occuper de la question de réceptivité au chancre, signale parmi les variétés étrangères :

En Angleterre. — Warner's King, Blenheim Orange, Dutch Mignonne, Dumelow's Seedling, Rymer, etc., qui donnent en général de belles pommes au couteau.

En Belgique. — Brandebourg, Rambour, Saint-Trond, etc.

En Allemagne. — Reinette de Landsberg, Winter Postoph

Gelber Winter Stettiner qui donnent généralement des pommes peu grosses et bonnes à cuire.

Aux États-Unis. — Rome beauty, Maiden's Blush, Ben-Davis, Jonathan, etc.

J'ai cultivé ces variétés américaines sous forme de cordons. Elles m'ont donné des pommes de grosseur moyenne, d'excellente conservation jusqu'en mai et même quelques unes jusqu'en juin, mais de qualité médiocre. En résumé, étudions les variétés étrangères et tâchons d'en trouver quelques-unes réussissant bien chez nous, mais avant tout, prenons les précautions nécessaires pour conserver nos bonnes variétés : un « tiens » vaut mieux que deux « tu l'auras ».

Formes à donner aux pommiers

La vraie culture du pommier est la culture en plein air et l'on peut même ajouter que pour récolter beaucoup de pommes il n'est rien de tel que de planter des pommiers haute tige. Cependant le pommier peut se cultiver en espalier auquel on donne la forme de palmette Verrier. Une seule variété, le Calville blanc d'hiver, exige l'espalier à bonne exposition, sud ou sud-est dans le nord de la France ; les autres variétés, peuvent être cultivées à toutes les expositions, mais il est à remarquer que les espaliers de pommier à l'ouest et au nord-ouest sont souvent envahis par le Kermès.

Le *pommier haute tige* prend naturellement la forme en boule ; il est bien inutile de vouloir modifier cetteforme qui lui convient très bien. Comme pour le poirier on enlèvera, pendant quelques années, les branches inutiles, de manière à le munir des branches maîtresses qu'il gardera pendant toute son existence, puis on se contentera d'un élagage tous les deux ou trois ans ; on supprimera les branches qui se croisent, les gourmands qui s'élèvent perpendiculairement, et, d'une manière générale, l'excès de bois qui empêcherait la lumière de pénétrer dans l'arbre.

Soit par exemple un greffon ayant donné naissance à trois

branches a, b, c (fig. 180). Chacune de ces branches sera taillée
en mars à 25 ou 30 centimètres de longueur et on laissera
pousser deux bourgeons à son extrémité. Ces nouvelles branches
a'a', b'b', c'c' seront taillées à leur tour l'année suivante
sur une longueur d'environ 0 m. 25 ce qui donnera 12 branches.

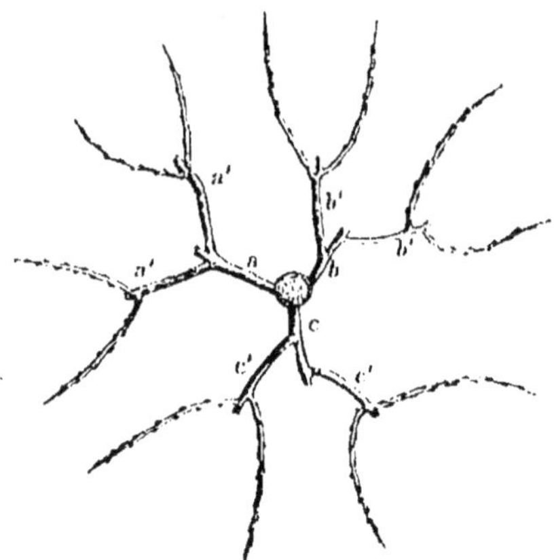

Fig. 180

Premières tailles à faire subir au pommier haute tige.

On pourra alors considérer la base de la charpente comme
constituée et un simple élagage tous les deux ou trois ans
suffira.

Il arrive parfois, et ceci se présente surtout dans les variétés
vigoureuses, que le pommier tend à prendre, comme le poirier, la forme pyramidale ; cette forme est excellente, elle rend
la récolte des fruits plus facile.

Lorsque l'on cultive à haute tige des pommes comme belle
de Boskoop, qui sont assez volumineuses et denses, et par cela
même exposées à tomber par les vents violents, il est bon de
laisser plus de branches que d'ordinaire dans l'arbre, de
manière à obtenir des fruits plus nombreux et moins gros qui
tombent moins facilement.

Les formes pour *pommiers à basse tige* se divisent en deux

catégories : 1° les pommiers non palissés comprenant la pyramide, le fuseau et le buisson ; 2° les pommiers palissés (espalier et contre-espalier) pour lesquels nous recommandons la palmette Verrier et les U, ces derniers pour les cultiver contre les murailles élevées : le cordon horizontal et le vase. La plupart de ces formes ont été décrites pour le poirier ; nous y renvoyons le lecteur ; nous décrirons ici le cordon horizontal, le buisson et le vase dont il n'a pas encore été question.

Le cordon horizontal borde avantageusement les allées du jardin de l'amateur ; il est d'un gracieux effet au moment de la floraison et forme encore un riche décor lorsqu'il est couvert de pommes. Il faut reconnaître cependant que c'est une gêne pour la circulation, aussi est-il bon de laisser quelques solutions de continuité pour permettre l'accès dans les carrés du potager.

Les cordons horizontaux, qui doivent toujours être greffés sur paradis dans les bons sols, seront plantés à 2 mètres, 2 m. 50 et même 3 mètres de distance selon la qualité du sol. On les inclinera sur un fil de fer tendu horizontalement à 0 m. 45 du sol (fig. 181), mais le bourgeon terminal qui se développe chaque année sera palissé sur un tuteur presque vertical de manière à ne pas entraver son développement ; l'année sui-

Fig. 181

Pommiers en cordon horizontal.

vante, à la taille d'hiver, ce bourgeon sera raccourci et posé horizontalement.

Lorsque les cordons se rejoignent, on peut les greffer l'un sur l'autre en employant la greffe par approche herbacée en arc-boutant(fig. 63). Cependant certains arboriculteurs préfèrent ne pas les greffer afin d'éviter les blessures qui peuvent attirer le puceron lanigère.

On aura soin de couper fin juin, à un centimètre de leur base, toutes les branches fruitières qui naissent à la partie supérieure du cordon ; ces branches auraient tendance à s'emporter ; on ne conservera que les branches fruitières qui se développent sur les côtés et en-dessous du cordon ; on les laisse à une distance de 10 à 14 centimètres.

Le buisson convient bien au pommier mais tient une place considérable dans un jardin mixte. On pourra plutôt cultiver le pommier en buisson par massifs dans le parc paysager ou en ligne, à une distance de trois ou quatre mètres, dans les grandes propriétés.

On aura soin de choisir, pour les bons sols, des sujets greffés sur paradis. Cette forme en buisson est traitée comme les arbres à haute tige ; on se contente de raccourcir les branches qui s'emportent et d'enlever les gourmands, les branches qui s'entre-croisent ou qui sont trop rapprochées.

Le vase est obtenu par une taille analogue à celle qui est appliquée aux arbres à haute tige (fig. 180). Le scion d'un an sera rabattu à 35 centimètres du sol pour obtenir trois branches a, b, c qui seront taillées à 0 m. 30 de longueur. On obtiendra 6 branches a' a', $b'b'$, $c'c'$ qui seront taillées à leur tour à 0 m. 30 ou 0 m. 35 de longueur pour obtenir douze branches.

Tandis que les branches a, b, c et a', b', c' sont fortement inclinées pour former le fond du vase, les douze branches obtenues en dernier lieu s'élèvent verticalement et sont maintenues par des cercles en bois à 0 m. 35 de distance. Le vase ainsi constitué aura 1 m. 37 de diamètre et, pour que la lumière le pénètre bien, sa hauteur ne doit pas dépasser son diamètre. Les pommiers destinés à cette forme sont plantés à 4 mètres de distance.

On reproche au vase d'occuper beaucoup de place et de nécessiter une installation assez coûteuse, en somme c'est une forme intéressante pour les amateurs seulement.

Place que doivent occuper les pommiers
dans le jardin mixte

Les pommiers haute tige seront plantés dans les vergers et les pâturages à une distance minimum de 12 mètres, dans les cours, les pelouses, dans un coin du jardin où leur ombrage ne nuira pas trop aux autres cultures.

Les pommiers à basse tige : pyramide, fuseau, etc., seront placés aux endroits indiqués page 59 pour recevoir les mêmes formes en poirier. Quant aux espaliers on réserve généralement les bonnes expositions pour les poiriers et on se contente de placer les pommiers à l'ouest ; une exception est faite pour le calville blanc d'hiver qui demande l'espalier à bonne exposition sud ou sud-est.

Plantation des pommiers. — Epoque. — Préparation du sol. — Amendements. — Engrais. — Voir le chapitre plantation, page 61.

Nous ajouterons cependant qu'il importe surtout de bien planter le pommier haute tige dans les pâturages afin d'éviter ces reprises pénibles à la suite desquelles l'arbre végète médiocrement et ne produit que des feuilles pendant plusieurs années ; alors son écorce se durcit, ce qui rend son développement plus difficile encore, et bientôt le chancre et le puceron lanigère achèvent de le ruiner et d'en faire un arbre sans avenir : c'est une plantation à recommencer et surtout une perte de temps.

La mauvaise plantation des pommiers a produit bien des échecs qui ont été mis au compte de la maladie.

Tantôt on voit, en novembre, avant toute gelée, des pommiers destinés à la plantation sortis de la pépinière encore garnis de toutes leurs feuilles et simplement appuyés contre un pignon, en attendant leur plantation. Évidemment ces pommiers ne seront plantés qu'après avoir été plus ou moins desséchés ; ils reprendront cependant, la nature est complaisante, mais ils seront incapables de produire aucun bourgeon. Reste à savoir s'ils ne durciront pas et s'ils pourront se développer par la suite.

D'autres fois le pommier déplanté traîne dans la pépinière ou voyage, et ses racines se dessèchent ou souffrent de la gelée, ce qui rend la reprise très aléatoire.

Bien souvent le pommier est planté trop profondément et ses racines sont enfermées dans un sous-sol de mauvaise nature. Le défoncement du sol a été pratiqué trop profondément et sur un espace trop restreint (voir fig. 75 et 76).

Ou bien encore on laisse pousser l'herbe autour du pommier nouvellement planté et même les orties à l'intérieur de l'armure qui protège l'arbre. Toutes ces plantes sont le siège d'une évaporation considérable qui dessèche le sol ; le pommier souffre de la sécheresse et végète péniblement ; son écorce se durcit et, après deux ou trois années de lutte, le chancre et le puceron lanigère viennent l'achever : on dira que la maladie a tué le pommier.

Pour éviter ces échecs, pratiquons le défoncement en bonne saison. Choisissons nos pommiers de bonne heure dans la pépinière, enlevons-les dès la chute des feuilles, c'est-à-dire fin novembre, et plantons-les immédiatement. De cette manière nous serons certains que les racines des arbres ne seront ni desséchées, ni gelées, ce qui est une garantie de bonne reprise.

Plantons superficiellement, surtout dans les terrains humides, en ayant soin de mettre autour des racines un compost de terre de gazons que nous aurons préalablement préparé.

Afin de ne pas blesser les racines de l'arbre, le tuteur sera enterré avec le pommier et lui sera attaché à l'aide d'un collier en jonc, par exemple.

Fin mai, on donnera un binage au pied du pommier, dans

un rayon de 0 m. 60, et la terre y sera recouverte d'un bon paillis qui conservera l'humidité dans le sol.

Les armures qui préservent les pommiers de la dent et des cornes des bestiaux seront formées de lattes de châtaignier, de saule ou de noisetier hautes de 1 m. 60 environ, enduites de carbonyle et reliées entre elles par du fil de fer galvanisé n° 11 ou 12.

On ne négligera pas l'emploi des engrais (voir page 63).

Dans ces conditions, non seulement les pommiers reprendront, mais ils ne tarderont pas à pousser vigoureusement ; ils résisteront aux maladies, et atteindront rapidement un beau développement.

Tout ce que nous venons de dire s'applique aussi à la plantation des égrains dans les pâturages, procédé qui présente bien des avantages (voir page 167) et en particulier celui de choisir les greffes sur des arbres fertiles, sains et absolument exempts de chancre.

Mode de végétation et de fructification du pommier

Tout ce que nous avons dit sur ce chapitre pour le poirier, page 97 et suivantes, s'applique au pommier avec les différences suivantes :

Les yeux à bois du pommier sont aplatis et peu saillants ; ils se développent difficilement à la base des rameaux qu'il faut par conséquent tailler plus court que dans le poirier.

Les dards sont plus rares que dans le poirier, mais on trouve des lambourdes ; celles-ci sont fragiles et il arrive assez souvent qu'on les casse en cueillant les fruits.

Au repos de la végétation les boutons à fruit se distinguent quelquefois difficilement des autres productions, aussi est-il besoin de corriger la taille du pommier au moment où les boutons vont s'épanouir. Il est à remarquer que l'œil à bois se transforme facilement en bouton à fruit l'année même de son développement.

Les brindilles sont moins fréquentes que dans le poirier et

sont souvent terminées par un bouton à fruit donnant de beaux fruits, aussi a-t-on soin, dans ce cas, de les conserver intactes et de ne les raccourcir que lorsque la fructification devient générale.

Taille du pommier

Il résulte de ce que nous venons de voir que les branches de charpente du pommier doivent être taillées plus court que dans le poirier si l'on ne veut pas qu'il se forme de vides à leur base ; c'est pour la même raison qu'il faut tailler à l'épaisseur d'un écu les branches fruitières qui avoisinent le bourgeon terminal, surtout si la branche de charpente est verticale ; la sève est ainsi refoulée sur les yeux de la base qui se développent difficilement.

Cette taille courte est d'autant plus nécessaire qu'il ne serait pas prudent d'user largement des entailles pour faire développer les yeux, ce qui pourrait déterminer des chancres ou attirer le puceron lanigère

Traitement de la branche fruitière

1re *année.* — Le pincement des branches fruitières doit être aussi plus court que dans le poirier. On pince généralement sur 3 ou 4 bonnes feuilles (1), à 8 ou 10 centimètres de longueur, et tous les bourgeons anticipés qui peuvent se développer par la suite sont pincés sur une feuille. Il faut reconnaître que cette méthode nécessite beaucoup de pincements, d'autant plus que la végétation du pommier se prolonge tard en saison.

On peut cependant diminuer le nombre des pincements de la manière suivante : après avoir fait un premier pincement, on laisse développer les bourgeons anticipés jusqu'à fin juin, époque à laquelle on les coupe à 1 centimètre de leur base. Le premier mouvement de la sève étant déjà ralenti à cette

(1) On appelle bonnes feuilles celles qui portent des yeux à leur aisselle.

époque, les sous-yeux et les yeux latents peuvent déjà donner
des productions fruitières ou des bourgeons anticipés que l'on
coupe fin août à 1 centimètre de leur base.

2ᵉ année. — En février de l'année suivante toutes ces branches fruitières âgées d'un an sont taillées sur 3 ou 4 yeux,
ce qui fait généralement une longueur de 5 à 7 centimètres.
Les branches fruitières d'un pommier greffé sur doucin sont
taillées un peu plus long que les branches fruitières d'un
pommier greffé sur paradis.

Au printemps l'œil terminal donne naissance à un bourgeon
tire-sève *b* (fig. 182), qui est pincé sur trois bonnes feuilles
comme on l'a dit précédemment.

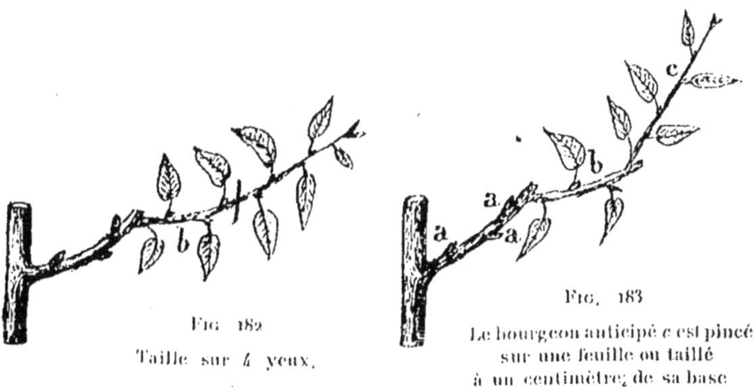

Fig. 182

Taille sur 4 yeux.

Fig. 183

Le bourgeon anticipé *c* est pincé
sur une feuille ou taillé
à un centimètre de sa base

Le bourgeon anticipé *c* (fig. 183) qui ne tarde pas à se développer est pincé sur une feuille ou bien taillé à un centimètre
de sa base fin juin.

Grâce à ce traitement, les yeux *a* (fig. 183) se transforment
en productions fruitières ; il arrive aussi que, sous l'influence
de la taille du bourgeon anticipé *c* à un centimètre de sa base,
les sous-yeux qui se trouvent au pied de cette branche donnent
naissance à un ou plusieurs boutons à fruit ; ou bien, s'il se
développe un nouveau bourgeon anticipé, il peut être terminé
par un bouton à fruit.

Comme dans le poirier, il est bien entendu qu'un seul tire-sève *b* (fig. 183) suffit sur chaque branche fruitière et que, s'il s'en développe plusieurs, les bourgeons inutiles seront supprimés en même temps que les bourgeons anticipés en les coupant, fin juin, à un centimètre de leur base, comme il a été dit pour le poirier. Cette suppression des bourgeons inutiles empêche les branches fruitières de devenir trop fortes, leur donne de la lumière, et les sous-yeux qui se développent à leur base peuvent se transformer en boutons à fruit.

L'année suivante on taille sur un seul bouton à fruit, le plus rapproché de la branche de charpente. Il ne faut pas oublier que le pommier sur paradis est plus fertile que le poirier et qu'il s'épuiserait vite si on lui laissait trop de fruits.

Si la branche fruitière ne portait que des dards, elle sera taillée comme si elle portait des yeux à bois.

Maladies du pommier

Beaucoup de maladies du pommier sont dues à des cryptogames.

Le chancre (fig. 144), que nous avons étudié page 140, attaque bien plus le pommier que le poirier.

Dans les considérations sur le choix des variétés de pommier à cultiver à haute tige (voir page 173) nous avons déjà parlé longuement du chancre ; nous ajouterons ici que le chancre du pommier naît souvent à la base d'une branche morte ; aussi toutes les branches qui se dessèchent sur le pommier et, d'une manière générale, toutes les branches à supprimer doivent être coupées au ras de la tige ou des branches principales, et les plaies qui en résultent seront recouvertes de goudron épaissi. On emploiera du reste le mastic ou le goudron sur toutes les plaies, parce que leur cicatrisation se fait plus difficilement sur le pommier que sur le poirier, et que c'est un excellent moyen d'éviter le puceron lanigère qui s'attaque tout d'abord aux écorces blessées. Le puceron lanigère du reste, en altérant l'écorce, prépare la voie au chancre ; en combattant le puceron lanigère on évitera le chancre.

Il ne faut pas confondre avec les chancres les blessures faites aux pommiers par les bestiaux, les tuteurs, les armures métalliques. Ces blessures guérissent toujours bien plus facilement que les chancres, surtout si on les recouvre d'un mastic quelconque.

Voir le traitement du chancre à la page 140.

La tavelure des pommes est causée par le *fusicladium dendriticum* très voisin du fusicladium pyrinum qui produit la tavelure des poires. Ces deux champignons sont traités de la même façon. Voir tavelure du poirier, page 142.

Le blanc du pommier. — Sous l'influence d'un champignon (*Erysiphe mali*) les feuilles et les jeunes bourgeons se couvrent d'une efflorescence blanche.

La bouillie bordelaise est employée comme moyen préventif et on traite la maladie par les soufrages. La fleur de soufre est projetée sur le pommier par un temps calme, vers 9 heures du matin à l'aide d'un soufflet spécial.

Rouille du pommier. — Causée par l'*Acidium cancellatum*. Cette maladie, assez peu répandue, est causée par un champignon dont le premier développement s'effectue sur les rameaux du genévrier sabine.

On traite cette maladie par la bouillie bordelaise ; on l'évite en détruisant les sabines dans les environs.

La brunissure des feuilles causée par le *cladosporium herbarum*. Les feuilles du pommier se dessèchent en commençant par leurs bords puis tombent. On combat cette maladie par la bouillie bordelaise.

Le gui est une plante de la famille des *loranthacées* qui vit quelquefois en parasite sur les branches du pommier et qu'on ne peut détruire qu'en enlevant les portions d'écorce dans lesquelles elle a plongé ses suçoirs.

La chlorose est une maladie organique qui attaque aussi le poirier. Voir page 139.

Insectes nuisibles aux pommiers.

On trouve parmi les Coléoptères :

L'anthoxome du pommier. — *Anthonomus pomorum. Linn.*

(fig. 184) qui a les mêmes mœurs que l'anthonome du poirier Voir page 147.

L'Apion du pommier ou **Apion de pomone.** — *Apion pomonæ.* (fig. 185) l. 3. petit coléoptère bleu foncé qui pond dans la fleur du pommier ; la larve en mange les organes et la détruit.

Fic. 184.

Anthonome du pommier grossi, l. 4.

Destruction. — Même mode que pour l'anthonome.

La cétoine mouchetée, *cetonia stictica* de 10 à 11 millimètres de longueur à robe noire présentant de nombreuses petites taches blanches. Cet insecte fait avorter les fruits du pommier et du poirier en mangeant le pollen des étamines.

Fic. 185

Apion du pommier l. 3

La larve de cet insecte vit dans les tas de matières organiques en décomposition : bois, feuilles mortes, etc. Faire disparaître ces tas de détritus au voisinage des pommiers et des poiriers.

Le scolyte du prunier encore appelé grand rongeur du pommier et du prunier. *Scolylus pruni. Ralz.* Coléoptère de 5 millimètres de longueur à tête et corselet noirs et élytres marron. Il vit sous les écorces des poiriers, pommiers, pruniers et abricotiers malades. Les femelles perforent l'écorce des arbres chétifs, creusent des galeries entre cette écorce et le bois et y pondent leurs œufs. Les larves qui en naissent percent à leur tour de nombreuses galeries perpendiculaires à la galerie de ponte. L'arbre périt si ces insectes sont nombreux.

Destruction. Ne cultiver que des arbres sains ; remplacer les arbres attaqués et brûler les vieux troncs. Si l'arbre envahi est sain et vigoureux, on enlève les écorces atteintes et on badigeonne les parties mises à nu avec du goudron végétal.

Parmi les LÉPIDOTPÈRES :

Les Yponomeutes du pommier. — *Yponomeuta malivorella. Guénée et Yponomeuta malinella. Zeller* (fig. 186). Les chenilles, souvent très nombreuses, vivent par paquets dans des toiles sur le pommier, le groseillier, l'aubépine, etc.

Destruction. — Pulvériser de l'eau de savon sur ces chenilles ou bien les écraser ou les brûler.

Les pyrales (fig. 187) ainsi appelées de pyr feu, parce que ces petits papillons se brûlent à la chandelle, ont des chenilles qui habitent pour la plupart dans les feuilles roulées ou réunies en paquets. Quelques-unes cependant vivent dans l'intérieur des fruits à pépins et à noyaux (voir carpocapse *des pommes et des poires*, page 153). La pyrale de la vigne ronge les bourgeons de cet arbrisseau.

Destruction. — On détruit les œufs de la pyrale de la vigne en ébouillantant les souches en hiver. Pour détruire les autres espèces on nettoie les arbres en hiver et on ramasse, au printemps, les fruits tombés pour les brûler.

Fig. 186

Yponomeute du pommier. E. 18.
1. Adulte. — 2. Chenilles et leur nid.

Fig. 187

Pyrale des pommes.
E. 20 et sa chrysalide.

Parmi les Hémiptères :

Le puceron du pommier, *aphis mali.* 1, 1 à 1,5 . Voir puceron du poirier, p. 141.

Le puceron lanigère, *schizoneura lanigera. Haussmann.* Ainsi appelé parce qu'il est recouvert d'un duvet blanc laineux, est un dangereux ennemi du pommier. Pendant toute la saison estivale on trouve sur le tronc et les branches du pommier, jamais sur les feuilles, des individus aptères et asexués, vivipares cependant, et se reproduisant par parthénogénèse (fig. 188). Avant l'hiver apparaissent des individus sexués ; ils donnent naissance à des larves qui passent l'hiver dans les

Fig. 188
Puceron lanigère,
1, 2,5.

fentes, sous l'écorce de l'arbre, là où elle n'adhère pas au bois, ou encore vers le collet de la racine, à quelques centimètres de profondeur dans le sol. Le puceron lanigère n'est pas en hiver recouvert du duvet laineux.

C'est en mai que sont pondues les larves qui vont piquer les jeunes pousses de l'année. En automne il naît une génération d'individus ailés qui peuvent émigrer et porter la contagion sur d'autres arbres.

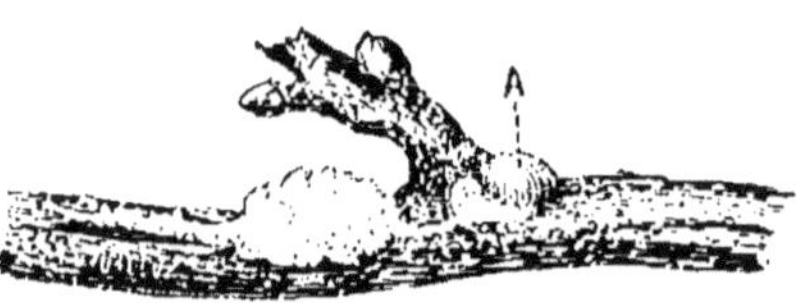

Fig. 189
Nodosités produites par le puceron lanigère.

Le puceron lanigère enfonce son rostre dans l'écorce et suce la sève ce qui affaiblit l'arbre ; de plus les piqûres irritent les tissus, déterminent des nodosités (fig. 189) qui couvrent les branches et finissent par se transformer en chancres. Les branches atteintes cessent de porter du fruit, dépérissent et meurent.

Toutes les variétés de pommier ne sont pas également sujettes au puceron lanigère ; cela dépend probablement de la nature de la sève et de la dureté de l'écorce. En général, les variétés vigoureuses y sont moins sujettes que les variétés faibles.

Destruction. Soit un pommier à haute tige atteint du puceron lanigère.

A l'automne on dégage la terre autour du pied de l'arbre et on l'entoure de chaux éteinte afin d'empêcher le puceron de venir hiverner en terre.

En hiver on élague sérieusement cet arbre en enlevant toutes les branches inutiles, préférablement les branches très atteintes par le puceron.

En février ou mars, alors que les jeunes pucerons ne sont pas nés et que les adultes se trouvent encore dans leurs retraites d'hiver, on racle les tiges et les grosses branches ; on ouvre largement, à la serpette, les moindres fentes que présente l'écorce et on les nettoie ainsi que les plaies et les chancres. On enlève les portions d'écorce qui n'adhèrent plus au bois et en dessous desquelles se sont réfugiés les pucerons. Toutes les parties retranchées sont brûlées.

Ce nettoyage terminé, on lave l'arbre tout entier avec la solution au sulfate de fer indiquée page 68 en se servant du pulvérisateur. Lorsque l'arbre est ressuyé, on bouche hermétiquement toutes les plaies, chancres, fentes, cicatrices laissées par les branches coupées, avec le goudron végétal épaissi par l'addition de résine (voir page 141) et appliqué à chaud à l'aide d'un pinceau.

Nota. — L'année suivante, au printemps, il sera bon de visiter toutes ces plaies cachetées par le goudron végétal. Il arrive quelquefois que le bourrelet d'écorce qui se forme autour de la plaie repousse le goudron et que quelques pucerons s'introduisent entre l'écorce et le goudron. On les détruit en les bouchant avec le liquide insecticide dont il va être parlé, puis la plaie étant séchée, on la recouvre à nouveau de goudron végétal en ayant soin de le faire déborder sur l'écorce.

Ce travail de propreté et d'assainissement est d'une très grande efficacité, car on fait ainsi disparaître les nids ou repaires desquels les pucerons s'échappent pour envahir l'arbre au printemps.

Ce travail peut encore être complété par le blanchiment de l'arbre au lait de chaux projeté au pulvérisateur. Il sera bon de découvrir le col de la racine et de l'arroser avec un insecticide soit le sulfocarbonate de potasse, puis on entourera le pied de l'arbre d'un chiffon enduit de goudron pour empêcher la montée des pucerons qui auraient échappé à l'insecticide.

Si ce nettoyage était parfaitement exécuté, on ne devrait plus trouver de pucerons sur l'arbre pendant la saison estivale ; mais il est rare que quelques pucerons n'échappent pas au massacre et ne forment pas quelques nouvelles colonies en bonne saison. Dès qu'on s'aperçoit de leur présence, on les touche avec un pinceau raide imbibé de la préparation suivante : alcool à brûler 1 litre, savon noir 200 grammes, jus riche de tabac 50 centimètres cubes. On ajoute un demi-litre d'eau si l'on veut rendre la mixture moins coûteuse.

C'est ainsi que les pommiers doivent être visités plusieurs fois au cours de la saison estivale qui suit le traitement d'hiver, et c'est à ce prix qu'on les débarrassera du dangereux insecte. Ce qu'il importe de savoir, c'est que l'on peut détruire le puceron lanigère sur un pommier, surtout s'il est jeune, mais cette guérison ne s'obtient pas à la suite d'une seule opération ; il faut, pour arriver à ce résultat, de la méthode et de la persévérance.

Beaucoup de personnes se contentent de détruire les colonies de pucerons lanigères à deux ou trois reprises en bonne saison ; elles peuvent continuer ainsi indéfiniment sans obtenir d'amélioration. A chaque opération elles laissent assez de pucerons pour reformer de nouvelles colonies.

Pour procéder avec méthode, il faut faire la principale opération en hiver lorsque le nombre de pucerons est restreint, qu'ils sont plus localisés et que l'absence des feuilles rend le travail plus facile.

Enfin, on n'oubliera pas que le puceron lanigère, comme la plupart des insectes, attaque surtout les arbres souffreteux et que l'on doit considérer l'emploi des engrais au printemps comme le meilleur des insecticides. (Voir engrais, page 63.)

Il est bon de visiter tous les pommiers même ceux que l'on croit n'être pas atteints, car les pucerons ailés de l'automne peuvent émigrer, d'où il résulte que les pomiculteurs ont intérêt à faire un nettoyage d'ensemble de tous les pommiers. Il y a une loi qui prescrit l'écheuillage ; il serait tout aussi nécessaire de rendre obligatoire la destruction du puceron lanigère dans les pays où l'on cultive les pommiers en grand.

Tous les insecticides ont été proposés pour détruire cet insecte redoutable : l'alcool à brûler, l'ammoniaque, le vernis gomme laque à l'alcool, l'huile de foie de morue, l'huile lourde de goudron, l'huile de lin, un mélange d'huile et de savon noir, la graisse de voiture, l'eau bouillante appliquée sur l'arbre à l'aide d'une éponge fixée au bout d'un bâton, le lysol, 50 grammes par litre ; le crésol, 20 grammes par litre ; les insecticides du commerce et surtout l'émulsion de pétrole : savon noir et pétrole par parties égales, eau 5 fois le volume du mélange.

On facilite l'émulsion de pétrole en se servant d'eau de Panama que l'on obtient en faisant macérer à froid, pendant 7 à 8 jours, 100 grammes de bois de Panama par litre d'eau. On agite fortement le mélange à l'aide d'un petit balai de bois.

Tous ces produits gagnent à être appliqués en friction avec une brosse raide. Ce sont des insecticides plus ou moins énergiques ; on peut les employer tous si l'on se contente d'opérer sur l'écorce occupée par les colonies, mais il faudrait se garder de badigeonner l'arbre tout entier avec les graisses, les huiles, les vernis, le goudron végétal ce qui nuirait aux fonctions de la tige et durcirait les écorces. (Voir *fonctions de la tige*, page 11.)

Quant au pétrole, c'est peut-être le meilleur insecticide,

mais il détruit les plantes avec les insectes, aussi faut-il l'évincer, et c'est pour cette raison que les émulsions de pétrole doivent être bien faites.

Les Kermès (voir *culture du poirier*, page 154).

Récolte et conservation des pommes

Les pommes sont généralement portées par un pédoncule très court et très adhérent aux bourses : pour les cueillir il faut prendre des précautions et exécuter souvent un mouvement de torsion pour ne pas enlever les bourses avec les fruits.

Beaucoup de pommes sont très tendres ; il faut éviter, dans la cueillette et la mise en place, les contusions et les blessures qui amèneraient la pourriture.

Les pommes d'été et d'automne sont cueillies au moment de leur maturité lorsqu'elles commencent à tomber. On les place au fruitier, et, lorsque la récolte est considérable on les met en tas, au grenier par exemple.

Les pommes d'hiver gagnent à n'être pas cueillies trop tôt, mais leur récolte sera toujours faite avant la chute des feuilles ; cueillies trop tard elles se conservent moins longtemps. On laissera ressuyer les pommes récemment cueillies dans un local largement ouvert, pendant quelques jours, puis on les placera au fruitier ou au grenier selon l'importance de la récolte.

Pour conserver les pommes de choix en bon état très tard au fruitier, il est bon de les envelopper d'une feuille de papier de soie. (Voir la *description du fruitier*, page 162.)

Arbres à fruits à noyau

PÊCHER

Si l'on en croit beaucoup de propriétaires de jardins, la culture du pêcher ne donne pas de bons résultats dans la région du nord de la France ; le terrain ne convient pas à cette espèce fruitière ; les froids du printemps lui nuisent considérablement ; du reste le pêcher ne tarde pas à être atteint de la gomme et il est bientôt achevé par la cloque et le puceron.

Que faut-il penser de cette opinion ? Il faut admettre qu'un propriétaire qui n'a guère de connaissances en arboriculture peut cultiver le poirier et récolter des poires, mais il ne réussira pas dans la culture du pêcher en espalier s'il ne la connaît pas suffisamment, car le pêcher demande des soins spéciaux qui lui sont indispensables. Nous verrons que ces soins peuvent se réduire à un petit nombre et que la culture du pêcher en espalier est très possible et peut donner d'excellents résultats même dans le nord de la France.

Le pêcher bien cultivé est l'espèce fruitière qui garnit le plus rapidement une muraille et fait attendre le moins longtemps les récoltes importantes.

Le pêcher, surtout cultivé sous les petites formes, vieillit et se dénude au bout de 10 à 12 ans de culture ; pour que sa récolte de pêches ne soit pas interrompue, le propriétaire qui cultive une dizaine de pêchers devra donc remplacer, chaque année, le pêcher le plus caduc et le plus dénudé.

Mais il y a une culture du pêcher à la portée de tous : ce sont les pêchers à demi-tige ou en buisson plantés à environ 5 mètres de distance et à 3 ou 4 mètres d'une muraille qui les abrite des vents du nord. On laisse ces pêchers pousser à volonté et, dans les années favorables, lorsqu'il ne gèle pas trop au moment de la floraison, on fait une abondante récolte d'excellentes pêches.

On cultive surtout sous cette forme la pêche d'Oignies (fig. 190), la reine des vergers, le brugnon de Fellignies qui se

Fig. 190
Pêche d'Oignies.

reproduisent de semis, mais on peut aussi cultiver les variétés hâtives greffées qui prennent moins de développement comme Amsdén, Précoce Alexander, etc.

Situations qui conviennent au pêcher. — Le pêcher craint les brusques changements de température, les courants d'air froid, les brouillards fréquents des vallées humides arrosées par les cours d'eau ; il préfère les coteaux exposés au midi et les vallons abrités. Sa fructification est assurée quand on le cultive en espalier contre une muraille exposée au sud ou préférablement à l'est.

Abris. — Il est prudent, pour préserver les pêchers de la cloque, et pour protéger les fleurs pendant la floraison, de placer, au sommet de la muraille, de décembre en mai, des auvents en volige de sapin ou en paille de seigle. Ces auvents, qui font une saillie de 0 m. 50 pour des murailles de 3 mètres de hauteur, reposent sur des potences en fer (fig. 191).

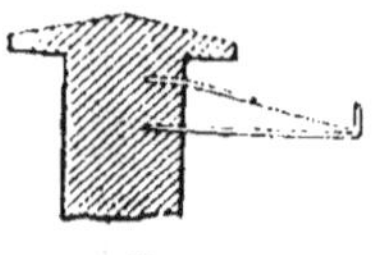

Fig. 191
Potence destinée à supporter les auvents.

Cet abri est généralement suffisant ; cependant, si l'on craignait des courants d'air, on ajouterait, pendant la période de floraison, un rideau en toile d'emballage à grandes mailles (fig. 192). Pour consolider ces rideaux peu coûteux, on leur fait un ourlet d'une ficelle, puis on les garnit d'anneaux à leurs extrémités inférieures et supérieures. Ces anneaux glissent sur deux fils de fer tendus horizontalement : 1° en AB, sous le bord de l'auvent, et 2° en CD, à 1 mètre de hauteur au-dessus du sol et à 0 m.80 en avant de la muraille. Ce dernier fil de fer est soutenu par deux piquets en bois, un à chaque

Fig. 192

Rideau.

extrémité (fig. 192). Pour éviter le courant d'air qui pourrait s'établir entre le rideau et la muraille, on accroche l'anneau *a* attaché au rideau, au crochet *b* fixé à la muraille ; l'extrémité du rideau touche ainsi la muraille.

Chaque matin le rideau est retiré et amassé à une extrémité du pêcher afin de permettre l'action de la lumière qui est indispensable à la fécondation des fleurs ; il est replacé en face du pêcher chaque soir de manière à l'abriter pendant la nuit seulement.

Sol. — Le pêcher préfère les terrains de consistance moyenne plutôt légers que compacts, argilo-calcaires ; il craint les sols très argileux ou marécageux qui lui donnent la gomme. Le calcaire doit être considéré comme un élément tout à fait indispensable à la culture des arbres à fruits à noyau, du pêcher en particulier.

Le pêcher greffé sur amandier est plus difficile quant au

terrain ; il lui faut un sol profond et pas trop humide ; le pêcher greffé sur prunier est moins exigeant et s'accommode des sols moins profonds et plus frais ; c'est ce dernier sujet qui convient le mieux aux terrains de la région du nord de la France.

Amendements. — Nous avouons bien volontiers que la plupart des sols de la région du Nord sont trop argileux pour convenir parfaitement à la culture du pêcher ; ils manquent généralement de calcaire et quelquefois d'humus ; mais il est facile de se procurer ces substances et de s'en servir comme amendements.

Nous trouvons le calcaire dans les plâtras bien pulvérisés, les débris de démolition purgés de pierre, la cendrée des chaufours et la chaux même qui coûtera un peu plus cher. Le plâtre ou sulfate de chaux donne aussi d'excellents résultats.

Le terreau ou humus se trouvera dans les vieilles couches ; à défaut, on emploiera les balayures de rue bien décomposées ou le produit du curage des fossés additionné de chaux.

Pour préparer le terrain destiné à la plantation d'un pêcher, nous faisons un trou de 1 m. 25 de côté et de 0 m. 80 de profondeur. La terre extraite est disposée en deux tas : 1º la partie supérieure ou terre arable, 2º la partie inférieure ou sous-sol.

Les amendements sont répandus un peu à la fois sur le deuxième tas qui est amendé d'abord et jeté au fond du trou dans lequel on descend de temps en temps pour achever le mélange des amendements avec la terre ; puis on continue par le premier tas, de cette manière le pêcher est planté dans la bonne terre végétale, ce qui lui assure un développement rapide pendant les premières années qui suivent la plantation. On aura soin, dans cette opération, de bien mélanger les amendements au sol, car ce n'est pas amender un terrain argileux que de placer une pelletée de chaux à côté d'une pelletée d'argile ; il importe que les divers éléments soient parfaitement mélangés.

Quant à la proportion à employer, elle varie selon les terrains ; on ajoutera généralement pour un terrain argileux deux ou trois brouettées de plâtras et autant de balayures par trou ayant les dimensions ci-dessus indiquées.

Engrais. — Il sera bon de profiter de l'amendement du sol pour y incorporer des engrais de longue durée : déchets de laine, os pulvérisés, cornes torréfiées, phosphate de chaux, cendres de bois.

Cette addition, utile dans tous les terrains, devient indispensable si le sol a déjà porté des pêchers, encore ferait-on bien, dans ce cas, de changer la terre en partie.

Ces engrais assurent la bonne végétation du pêcher pendant un temps considérable ; les phosphates en particulier permettent l'aoûtement du bois. Cette opération est d'autant meilleure qu'il est toujours plus ou moins difficile, après la plantation, de faire pénétrer ces engrais à une certaine profondeur dans le sol.

L'usage de ces engrais, qui ne se dépensent que lentement, ne nous empêchera pas d'employer les engrais à décomposition rapide pour faciliter la première évolution du pêcher : nous entendons le terreau ou le tourteau pulvérisé et mélangé à la terre qui doit se trouver immédiatement en rapport avec les racines, le fumier décomposé appliqué en couverture immédiatement après la plantation, les vidanges coupées de moitié d'eau en arrosages en mars, etc. On évitera cependant l'emploi de ces engrais liquides au printemps de l'année qui suit la plantation.

L'amendement du sol et son enrichissement par des engrais appropriés donnent des résultats superbes dans la culture du pêcher. Dans le terrain trop argileux du jardin de l'École normale de Douai, où l'on avait à plusieurs reprises tenté sans succès la culture du pêcher, nous avons amendé le sol comme il vient d'être dit et le succès, dont plusieurs centaines d'instituteurs ont été témoins, a été très remarquable. Là où les pêchers mouraient au bout de 3 ou 4 années de plantation, nous avons obtenu, après l'amendement et l'enrichissement du sol, des pêchers d'une végétation luxuriante ayant de lar-

ges feuilles et des bourgeons de prolongement verticaux atteignant chaque année plus de 1 m.50 de longueur. Naturellement
ces pêchers ont porté des fruits magnifiques et nous concluons
de cette expérience que la culture du pêcher est possible dans
tous les sols à la condition d'y apporter les amendements
nécessaires, le calcaire en particulier.

Multiplication. — Peu de pêchers se reproduisent assez exactement de semis : on cite de ce nombre la pêche d'Oignies
(fig. 190), la reine des vergers, le brugnon de Fellignies. Les
sujets obtenus de semis sont trop vigoureux pour être
cultivés en espalier ; ils conviennent à la culture en plein
vent.

Les pêchers cultivés en espalier sont toujours greffés ; ils
se mettent du reste plus facilement à fruit. Les sujets employés
sont par ordre de vigueur : l'amandier, le pêcher franc, le
prunier, le prunellier des haies.

L'amandier à coque dure demande un sol profond et sain ;
de plus il est sensible aux grands froids, aussi est-il peu employé
dans le nord de la France. On s'en sert dans le centre de la
France.

Le pêcher franc donne des sujets très vigoureux qui tardent
à se mettre à fruit. Il est surtout employé dans le midi de la
France.

Les pruniers Saint-Julien et *Damas noir* de semis sont généralement employés dans la région du nord de la France où l'on
trouve des terrains plutôt humides que secs.

Les sujets sur *prunier myrobolan* obtenu de bouture se
mettent vite à fruit mais s'épuisent facilement par le drageon-
nage.

Le prunellier des haies (*épine noire*) donne des pêchers d'un
faible développement et d'une mise à fruit rapide ; il convient
pour la culture du pêcher en pot.

Les pêchers sont écussonnés à œil dormant, en août sur les
divers sujets et en juillet sur prunellier. On emploie des
yeux doubles ou triples pris sur les rameaux de moyenne
grosseur.

Variétés à cultiver en espalier. — On les divise en pêches à peau duveteuse et en pêches à peau lisse ou brugnons.

Pêches à peau duveteuse.

Parmi les *variétés hâtives*, dites Anglaises, qui mûrissent fin juillet et dont le noyau est adhérent à la chair, nous citerons :

Amsden,	qui est très fertile.
Précoce Alexander,	une des meilleures pêches hâtives.

Parmi les *pêches de moyenne* saison nous citerons :

Précoce de Hale,	commencement d'août. Arbre très fertile donnant des fruits de moyenne grosseur. Le noyau ne se détache pas de la chair.
Grosse mignonne hâtive,	mi-août (fig. 193).

Fig. 193.

Grosse mignonne hâtive.

Pourprée hâtive,	fin août.
Grosse mignonne,	—
Galande,	commencement de septembre.
Chevreuse hâtive,	—
Madeleine rouge de Courson,	commencement de septembre.
Grosse violette,	—

Et parmi les *pêches tardives* :

Belle de Vitry,   mi-septembre.

Chancelière,

Belle-Beausse,

Belle impériale,   fin septembre. Variété vigoureuse
                                   et très fertile.

Baron Dufour,   fin septembre.

Vilmorin,

Pêches à peau lisse

Elles ont moins d'aspect que les pêches à peau duveteuse et sont par conséquent moins marchandes, mais elles voyagent facilement et se conservent mieux que ces dernières.

Elles se divisent en *nectarines* dont le noyau se détache de la chair :

Lord Napier,   août (fig. 194.)

Fig. 194
Brugnon Lord Napier.

Précoce de Fellignies,   fin août.

Galopin,   septembre.

Et en *brugnon* proprement dit dont le noyau ne se détache pas de la chair.

Brugnon violet   septembre.

Plantation. — La meilleure époque pour la plantation du pêcher comprend les mois de novembre et de décembre. Si quelques racines ont été mutilées, on les coupe à la serpette horizontalement, de manière à ce que la section s'appuie sur la terre lorsque l'arbre est planté. Si la racine du pêcher présentait un pivot on aurait soin de le supprimer.

Un trou étant creusé au pied de la muraille, on y place les racines du pêcher de manière à ce que la greffe ne soit pas enterrée et que le pied se trouve à environ 0 m. 15 du mur et incliné de façon à en éloigner les racines et à en rapprocher la tige ; enfin, on fera en sorte que cette tige présente, à 0 m.30 du sol, soit un œil double situé en avant, soit deux yeux de côté à peu près à la même hauteur. Pour prendre cette dimension de 0 m. 30, on tiendra compte du tassement que le sol doit subir après la plantation ; on placera donc le collet de l'arbre à 6 ou 7 centimètres au-dessus du niveau du sol non remué et les deux yeux combinés seront ainsi à 0 m. 36 de hauteur, mais nous savons qu'ils descendront de 6 ou 7 centimètres.

On jette alors de la terre bien pulvérisée dans le trou, de manière à le combler sans déranger les racines de leur position naturelle.

On ne tasse pas la terre avec le pied ; on laisse ce soin aux pluies, et il sera prudent de recouvrir le sol, dans un rayon de 0 m. 60 autour de l'arbre, d'une couche de fumier bien décomposé qui empêchera la gelée de pénétrer dans cette terre nouvellement remuée et qui lui cédera ses éléments pendant l'hiver.

La plantation du pêcher peut encore se faire fin février, commencement de mars, mais il faut alors arroser copieusement après la plantation pour tasser le sol sur les racines.

Formes à donner aux pêchers. — Pour donner régulièrement des produits dans la région du nord le pêcher doit être cultivé en espalier ; quoi qu'il en soit, les *pêchers à haute tige* et surtout *en buisson* peuvent aussi donner d'excellentes récoltes dans les années favorables, si l'on a soin de les planter à quelque distance d'un bâtiment ou d'une muraille qui les préserve des vents du nord au moment de la floraison.

On soumet à la forme en buisson les variétés hâtives : Amsden, pêche Legrux, précoce de Hale, etc., et la pêche d'Oignies qui se reproduit naturellement de semis. Les seuls soins d'entretien consistent à enlever le bois mort et à raccourcir les branches qui s'emportent si on ne veut pas que le buisson prenne trop de développement. Un buisson peut donner, dans les années favorables, des centaines de pêches délicieuses, plus savoureuses même que les pêches cultivées en espalier.

Les meilleures formes à donner aux pêchers cultivés en espalier sont l'U simple (fig. 195), l'U double (fig. 196), le candélabre à quatre branches (fig. 197), le candélabre à branches convergentes (fig. 198).

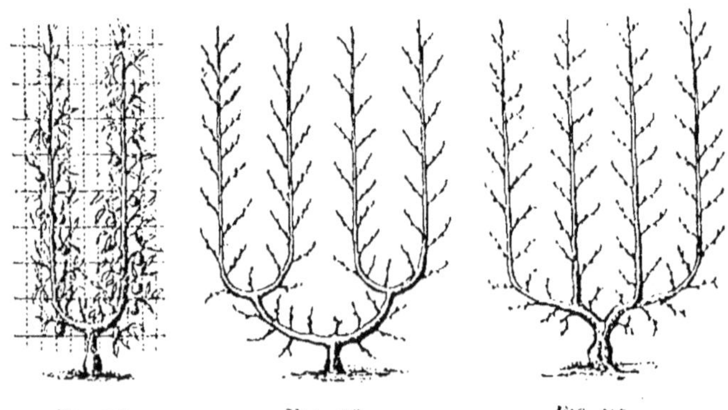

Fig. 195   Fig. 196   Fig. 197
Pêcher en U simple.   Pêcher en U double.   Candélabre à quatre branches.

Dans toutes ces formes la distance entre les branches de charpente sera au moins de 0 m. 70.

Les formes aux dimensions restreintes, comme l'U simple, ont l'avantage de couvrir rapidement les murailles, mais les pêchers soumis à ces formes ont moins de durée que les pêchers d'une plus grande étendue. Nous préférons donc les dernières formes énumérées et nous nous sommes surtout bien trouvés

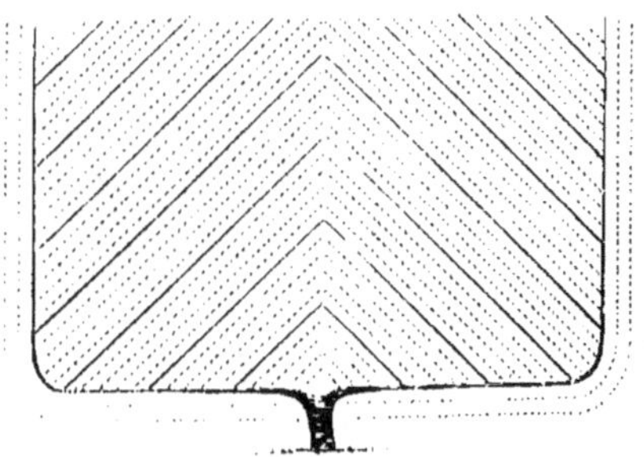

Candélabre à branches convergentes.

du candélabre à branches convergentes couvrant une portion de muraille de 4 mètres de largeur sur 3 mètres de hauteur.

Installation destinée à recevoir le pêcher palissé

Il faut éviter de palisser le pêcher contre des clous ou des fils de fer, ce qui pourrait lui donner la gomme ; aussi faudra-t-il disposer contre le mur un lattis en bois.

Pour cela nous tendons horizontalement, contre la muraille, des fils de fer galvanisé n° 14 ou 15, à 0 m. 60 de distance environ et, sur ces fils, nous attachons des règles en sapin sans nœud ou préférablement en pitchpin de 12 millimètres de côté, disposées à 0 m. 70 de distance. Ces baguettes sont destinées à recevoir les branches de charpente ; elles sont représentées par des traits pleins sur les figures 195 et 198. Entre deux baguettes destinées à recevoir des branches de charpente, on dispose quatre baguettes semblables destinées au palissage des branches fruitières ; elles sont figurées par des traits pointillés sur les figure 195 et 198.

Toutes ces baguettes sont reliées aux fils de fer tendus horizontalement au moyen d'un autre fil de fer galvanisé très mince ; on a soin de placer les nœuds des fils sur les côtés des baguettes afin qu'ils ne blessent pas les branches de pêcher.

Si l'on veut donner une ou deux couches de peinture rouge sur les baguettes destinées à recevoir les branches de charpente, et de peinture verte sur les baguettes destinées au palissage des branches fruitières, on prolonge la durée du lattis et la forme du pêcher est par cela même dessinée sur la muraille.

Obtention de la charpente des différentes formes à donner au pêcher.

U simple. — Cette forme convient aux murailles qui ont au moins 3 mètres de hauteur.

Avant l'hiver, nous avons planté en A un pêcher d'un an de greffe (fig. 199). En mars, nous le taillons en B à 0 m. 30 du sol, sur un œil double situé en avant, ou sur deux yeux de côté se trouvant à peu près à la même hauteur.

Fig. 199
U simple,
Printemps
1re année.

Nota. — Pour être bien sûr de trouver à cette place des yeux à bois et non des bourgeons anticipés, il est prudent de couper à moitié les feuilles qui se développent sur le scion, depuis sa base jusqu'à 35 centimètres de hauteur, opération qui a pour but d'empêcher le développement des bourgeons anticipés sur cette partie et que l'on pratique lorsque le scion a atteint 50 à 60 centimètres de hauteur.

Lorsqu'à 0 m. 30 du sol on ne trouve sur le pêcher que des yeux simples, on peut encore obtenir les deux branches C et D (fig. 200) exactement à la même hauteur par le procédé suivant. On taille sur un œil à 0 m. 30 de hauteur et on obtient un seul bourgeon que l'on coupe à un centimètre de sa base lorsqu'il a atteint environ 0 m. 30 de longueur ; les sous-yeux se développent alors à la base du bourgeon retranché et donnent les deux branches désirées.

Quel que soit le procédé employé, nous obtiendrons deux branches C et D (fig. 200) auxquelles nous laisserons prendre la position presque verticale afin de ne pas entraver leur développement ; nous nous contenterons d'incliner légèrement leur base en les palissant sur une baguette ayant la forme de demi-cercle (fig. 200). Toutes les autres branches, comme la branche E (fig. 200), qui naîtraient plus bas seraient supprimées.

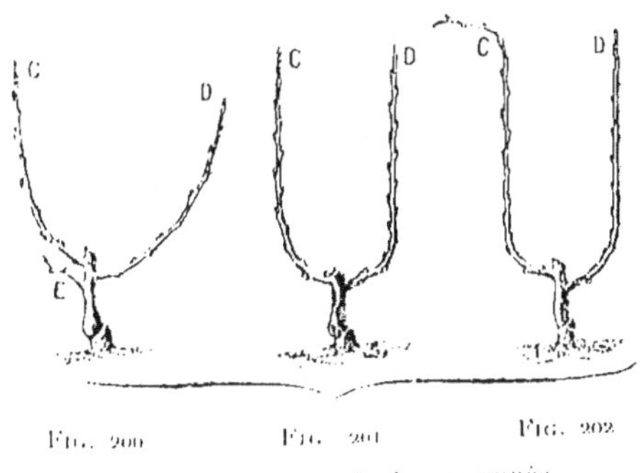

Fig. 200   Fig. 201   Fig. 202

U simple. Courant de la 1re année.

Dans le courant du mois de juin, nous palissons les deux branches C et D sur une baguette d'osier qui dessine la base de l'U (fig. 201) et les deux extrémités de ces branches occupent leur position définitive ; elles sont verticales et peuvent donc pousser vigoureusement. Il nous suffit, jusqu'à la fin de l'année, de les équilibrer en palissant sévèrement et même en inclinant la branche qui voudrait s'emporter, soit C (fig. 202), en déliant et même en écartant de la muraille la branche trop faible.

Cet arbre sera taillé l'année suivante, fin février, commencement de mars ; il présente l'aspect de la figure 203, chacune des branches C et D a atteint un développement de 1 mètre à 1 m. 50 et quelquefois davantage. On retranche un tiers de ces branches, c'est-à-dire tout le bois qui n'est pas parfaitement aoûté, en taillant en C et D sur un œil à bois situé en avant de la branche de charpente (fig. 203).

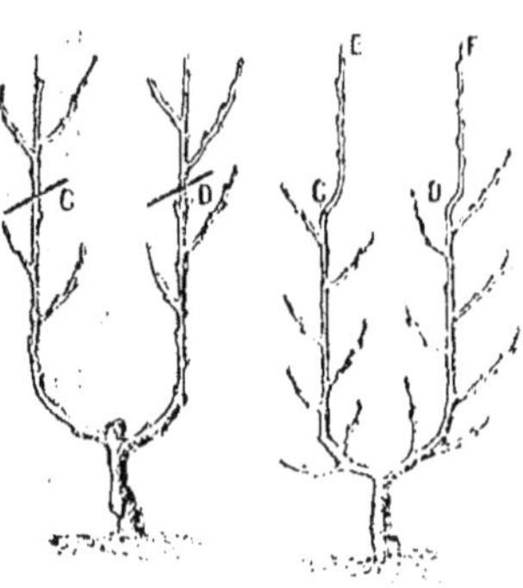

Fig. 203   Fig. 204

U simple.

Printemps   Courant
de la 2ᵉ année.   de la 2ᵉ année.

La figure 204 nous montre le résultat de cette taille : deux bourgeons de prolongement E et F se développent à l'extrémité des branches de charpente C et D et les branches fruitières se développent jusqu'à leur base. Il reste, pendant le courant de l'année, à surveiller le développement des deux nouveaux bourgeons de prolongement E et F afin de les équilibrer à l'aide des procédés déjà indiqués et ainsi de suite. Nous nous occuperons plus tard des branches fruitières.

U double. — La forme de l'U double est dessinée sur la muraille à l'aide de baguettes en sapin pour les parties verticales et d'osiers décortiqués pour les parties courbes et horizontales (fig. 205).

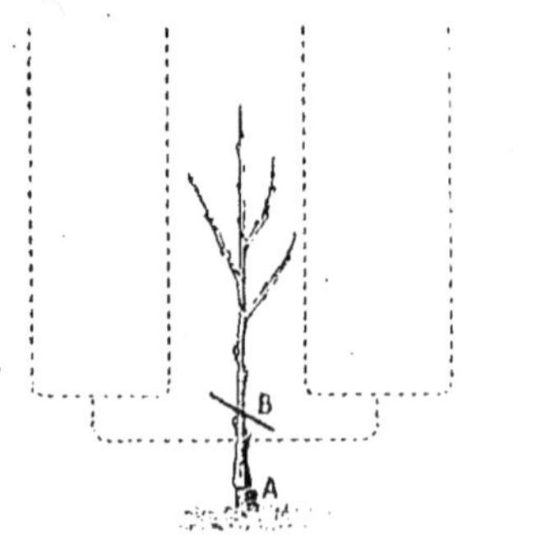

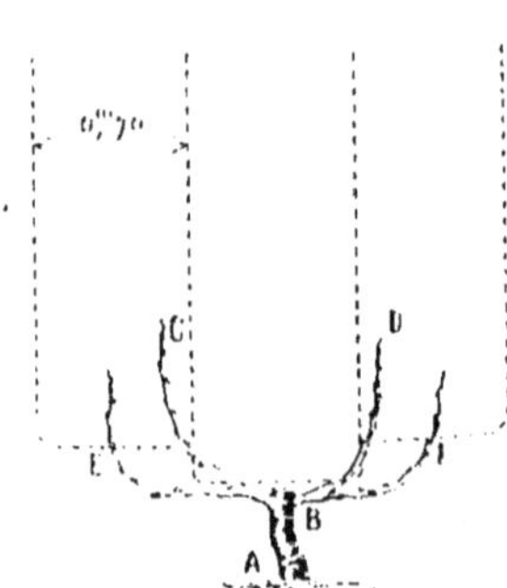

Fig. 205   Fig. 206

U double.

Printemps, 1ʳᵉ année.   Courant, 1ʳᵉ année.

Un scion d'un an étant planté au point A (fig. 205) nous le

taillons en B, à 0 m. 20 de hauteur, sur un œil double situé en avant, ou sur deux yeux de côté se trouvant à peu près à la même hauteur, et nous obtenons deux branches C et D (fig. 206) que nous laissons se développer à volonté, c'est-à-dire presque verticalement, en ayant soin cependant d'incliner leur base. On obtient fort bien ce résultat en palissant les deux branches sur une baguette d'osier contournée en demi-cercle C, B, D (fig. 206).

Au commencement de juillet, lorsque ces branches sont suffisamment longues et encore assez flexibles, on leur donne les positions BE et BF (fig. 206). Il ne reste plus, pendant le courant de cette année, qu'à équilibrer ces deux branches à l'aide des procédés que nous connaissons.

L'année suivante, au printemps, on taille les deux branches obtenues aux points E et F (fig. 206), quelques centimètres au-dessous des baguettes d'osier, pour obtenir deux U. Voir ce travail à la formation de l'U simple.

Candélabre à quatre branches. — Pour faciliter ce travail, dessinons encore à l'avance la forme de l'arbre sur la muraille (fig. 207).

Il faut d'abord obtenir les deux branches extrêmes A et B ; il s'agit donc en somme de former d'abord un U de 2 m. 10 de largeur.

Le pêcher, scion d'un an, planté en C est donc taillé au printemps en D à 0 m. 30 de hauteur sur un œil double situé en avant, ou sur deux yeux de côté pour obtenir deux branches que l'on palisse sur une baguette d'osier courbée en demi-cercle, DE et DF. Au commencement de juillet, la base de ces branches est mise en place horizontalement, et les extrémités sont relevées verticalement afin de ne pas entraver leur développement ; on leur donne ainsi les positions DG et DH (fig. 207).

On n'oubliera pas de maintenir l'équilibre entre ces deux branches à l'aide des procédés que nous avons indiqués.

L'année suivante, au printemps, on taille ces branches sur un œil situé en avant, en en retranchant un tiers. Si après la

taille elles sont encore assez longues, on leur donne leur position définitive en les palissant sur les lattes A et B ; dans le

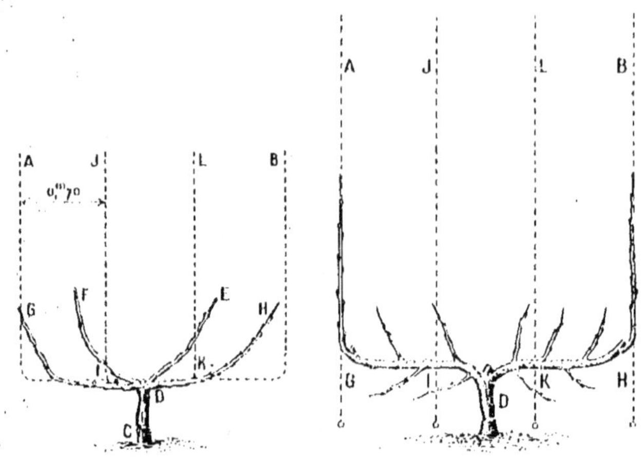

Fig. 207   Fig. 208
Candélabre à quatre branches.
Courant de la 1re année.   Courant de la 2e année.

cas contraire on aurait soin de relever leurs extrémités pour
faciliter le développement du bourgeon terminal.

Sous l'influence de cette taille, les deux branches DG et DH
se garnissent de branches fruitières et donnent naissance chacune à un bourgeon de prolongement qu'on palisse verticalement et ainsi de suite (fig. 208).

C'est seulement lorsque les deux branches extrêmes A et B
ont atteint les deux tiers de la hauteur de la muraille que l'on
pense à faire développer les deux branches IJ et KL. Pour
cela, on taille, au printemps, la branche fruitière la plus rapprochée du point I sur deux yeux à bois ; on obtient deux branches ; on choisit la plus belle pour la palisser sur la latte IJ.
On procède de même au point K pour obtenir une branche
qu'on palisse sur la latte KL.

Pendant le courant de l'année, on veillera à maintenir l'équilibre entre ces deux branches IJ et KL et, l'année suivante, au

printemps, on en retranchera un tiers en taillant sur un œil à bois situé en avant, et ainsi de suite jusqu'à ce qu'elles aient atteint le sommet de la muraille.

Candélabre à branches convergentes. — C'est une des formes les plus faciles à bien conduire parce que la sève se répartit très régulièrement entre toutes les branches qui sont obliques, faisant avec l'horizon un angle de 45°, et que les branches supérieures, dans lesquelles la sève aurait tendance à se porter, ne sont que des dépendances des branches inférieures. Les branches de charpente sont toujours placées à 0 m. 70 de distance.

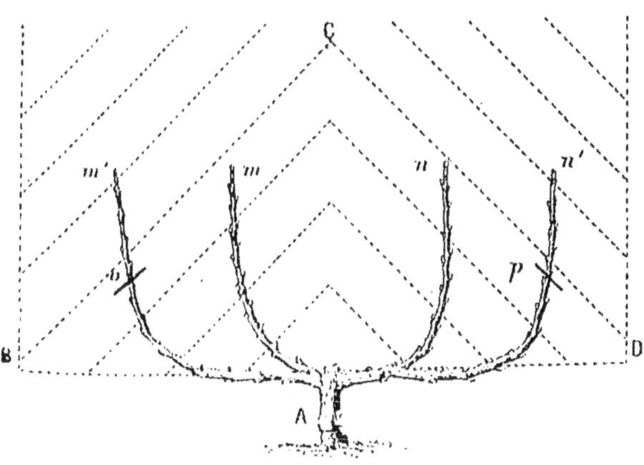

Fig. 209.

Candélabre à branches convergentes. — Courant de la première année.

Printemps de la première année. — Il faut tout d'abord obtenir les deux branches principales A, B, C et A, D, G, (fig. 209) qui se rejoignent en C au sommet de la muraille.

Pour cela on taille le pêcher planté au milieu de la forme en A, à 0 m. 35 du sol, sur un œil double situé en avant ou sur deux yeux de côté, pour obtenir deux branches que l'on traite comme les deux branches extrêmes A et B du candélabre à quatre branches (fig. 207).

Courant de la première année. — Les deux branches obtenues m et n (fig. 209) sont d'abord palissées sur un osier disposé en demi-cercle, puis on les abaisse davantage en *m'* et *n'* au mois de juillet. On veille, pendant le courant de cette première année, à équilibrer ces deux branches, c'est-à-dire qu'on abaisse davantage celle qui paraît s'emporter.

Printemps de la deuxième année. -- Au printemps de la deuxième année, on retranche un tiers de ces branches en taillant sur un œil situé en avant, en O et en *p* (fig. 209).

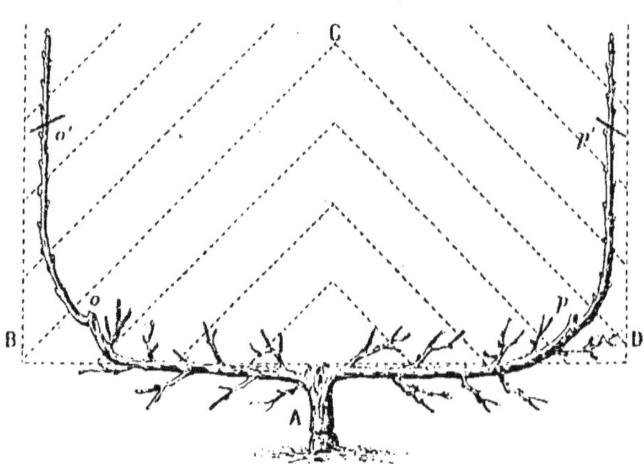

Fig. 210

Courant de la seconde année.

Courant de la deuxième année. -- Sous l'influence de cette taille, il se développe sur chacune des deux branches A*o* et A*p* : 1° des branches fruitières qui seront palissées et pincées comme il sera dit plus loin ; 2° un bourgeon de prolongement dont on favorisera le développement en lui donnant la position verticale *oo'* et *pp'* (fig. 210). On veillera toujours à maintenir l'équilibre entre ces deux bourgeons de prolongement.

Printemps de la troisième année. -- Au printemps de la troisième année, on retranche un tiers de ces bourgeons de prolongement en les taillant en *o'* et en *p'* (fig. 210), sur un œil

situé en avant, et on incline ces bourgeons sur les lattes BC
et DC (fig. 211).

Les branches fruitières les plus rapprochées des points *d*
et *j* (fig. 211) sont taillées sur deux yeux à bois pour obtenir
deux branches de charpente qui seront dirigées sur les baguettes *j'* et *d'*.

Courant de la troisième année. — Pendant le courant de la

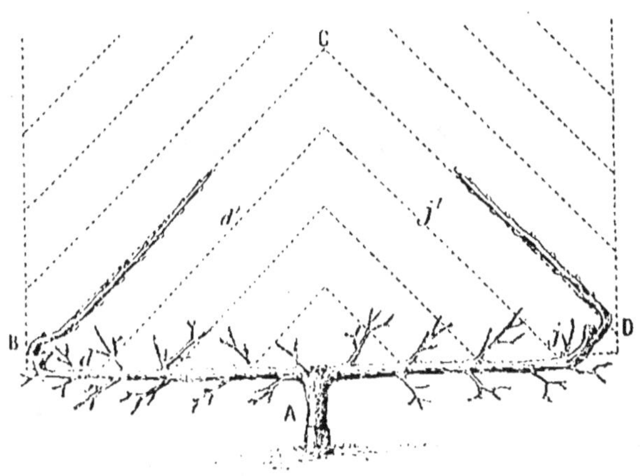

Fig. 211

Printemps de la 3ᵉ année.

troisième année, les deux bourgeons de prolongement B' et
D' se garnissent de branches fruitières (fig. 212) et donnent
naissance à deux nouveaux bourgeons de prolongement B''
et D''.

Les deux branches qui se développent sur les coudes B et D
ne sont pas pincées ; elles formeront deux bourgeons
de prolongement Be et DK qui seront palissés verticalement.

Le bourgeon le plus vigoureux qui se développe au point *d*

est conservé intact pour le palisser sur la latte *d'* ; on opère de même au point *j* pour obtenir la branche *j'*.

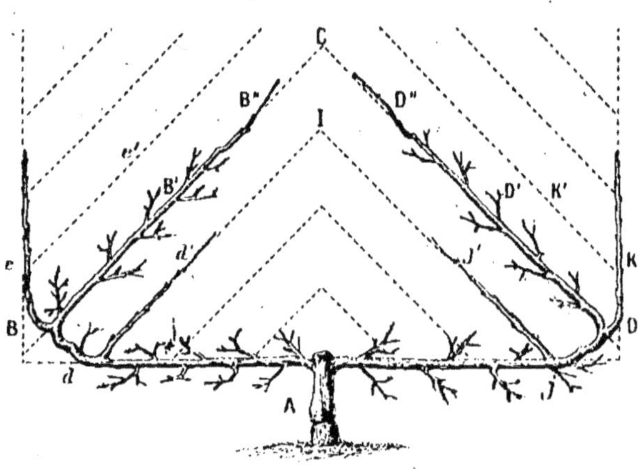

Fig. 212

Courant de la 3ᵉ année.

Printemps de la quatrième année. — Au printemps de la quatrième année on retranche un tiers des bourgeons de prolongement (fig. 212) à savoir, du côté gauche, *d'* B'', *e* et du côté droit *j'* D'' K en les taillant sur un œil situé en avant ou en dessous de la branche, et les branches de charpente *e* et K sont inclinées sur les lattes *e'* et K' (fig. 213). Puis on taille sur deux yeux les deux branches fruitières les plus rapprochées des points *c* et *i*. Cette taille est exécutée sur la figure 213.

Courant de la quatrième année. — Pendant le courant de la quatrième année, les six bourgeons de prolongement (fig. 213) à savoir du côté gauche, *d'* B'' *e'* et du côté droit *j'* D'' K' donnent naissance à des branches fruitières (fig. 214) mêmes lettres, et à de nouveaux bourgeons de prolongement. Les branches *f* et *l* qui se développent sur les coudes *e* et K (fig. 214) ne sont pas pincées et sont palissées verti-

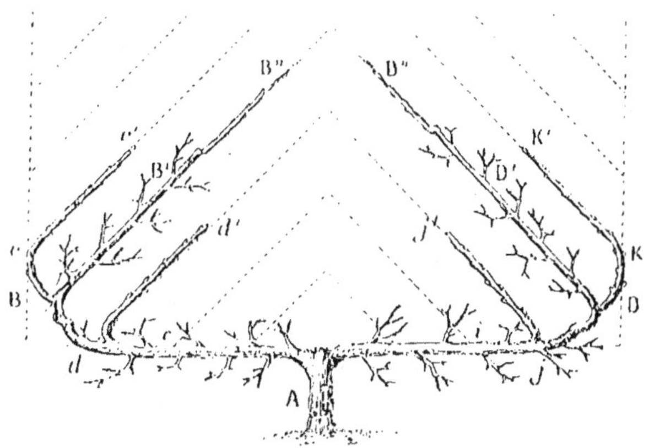

Fig. 213

Printemps de la 4e année.

calement; on palisse aussi un beau bourgeon sur les lattes
c' et i' (fig. 214).

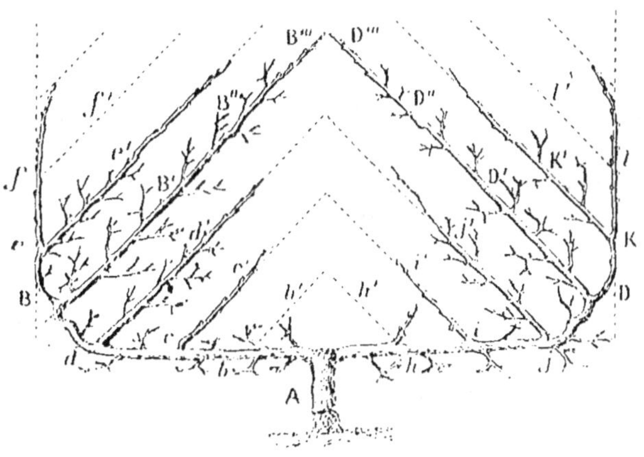

Fig. 214

Courant de la 4e année.

Printemps de la cinquième année. — Au printemps de la cinquième année on retranche un tiers de la longueur des bourgeons

de prolongement situés à l'extrémité des branches de charpente qui n'ont pas encore atteint leur complet développement ; les branches comme B''' et D''' (fig. 214) qui ont atteint l'extrémité des lattes ne doivent plus produire de bourgeons de prolongement, mais de simples branches fruitières ; les deux branches *f* et *l* sont inclinées sur les lattes *f'* et *l'*.

On taille les deux branches fruitières les plus rapprochées des points *b* et *h* sur deux yeux pour obtenir les deux dernières branches de charpente qui seront palissées en *b'* et *h'*. En résumé, lorsque les branches A B' du côté gauche du candélabre et AD' du côté droit sont en place, on forme chaque année deux nouvelles branches de charpente de chaque côté du candélabre à savoir : du côté gauche, une branche au-dessus et une branche au-dessous de B' et, du côté droit, une branche au-dessus et une branche au-dessous de D'.

Nota. — Les branches de charpente seront coupées préférablement à la serpette bien tranchante et les plaies un peu fortes seront recouvertes de mastic afin d'éviter la gomme.

Traitement de la branche fruitière. — Voyons d'abord comment fructifient les arbres à fruits à noyau en général et le pêcher en particulier.

Si une branche de pêcher, se développant au printemps, pousse modérément et atteint, à l'automne, la grosseur d'un tuyau de pipe de Hollande, par exemple, elle porte, à la fin de l'année, des boutons à fruit et des yeux à bois : de là le nom de *rameau mixte* qu'on lui a donné. Les boutons à fruits ne se distinguent très bien qu'au printemps de l'année suivante, quelque temps avant leur éclosion (fig. 215).

Les arbres à fruits à noyau portent non seulement des yeux simples comme ceux du poirier, exemple *a* (fig. 215), mais encore des yeux doubles, exemple *b*, et même des yeux triples, exemple *d*. Tantôt ces yeux doubles et ces yeux triples sont à bois, exemple *f*, mais le plus souvent on trouve un œil à bois pointu à côté d'un bouton à fruit globuleux, exemple *b*, ou deux boutons à fruit entre lesquels on voit un œil à bois, exemple *d* ; un bouton à fruit peut aussi se trouver isolé, exemple C.

Pendant le courant de la seconde année, les boutons à fruit portés par cette branche (fig. 215) vont fleurir et produire des pêches (fig. 216) et, en même temps, cette branche donnera naissance à quelques bourgeons qui se développeront plutôt vers le sommet que vers la base, la sève ayant toujours une tendance à s'élever et à se porter aux extrémités des rameaux ; soient les bourgeons *b, c, d, e* (fig. 216). Or, la branche A, (fig. 216), qui porte du fruit cette année ne peut plus en porter à l'avenir, et ce sont les branches *b, c, d, e* qui pourront en donner à leur tour l'année suivante. De là la nécessité de pourvoir au remplacement d'une branche fruitière qu'on exploite. Mais ce ne sont pas les branches *b, c, d, e* qui peuvent remplacer convenablement la branche A dans un espalier ; elles sont trop éloignées de la branche de charpente E (fig. 216). Nous allons voir que, par la taille et les pincements, on arrive à faire développer l'œil R, le plus rapproché de la base, qui

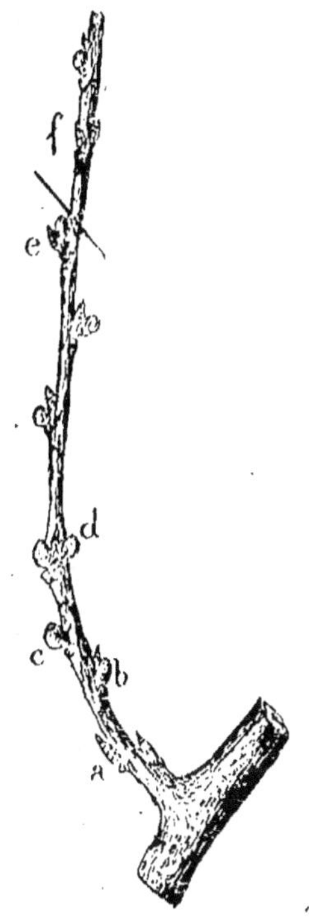

Fig. 215

Rameau mixte.

produit alors la branche de remplacement R (fig. 217). Pour le cas qui nous occupe (fig. 217), nous supprimons les bourgeons *c d, g h* qui n'ont pas de pêche à la base, et nous pinçons sur 4 feuilles les bourgeons *b e* qui accompagnent des pêches.

Ces suppressions de bourgeons et ces pincements refoulent

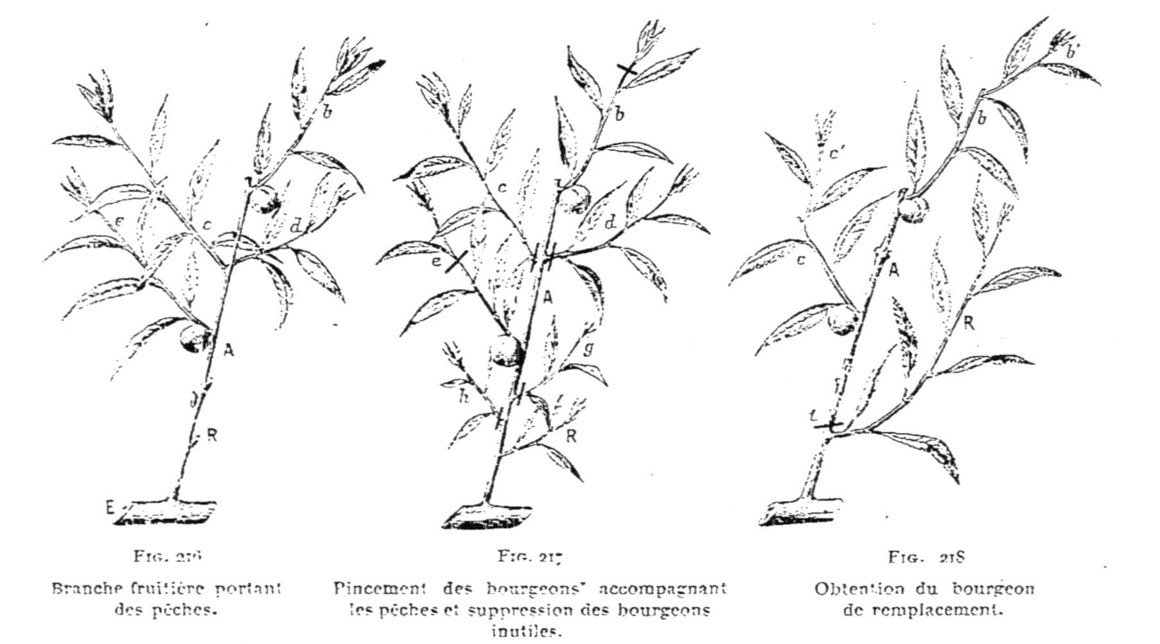

Fig. 216

Branche fruitière portant
des pêches.

Fig. 217

Pincement des bourgeons accompagnant
les pêches et suppression des bourgeons
inutiles.

Fig. 218

Obtention du bourgeon
de remplacement.

la sève sur l'œil R qui se développe et donne le bourgeon de remplacement R (fig. 217 et 218).

La condition d'une végétation modérée chez le rameau qui doit porter du fruit est indispensable.

1° Si un rameau qui naît au printemps ne reçoit pas assez de sève, il reste chétif et ne porte que des boutons à fruit sans yeux à bois : c'est le *rameau chiffon* encore appelé *chiffonne* (fig. 219). La chiffonne peut donner du fruit, mais elle n'a pas la vigueur nécessaire pour produire en même temps un bourgeon de remplacement ; elle porte cependant quelquefois un ou deux yeux à bois à sa base o (fig. 219), on peut alors choisir entre le fruit et le bourgeon de remplacement que l'on obtient en taillant sur l'œil à bois, mais on peut dire que, d'une manière générale, la chiffonne présente l'inconvénient d'amener après elle un vide sur la branche de charpente.

2° Si, au contraire, un rameau prend un trop grand développement, s'il acquiert à peu près la grosseur du petit doigt, il devient un *gourmand* (fig. 220). Le gourmand ne produit pas de boutons à fruit, et si, par exception, il en porte quelques-uns vers son extrémité, les fruits ne nouent pas.

Le traitement à faire subir à la branche fruitière du pêcher, pendant le courant de la première année, a donc pour objet de l'entretenir dans un état de végétation modérée qui donne des rameaux mixtes, il faut éviter les rameaux trop vigoureux qui sont des gourmands et aussi les rameaux trop faibles qui sont des chiffonnes. Nous allons voir quels sont les procédés employés pour arriver à ce résultat.

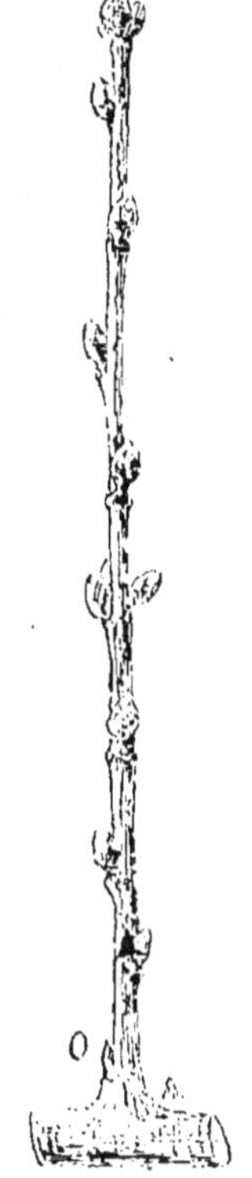

Fig. 219
Rameau chiffon.

Considérons un bourgeon de prolongement, c'est-à-dire la pousse d'une année produite par une branche de charpente, soit B'' (fig. 213). Nous avons vu, dans la formation de la charpente, qu'on a retranché un tiers de ce bourgeon par la taille en sec du printemps pour faire développer tous les yeux qu'il porte jusqu'à sa base ; nous représentons cette branche de charpente ayant subi la taille en sec du printemps par la figure 221 et nous allons suivre son développement pendant deux années consécutives.

Première année du traitement de la branche fruitière

Ebourgeonnement. — Dès le mois de mai, on doit supprimer, en les coupant à la base, tous les bourgeons qui se développent à la partie postérieure de la branche de charpente, c'est-à-dire du côté de la muraille. Quelques jours plus tard, on pince,

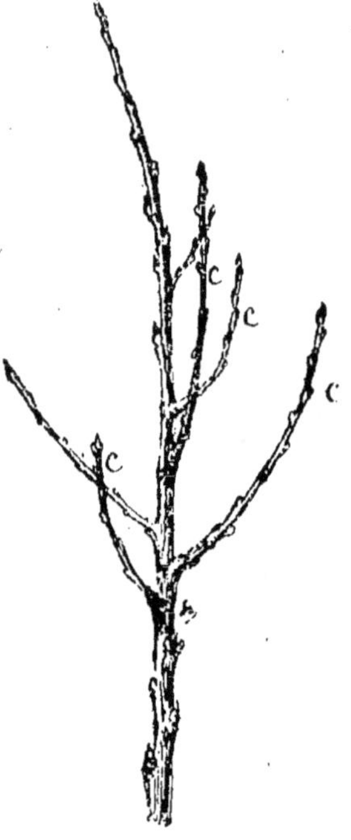

Fig. 220

Gourmand de pêche portant des rameaux anticipés c.

sur quatre feuilles, les bourgeons qui se développent en avant de la branche de charpente. Nous ne les représentons pas sur les figures afin de ne pas nuire à leur clarté. Cependant, dans les expositions très chaudes, il est prudent de conserver un de ces bourgeons tous les 30 ou 40 centimètres, afin de le palisser sur la branche de charpente, de manière à donner un peu d'ombre à cette dernière et à la préserver des coups de soleil. Ce bourgeon sera pincé à 30 ou 40 centimètres de longueur. On ne conserve donc que les branches fruitières latérales que l'on disposera plus tard en arêtes de poisson (fig. 224). On laisse entre deux branches fruitières successives et situées du même côté un espace de 10 à 15 centimètres.

Là où il se développe plusieurs bourgeons sur le même point, on n'en conserve qu'un seul, le plus faible à la partie supérieure du bourgeon de prolongement *a* (fig. 222), le plus fort à la partie inférieure *c*, et le bourgeon de vigueur moyenne dans la partie médiane *b* (fig. 222).

Il va sans dire qu'immédiatement après avoir taillé la branche de charpente on pourrait supprimer les yeux qui doivent donner naissance à des bourgeons inutiles. Cette opération qui s'appelle *éborgnage* ne peut que simplifier l'ébourgeonnement.

Palissage. — Les branches fruitières situées dans la partie supérieure ont une tendance à devenir trop fortes et à se développer au détriment des branches inférieures qui resteraient trop faibles si on ne les protégeait pas ; c'est en modérant la végétation des rameaux vigoureux que nous fortifierons les rameaux faibles.

On modère la végétation des branches fruitières situées à la partie supérieure du prolongement :

1° En les inclinant sur un angle de 30° avec l'horizon et en les palissant, c'est-à-dire en les liant plus ou moins fortement au lattis ;

2° En les pinçant, c'est-à-dire en coupant l'extrémité du bourgeon avec les ongles ;

3° En les épointant.

Ces opérations auront précisément l'avantage de refouler la sève sur les branches fruitières inférieures qui se fortifient, surtout si l'on a soin de ne pas les palisser trop tôt.

Le bourgeon de prolongement *a* (fig. 223) est palissé verticalement sans le serrer de manière à ne pas entraver son développement. Dès que les branches fruitières qui naissent vers la partie supérieure de la branche de charpente *b c d* (fig. 223) ont atteint une longueur de 20 à 25 centimètres, on les palisse en les inclinant sur un angle de 30° avec l'horizon ; ces branches

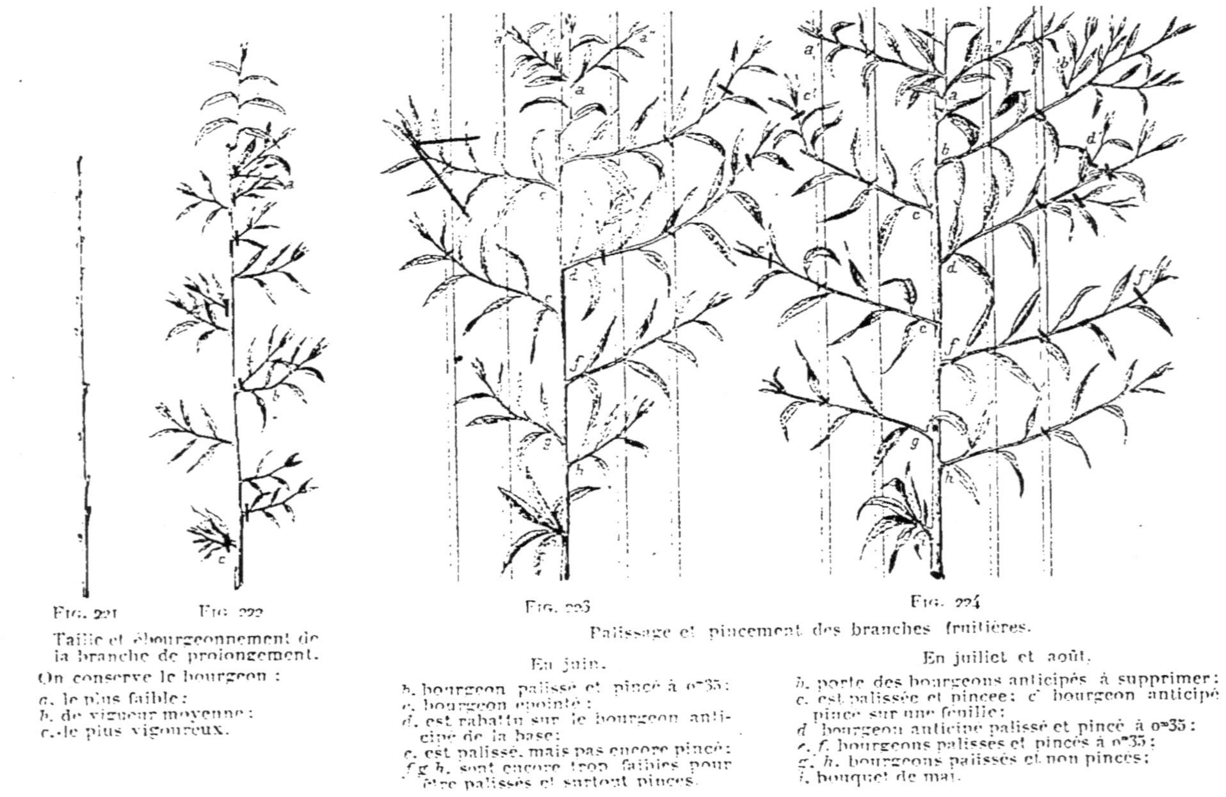

FIG. 221   FIG. 222

Taille et ébourgeonnement de
la branche de prolongement.

On conserve le bourgeon :

a. le plus faible ;
b. de vigueur moyenne ;
c. le plus vigoureux.

FIG. 223

En juin.

b. bourgeon palissé et pincé à 0ᵐ35 ;
c. bourgeon épointé ;
d. est rabattu sur le bourgeon anticipé de la base ;
e. est palissé, mais pas encore pincé ;
f g h. sont encore trop faibles pour
   être palissés et surtout pincés.

FIG. 224

Palissage et pincement des branches fruitières.

En juillet et août.

b. porte des bourgeons anticipés à supprimer ;
c. est palissée et pincée ; c' bourgeon anticipé
   pincé sur une feuille ;
d bourgeon anticipé palissé et pincé à 0ᵐ35 ;
e, f. bourgeons palissés et pincés à 0ᵐ35 ;
g, h. bourgeons palissés et non pincés ;
i. bouquet de mai.

sont bien situées pour recevoir beaucoup de sève ; le palissage a pour objet de les empêcher de s'emporter et de devenir des gourmands. Elles seront sévèrement palissées plus tard une seconde fois, sur une seconde latte, s'il est nécessaire. On se sert pour cette opération de raphia ou préférablement de joncs. Il faut éviter de prendre les feuilles dans les ligatures ou de les faire tomber et aussi de réunir deux bourgeons pour les palisser ensemble.

Mais, dira-t-on, si on palissait ces branches horizontalement, on serait plus certain d'entraver leur développement. Sans doute le mode de palissage aurait des effets un peu plus énergiques, mais il est à remarquer que la branche fruitière produit souvent quelques bourgeons anticipés. Si la branche est oblique, les anticipés ne se développent que vers son extrémité, qui doit être retranchée par la taille b' c' d' (fig. 224), l'inconvénient n'est pas grand ; mais si la branche était horizontale, les anticipés prendraient naissance vers sa base comme d' (fig. 223) et les yeux ainsi transformés en bourgeons anticipés seraient perdus tant pour la fructification que pour la production de la branche de remplacement.

Le palissage modérera la vigueur des branches b c d (fig. 223) et la sève se répartira sur les bourgeons inférieurs qui pourront ainsi acquérir un développement convenable. Ces bourgeons inférieurs e, f, et surtout g, h (fig. 223) ne sont pas palissés à ce moment, il faut les laisser libres afin de leur permettre de se fortifier ; si on les palissait trop tôt, on en ferait sûrement des chiffonnes. On les attachera lorsqu'elles auront atteint à peu près la grosseur du tuyau d'une pipe de Hollande et la longueur de 30 centimètres.

Pincement. — Lorsque les branches b c d (fig. 223) ont atteint une longueur de 0 m. 35, on les pince en enlevant avec les doigts l'extrémité du bourgeon. C'est le second procédé employé pour modérer leur vigueur. Ici encore le pincement ne porte que sur les branches qui ont atteint 35 centimètres de longueur ; les branches inférieures sont encore trop courtes pour subir cette opération ; quelques-unes même qui sont un peu faibles *g*, *h* (fig. 223) ne seront pas pincées. Le pincement, comme le palissage, doit jouer un double rôle : modérer le développement des branches trop vigoureuses et refouler la sève sur les branches trop faibles.

Ces pincements doivent être effectués au fur et à mesure des besoins et peu à la fois, autrement ils apporteraient un trouble dans la circulation de la sève et pourraient déterminer la gomme. En visitant les pêchers une fois la semaine, en juin et juillet, et en pratiquant le palissage et le pincement sur les seules branches qui le demandent, on est sûr de bien conduire les pêchers.

Pincement des bourgeons anticipés. — Après le premier pincement, il se développe souvent un ou plusieurs bourgeons anticipés, *c' d'* à l'extrémité des bourgeons pincés *c* et *d* (fig. 224). Ces bourgeons anticipés *c' d'* seront pincés sur quelques feuilles si les branches fruitières qui les portent doivent encore se fortifier, et ils seront supprimés sur une feuille si les branches fruitières sont assez robustes. Si, au contraire, les bourgeons anticipés naissaient vers la base de la branche fruitière, ce qui est plus rare, on rabattrait la branche sur le bourgeon anticipé inférieur qui deviendrait ainsi la branche fruitière *d'* (fig. 223). On aurait soin de supprimer les deux feuilles stipulaires qui se trouvent à la base du bourgeon anticipé et cela pour des raisons qui vont être exposées.

Quant aux bourgeons anticipés qui peuvent se développer sur le bourgeon de prolongement de l'année même *a' a''* (fig. 223), ils sont palissés et pincés comme toutes les autres branches fruitières.

Malheureusement, la base de ces bourgeons anticipés est souvent dénudée ; les yeux stipulaires sont entraînés à 4 ou 5 centimètres de la base du bourgeon, *a'* (fig. 224 et fig. 225) ; les bourgeons de remplacement qui succèdent aux bourgeons anticipés sont donc forcément éloignés de la branche de charpente dès le début même de l'exploitation du pêcher.

On peut remédier à cet inconvénient de la manière suivante. Aussitôt que, sur un bourgeon de prolongement vigoureux qui s'est développé au printemps de l'année même, on voit apparaître deux petites feuilles stipulaires à l'aisselle des feuilles ordinaires, on les enlève en les coupant avec les ongles à la partie supérieure du pétiole, avant même l'apparition du bourgeon anticipé.

Celui-ci peut encore se développer, mais les yeux stipulaires, dépourvus de feuilles, resteront à sa base, a" (fig. 224 et 225) et de ce fait, le rameau anticipé sera beaucoup mieux constitué.

Epointage. — Lorsqu'on a un peu de pratique, on distingue très facilement, dans les endroits où la sève abonde, les jeunes bourgeons qui ont une tendance à s'emporter et à devenir des gourmands, ils sont gros à la base et pourvus de feuilles nombreuses. Pour modérer le développement de ces bourgeons, le pincement ne suffit pas toujours ; il est excellent, lorsque ces bourgeons ont 5, 10 ou 15 centimètres de longueur, d'épointer les feuilles du bouquet terminal, c'est-à-dire de couper l'ensemble des feuilles en pointe selon les lignes tracées à l'extrémité de la branche C de la figure 223. Il est à remarquer que dans l'épointage l'œil terminal n'est pas supprimé.

L'épointage est une opération supplémentaire qui n'empêche pas de pincer plus tard le bourgeon et de supprimer les anticipés s'il y a lieu.

Seconde année du traitement de la branche fruitière. — Diverses productions du pêcher. — Leur taille.

Les branches de charpente du pêcher doivent être taillées avec une serpette bien tranchante, fin février, commencement de mars, et les branches fruitières seront taillées au sécateur un peu plus tard, fin mars, lorsque les boutons à fruit seront bien visibles ; il est bon cependant de faire remarquer qu'une taille trop tardive affaiblit le pêcher.

Si nous avons pratiqué le palissage et le pincement avec soin, nous trouverons, l'année suivante, au printemps, un grand nombre de rameaux mixtes, pas de gourmands et très peu de chiffonnes ; mais afin de faire une étude de toutes les productions du pêcher, nous supposerons cependant que le prolongement (fig. 225) les porte toutes.

Rameau mixte. — C'est une branche de la grosseur d'un tuyau de pipe de Hollande portant un mélange de boutons à fruit et d'yeux à bois (fig. 215, page 221). Les yeux à bois sont surtout nombreux vers la partie inférieure, ce qui est très favorable à l'émission du bourgeon de remplacement.

Le rameau mixte est taillé sur 6 à 8 boutons à fruit en *e* (fig. 215). Le dernier bouton à fruit doit être accompagné d'un œil à bois ; s'il n'en était pas ainsi, on taillerait sur l'œil à bois suivant, autrement dit la taille doit être faite sur un œil à bois. La branche ainsi taillée conserve une longueur de 10 à 20 centimètres, soit *d, e, f* (fig. 225, p. 232) des rameaux mixtes ainsi taillés.

Après avoir été taillée la branche fruitière est palissée à l'aide d'un osier faible, soit en lui conservant son inclinaison de 30° avec l'horizon, soit mieux en rapprochant son extrémité de la branche de charpente comme *d, e, f* (fig. 226). Dans cette seconde disposition la circulation de la sève est gênée par le coude formé à la base de la branche fruitière, la sève exerce une pression plus considérable sur les yeux de la base, de sorte que l'émission du bourgeon de remplacement est rendue plus certaine ; d'un autre côté, les bourgeons de remplacement que l'on n'obtient qu'à une certaine distance de la base de la branche fruitière paraissent ainsi moins éloignés de la branche de charpente. Ce mode de palissage n'est pas particulier au rameau mixte, il est applicable à toutes les branches fruitières du pêcher.

Pendant le courant de la seconde année, les boutons à fruit des branches mixtes *d, e, f* (fig. 225) donneront naissance à des fleurs et à des fruits. On conserve généralement un ou deux fruits sur chaque branche fruitière (fig. 216, p. 222), et pour refouler la sève sur l'œil R, le plus rapproché de la base et le forcer à donner naissance au bourgeon de remplacement, on supprime, en les coupant au pied, tous les bourgeons qui se développent sur la branche fruitière A, à l'exception des bourgeons qui accompagnent les pêches que l'on pince sur quatre feuilles. Si l'on supprimait ces derniers bourgeons les pêches pourraient tomber, et on conçoit du reste que sans feuilles elles ne pourraient guère se développer. Comme l'indique la figure 217, les branches *c*, *d*, *g*, *h*, sont donc supprimées et les branches *b*, *e*, sont pincées sur 4 feuilles. C'est ainsi que sont traitées les branches *d*, *e*, *f* (fig. 226).

Il peut arriver qu'en supprimant tous les bourgeons qui n'accompagnent pas de pêches, on dénude la branche fruitière sur une grande étendue ; ainsi dépouillée, elle pourrait souffrir des ardeurs du soleil, aussi il est prudent, dans ce cas, de couper sur une feuille les bourgeons inutiles *d' e'* (fig. 226).

Les bourgeons accompagnant les pêches et qui ont été pincés sur quatre feuilles ne tardent pas à donner naissance à des bourgeons anticipés *b' e'* (fig. 218, p. 222) ; on les supprime si le bourgeon de remplacement est faible, on les pince modérément ou on les laisse intacts si le bourgeon de remplacement est suffisamment développé.

On comprendra très facilement, qu'immédiatement après la taille du rameau mixte sur 6 ou 8 boutons à fruit, il soit utile de supprimer tous les yeux à bois qui n'accompagnent pas de boutons à fruit, à l'exception des deux yeux à bois les plus rapprochés de la base qui doivent servir au développement du bourgeon de remplacement. Cette opération porte le nom d'*éborgnage*. L'éborgnage économise la sève, mais c'est une opération minutieuse que l'on remplace souvent par l'ébourgeonnement.

L'année suivante, au printemps, le rameau mixte est taillé sur le bourgeon de remplacement en *f* (fig. 218 p. 222), et le bourgeon de remplacement est traité à son tour comme il vient d'être dit.

Sous l'influence de cette taille on s'éloigne lentement de la branche de charpente, mais on s'en éloigne cependant. Aussi, si un bourgeon vient à percer sur le vieux bois, à la base d'une ancienne branche fruitière, l'accepte-t-on immédiatement

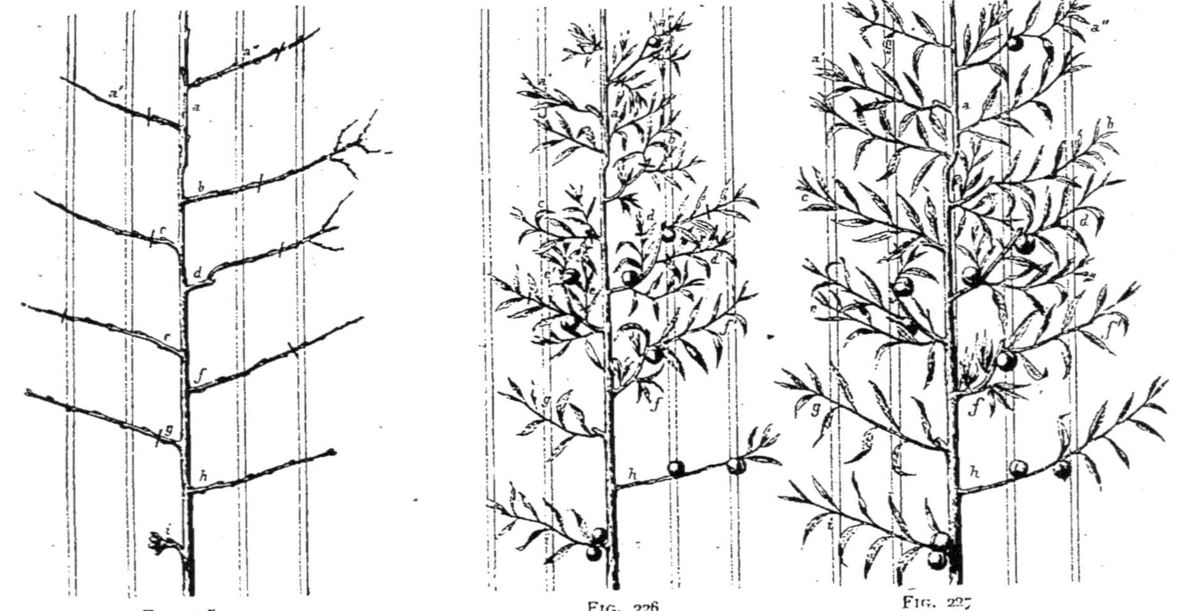

FIG. 225   FIG. 226   FIG. 227

Figure 225 a Bourgeon de prolongement. Il porte 2 bourgeons anticipés a'. a" et quelques yeux qui vont se développer. (Voir fig. 226 et 227).

a" Bourgeon anticipé fertile. Il donnera une pêche et un bourgeon de remplacement.
a' Bourgeon anticipé stérile. Il est taillé sur les 2 yeux de la base pour obtenir un nouveau bourgeon.
b Gourmand taillé sur 4 yeux. On supprimera successivement les 3 bourgeons les plus éloignés de la base.
c Rameau à bois taillé sur 2 yeux. On ne conserve que le bourgeon le mieux placé.
d e Rameaux mixtes. Ils donnent un ou deux fruits et un bourgeon de remplacement.
f Rameau mixte. Il portera des bouquets de mai, aussi le bourgeon f sera pincé long.
g Chiffonne portant un œil à bois. Elle est taillée sur l'œil à bois qui donne naissance à un bourgeon.
h Chiffonne dépourvue d'yeux à bois. Elle ne peut produire que des pêches.
i Bouquet de mai. L'œil à bois donnera naissance à une branche de remplacement.

comme branche de remplacement ; c'est-à-dire que ce bourgeon est palissé, puis pincé à 0 m. 35 de longueur et, l'année suivante au printemps, on supprime la vieille branche pour recommencer, sur la jeune, la série d'opérations. Le rajeunissement des branches fruitières se fait donc dans le pêcher comme dans la vigne.

Rameau chiffon. — C'est un rameau grêle tout couvert de boutons à fruit et dont l'extrémité est souvent terminée par un œil à bois (fig. 219 p. 223, et *g, h*, fig. 226, p. 232). Il porte quelquefois un œil à bois à la base *g* (fig. 225) et *o* (fig. 219). C'est le pendant, dans le pêcher, de la brindille du poirier. Les chiffonnes naissent sur les pêchers épuisés par de trop abondantes récoltes et, d'une manière générale, à la base des branches de prolongement.

Lorsque la chiffonne ne porte pas d'yeux à bois à la base, on ne la taille pas, et on récolte un ou deux fruits sans espoir de bourgeon de remplacement, *h*, (fig. 225, 226, 227). Alors la chiffonne est supprimée au printemps de l'année suivante et laisse un vide sur la branche de charpente.

Mais si le rameau chiffon porte un ou deux yeux à bois à la base, on taille sur ces yeux à bois afin d'obtenir un bourgeon mixte *g*, (fig. 225, 226 et 227) la chiffonne est considérée comme trop faible pour donner à la fois du fruit et un bourgeon de remplacement.

Voici un procédé qui a pour but de fortifier les chiffonnes et d'assurer à leur base la présence d'yeux à bois. Dans le courant du mois d'août on fait à la base et en dessous des branches fruitières qui présentent les caractères du rameau chiffon, à l'aide de la serpette ou du greffoir, une incision longitudinale de haut en bas, de un centimètre et demi de longueur, sur la branche de charpente. On produit ainsi un appel de sève bien connu qui ne peut que fortifier le rameau trop faible.

Bouquet de mai. — C'est une petite production longue de 2 à 5 centimètres qui porte à son extrémité 5 ou 6 boutons à fruit au milieu desquels se trouve un œil à bois *i* (fig. 225 et 228).

Le bouquet de mai est une excellente production qui donne toujours de beaux fruits ; on ne le trouve que sur le vieux bois. Le bouquet de mai ne se taille pas ; l'œil terminal produit un bon bourgeon de remplacement *i* (fig. 226 et 227). Quelquefois cependant il porte à sa base un ou deux yeux à bois D (fig. 228) ; pour en faciliter le développement on pourra faire à la base, en mai, une incision longitudinale, de haut en bas, occupant un centimètre de l'empattement du bouquet de mai, se prolongeant de un centimètre et demi sur la branche qui le porte et pénétrant jusque dans l'aubier.

Fig. 228

Bouquet de mai.

Lorsqu'une branche porte des bouquets de mai *f* (fig. 226) on prend des précautions, dès la première année, afin de ne pas les transformer en branches par des pincements trop courts ; le bourgeon *f'*, par exemple, n'est pas pincé sur 4 feuilles et, l'année suivante au printemps, on taille sur deux bouquets de mai. Le premier bouquet de mai donne le bourgeon de remplacement et le second un bourgeon qui est pincé sur 4 feuilles.

Rameau anticipé. — S'il porte des boutons à fruit, il est taillé et traité ultérieurement comme le rameau mixte, exemple *a''* (fig. 225). S'il ne porte pas de boutons à fruit, il subit le traitement du rameau à bois dont il va être question, c'est-à-dire qu'il est taillé sur les deux yeux à bois de la base *a'* (fig. 225). Telle est la taille des branches fertiles du pêcher ; nous allons maintenant étudier la taille des branches stériles.

Rameau à bois. — Il est de moyenne grosseur et ne porte que des yeux à bois ; on le trouve surtout sur les arbres vigoureux. On le taille sur les deux yeux les plus rapprochés de la base *c* (fig. 225) ; on obtient ainsi deux bourgeons ; lorsqu'ils ont 7 ou 8 centimètres de longueur, on conserve celui qui est le mieux placé, on supprime l'autre et l'on donne au bourgeon conservé tous les soins nécessaires pour en former un rameau mixte *c* (fig. 226 et 227).

Rameau gourmand. — Il est gros sur l'empattement, ne porte que des yeux à bois très espacés et présente souvent une teinte rougeâtre (fig. 220, p. 224).

Le gourmand est taillé sur les yeux stipulaires quand il en porte, il se développe alors une ou deux branches ; on conserve la plus faible que l'on traite comme dans le cas précédent ; s'il ne porte pas d'yeux stipulaires on le taille sur quatre ou cinq yeux ordinaires *b* (fig. 225), on l'incline sur la branche de charpente et on laisse tous les yeux se développer *b* (fig. 226 et 227). Puis les bourgeons auxquels le gourmand donne naissance sont successivement supprimés par des tailles en vert, de manière à n'en laisser, au commencement d'août, qu'un seul, le plus rapproché de la base qui sera sévèrement palissé et pincé pour le transformer en rameau mixte. Ces précautions sont nécessitées par la grande quantité de sève que reçoit le gourmand.

Quelques jours après la floraison, lorsque les fruits sont noués, on complète la taille en sec du printemps en rabattant sur 2 ou 3 yeux les branches fruitières qui portaient des boutons à fruit dont les fleurs ont avorté.

Culture simplifiée du pêcher en espalier

Contre une muraille exposée au sud ou au sud-est donner au pêcher à peu près une des formes que nous avons indiquées, particulièrement, le candélabre à quatre branches ou la forme en éventail ; palisser les branches de charpente ; supprimer toutes les branches fruitières qui se dirigeraient du côté de la muraille et qui prendraient immédiatement le puceron ; ne point palisser les branches fruitières, se contenter de pincer celles qui pousseraient trop vigoureusement et s'éloigneraient par trop de la muraille.

Au printemps, retrancher l'excès de bois ainsi que l'extrémité des branches qui se trouveraient à plus de 0 m. 50 de la muraille, telle est la culture simplifiée du pêcher en espalier.

Un pêcher soumis à cette culture demande très peu de soins d'entretien ; il n'est guère attaqué par le puceron parce que les branches sont moins abritées que dans le pêcher complètement palissé ; il est peu sujet à la gomme parce qu'il pousse plus librement et il peut cependant donner beaucoup de fruits si les fleurs échappent aux gelées tardives, si on le protège par exemple à l'aide d'abris pendant la floraison.

Suppression des fruits trop nombreux. — Si les fruits sont très nombreux on les éclaircit une première fois lorsqu'ils sont tout petits et une seconde fois lorsque le noyau est formé. Il est bon d'attendre cette époque pour terminer ce travail, car il tombe beaucoup de pêches au moment où le noyau se forme. On laisse une ou deux pêches par branche fruitière, soit dix à 12 par mètre courant de charpente. On en laisse davantage au sommet des branches de charpente qu'à leur base et, d'une manière générale, on en récolte davantage sur les parties vigoureuses de l'arbre que sur les parties faibles : c'est un moyen de rétablir l'équilibre dans la charpente.

Soins à donner aux pêchers qui portent du fruit. — Pendant les fortes chaleurs de juillet et d'août, et par les temps secs, il est bon de bassiner les pêchers tous les soirs avec de l'eau qui a été exposée au soleil pendant la journée ; c'est un excellent moyen de faire grossir les pêches ; de plus ces bassinages rafraîchissent le pêcher, facilitent la circulation de la sève et évitent la gomme ainsi que la grise. On les donne au moyen d'une seringue et plus rapidement à l'aide d'une pompe de jardin ou d'un pulvérisateur.

Lorsque les pêches sont arrivées à peu près à leur grosseur, il faut détourner les feuilles qui les ombragent afin de les exposer aux rayons du soleil qui les colorent. Dans cette opération on aura soin de ne pas enlever les feuilles des branches fruitières qui doivent produire l'année suivante. La suppression de ces feuilles empêcherait les yeux qui se trouvent à leurs aisselles de se transformer en boutons à fruit.

Les pêches sont mûres lorsqu'elles prennent une teinte

jaune du côté non exposé au soleil et qu'elles répandent leur odeur caractéristique. On les cueille le matin, avant qu'elles ne soient échauffées par le soleil. On les saisit à pleine main, sans les serrer, et on leur imprime un mouvement de torsion qui doit les détacher sans effort. Si les pêches devaient voyager, il serait bon de les cueillir deux ou trois jours avant leur complète maturité et, lorsqu'elles sont arrivées à destination, on avive leurs couleurs en enlevant le duvet qui les recouvre à l'aide d'une brosse douce. Il est bon de savoir que ce duvet produit sur la peau des démangeaisons désagréables.

Principaux insectes
et autres animaux nuisibles au pêcher

Le Kermès ou punaise du pêcher, *Lecanium persicæ. Geoffroy*, l. 7, est un hémiptère qui suce la sève des branches jusqu'à les épuiser complétement. Il se présente sous forme de galle roussâtre appliquée sur le revers des branches des pêchers en espalier, face au mur. Cette galle n'est autre chose que la carapace de la femelle servant d'abri aux œufs et aux larves qui doivent se développer au printemps. Le Kermès du pêcher attire les fourmis par son miellat.

Destruction. On détruit le Kermès de la manière suivante : en hiver on dépalisse le pêcher, on mouille les branches et on les frotte à l'aide d'une brosse en chiendent pour faire tomber les galles. On badigeonne ensuite les branches avec une émulsion de pétrole composée de 1 kilogramme de savon, 1 kilogramme de pétrole et 5 litres d'eau, le tout bien battu ; on pourra même y ajouter un peu de jus de tabac. On peut aussi badigeonner avec un lait de chaux phéniqué.

Le puceron du pêcher. *Aphis persicæ. Kallenbach*, 1, 1 à 1,5. Autre hémiptère. Il est facile d'empêcher le puceron d'envahir le pêcher et il est difficile de nettoyer le pêcher rempli de pucerons, les liquides insecticides atteignant difficilement ces insectes renfermés dans les feuilles contournées sur elles-mêmes, aussi faut-il prévenir la multiplication des pucerons sur les pêchers en espalier très exposés à leurs attaques parce qu'ils sont abrités. On y parvient en faisant une première pulvérisation au jus de tabac lorsque les boutons à fruit sont sur le point de s'ouvrir (voir la formule p. 156) et, dès que la floraison du pêcher est terminée, une légère pulvérisation au jus de tabac sur les feuilles, vers le coucher du soleil, leur donne une odeur qui éloigne le puceron. On renouvellera cette pulvérisation tous les 10 ou 15 jours ; elle sera très légère si le puceron n'apparaît pas ; on se contentera de mouiller légèrement l'extrémité très tendre des bourgeons qui est toujours attaquée en premier lieu. L'abus du jus de tabac fatiguerait le pêcher et provoquerait la chute de quelques feuilles.

Il ne faut jamais tolérer de pucerons sur les pêchers même après la cueillette des fruits ; on évite ainsi la ponte des œufs qui éclosent au printemps. Si à l'arrière-saison on n'a pas pris cette précaution, il sera bon, dès le mois de février, d'enlever les feuilles sèches pour les brûler et de laver les branches du pêcher avec une lessive de savon et de carbonate de soude.

Lorsqu'on a affaire à un pêcher envahi par les pucerons, on fait une sérieuse pulvérisation au jus de tabac vers le soir et, le lendemain matin, le pêcher est lavé à l'eau pure projetée assez violemment à l'aide d'une seringue, d'une pompe de jardin ou d'un pulvérisateur, de manière à emporter les cadavres de puceron et surtout les pucerons engourdis par le jus de tabac.

Dans cette opération, le jus de tabac détruit les pucerons mais n'atteint pas les œufs qui sont collés aux feuilles et aux branches et qui vont éclore huit jours plus tard. Une nouvelle pulvérisation suivie d'un nouveau nettoyage à l'eau s'imposera donc 8 à 10 jours après le premier traitement.

Certains arboriculteurs préparent leur jus de tabac en faisant infuser 1 kilogramme de déchets de tabac des manufactures, dans 60 litres d'eau. Mais il est à remarquer que le corps des pucerons est recouvert d'une matière grasse qui fait que les liquides lui glissent sur le corps sans le mouiller ; aussi obtient-on des résultats meilleurs lorsque la pulvérisation au simple jus de tabac est précédée d'une pulvérisation à l'eau de savon (savon noir 1 kilogramme, eau 50 litres), qui dégraisse le puceron et permet au jus de tabac de le mouiller. C'est pour la même raison que dans la préparation indiquée page 156, on associe le savon, le carbonate de soude et l'alcool au jus de tabac.

Tout amateur de pêcher en espalier doit bien se dire qu'on ne cultive pas le pêcher avec succès sans savoir éviter le puceron ; il faut avoir sous la main :

1º un bon pulvérisateur ;

2º un petit tonneau ou une tourie remplie de la préparation au jus de tabac.

Les pêchers à haute tige ou en buisson sont moins fréquentés par les pucerons que les pêchers en espalier et les dégâts que ces insectes y commettent parfois sont moins graves. Si ces arbrisseaux ne portent pas de fruits, l'attaque du puceron équivaut à un pincement ; elle modère la végétation et provoque la formation de boutons à fruit ; si au contraire ils portent du fruit, on fera bien de combattre le puceron qui pourrait compromettre la récolte.

La fourmi (*hyménoptère*). — Partout où il y a des pucerons on trouve des fourmis qui sont avides de l'humeur sucrée que secrètent les pucerons ; aussi beaucoup de personnes attribuent à tort aux fourmis les dégâts causés par les pucerons. Nous dirons cependant qu'on détruit les fourmilières en les arrosant d'eau additionnée d'un peu de pétrole.

L'acarien tisserand ou araignée rouge. *Tetranychus telarius*, l. 0,5, (fig. 295). Un arachnide, l'acarien tisserand, désigné vulgairement sous le nom de grise, se développe sur la face inférieure des feuilles du pêcher qui se dessèchent légèrement, deviennent jaunâtres, et cessent de bien fonctionner. La grise attaque surtout les pêchers cultivés en serre. On la remarque cependant en plein air sur les pêchers en espalier, aux expositions chaudes et pendant les saisons sèches. On combat la grise par les bassinages répétés matin et soir que l'on remplace de temps en temps par une pulvérisation au jus de tabac.

Perce-oreille. Guêpe. Limace. — Les perce-oreilles, les guêpes, et les limaces attaquent les pêches. On s'en débarrasse au moyen de pièges. On prend les perce-oreilles à l'aide d'un pot à fleur rempli de foin et renversé ; les guêpes viendront se noyer dans un flacon à large goulot rempli à moitié d'eau sucrée, et les limaces seront attirées par quelques morceaux de carotte déposés au pied du pêcher et recouverts d'un pot à fleur renversé reposant d'un côté sur une petite pierre.

Quant aux loirs et aux rats tout le monde connaît les moyens employés pour les chasser.

Maladies du pêcher

La gomme. — La gomme serait due à un champignon microscopique qui transformerait divers éléments de l'arbre, la sève en particulier, en un liquide visqueux qui sort des écorces, se dessèche au contact de l'air et prend l'aspect de la gomme arabique d'où le nom de cette maladie.

Si la gomme est due à un champignon, diverses causes cependant en favorisent le développement. Les pêchers, et d'une manière générale les arbres à fruits à noyau, cultivés dans les terrains argileux et humides y sont très sujets ; la gomme apparaît après un pincement trop général qui amène un trouble profond dans la circulation de la sève ; après la suppression des branches importantes, à la suite des blessures ou des hivers rigoureux, sur les espaliers exposés au midi, après les périodes de forte chaleur et de sécheresse, d'où l'utilité de palisser des bourgeons feuillés devant les branches de charpente, de placer une planchette en face du pied de l'arbre et de donner des ablutions vers le soir par les périodes chaudes et sèches.

Lorsque la gomme apparaît, on pratique une incision longitudinale dans l'écorce jusqu'à l'aubier, au-dessus et au-dessous de la plaie, de manière à faciliter la circulation de la sève ; on nettoie ensuite la plaie avec la serpette jusqu'au bois vif, on la frotte avec une poignée d'oseille ou on la lave avec la dissolution de sulfate de fer additionnée d'acide sulfurique, (voir *chancre*, page 141) puis on recouvre d'un mastic adhérent et dur, soit le mastic à employer à chaud (voir la formule, p. 42), soit de la cire à cacheter les bouteilles additionnée d'un peu de suif et appliquée à chaud. Un mastic mou serait repoussé par la gomme qui continuerait à s'échapper. La pulvérisation sur les pêchers de la bouillie bordelaise forte, fin février, s'opposerait au développement du champignon produisant la gomme.

La cloque. — La cloque est produite par un champignon *Exoascus deformans* qui se développe à la partie inférieure des feuilles sous l'influence du froid succédant à un temps chaud et humide. Les feuilles se boursouflent, se crispent et deviennent impropres à la respiration de l'arbre qui, de ce fait, souffre considérablement. Les pêchers qui ont été atteints de cette maladie y sont plus sujets l'année suivante.

On évite presque toujours la maladie sur les espaliers à bonne exposition par l'usage des auvents tel qu'il a été indiqué au paragraphe : abris. Si néanmoins la maladie apparaît, il faut enlever les parties des feuilles malades et les jeter au feu afin d'enrayer le développement du champignon. Si la maladie tend à se généraliser, on pulvérise, vers le soir et à 2 ou 3 reprises, une dissolution de sulfate de cuivre dans la proportion de 2 à 3 grammes par litre d'eau ; et, dans ce cas, il sera utile, l'année suivante, en mars, de détruire les germes de la maladie en badigeonnant le pêcher avec la bouillie bordelaise forte que l'on peut aussi projeter à l'aide du pulvérisateur.

Le blanc ou meunier. — Maladie rare, caractérisée par une poussière blanche qui se répand sur le pêcher ; elle est due à un champignon que l'on combat par l'emploi de la fleur de soufre. On fait généralement deux soufrages à une dizaine de jours d'intervalle.

Le blanc des racines. — Cette maladie, heureusement très rare, est considérée comme incurable. Elle est aussi due à des champignons microscopiques. Pour l'éviter il faut avoir soin de ne pas laisser de racines en décomposition dans le sol au moment de la plantation.

Chlorose ou jaunisse. — Cette maladie peut provenir de la mauvaise qualité du sol (voir sol et amendements, p. 63), ou de l'épuisement du pêcher sous l'influence d'une récolte trop abondante. Dans ce dernier cas, pour rétablir le pêcher, on doit faire usage des engrais, des paillis et des arrosages pendant la saison sèche. Le mélange d'engrais chimiques suivant, répandu en février, dans la proportion de 300 grammes par mètre carré, produira d'excellents effets :

Sulfate d'ammoniaque, 1 kg. 500 ;

Superphosphate de chaux, 8 kilogrammes ;

Sulfate de potasse, 1 kg. 200 ;

Sulfate de chaux, 2 kilogrammes.

ABRICOTIER

L'abricotier donne un fruit parfumé, excellent cru ; il est beaucoup employé à la préparation des confitures, des compotes, etc., et souvent conservé à l'état sec.

Situations qui conviennent à l'abricotier. — Abris

L'abricotier fleurit de très bonne heure et sa fleur est sensible à la gelée, aussi cet arbre est principalement cultivé à tige et à demi-tige dans le centre et surtout dans le midi de la France.

On le plante de préférence sur les pentes des coteaux bien exposées au sud, au sud-est ou au sud-ouest ; on évite de le mettre dans les vallées humides où les gelées blanches sont à craindre.

On cultive aussi l'abricotier dans la région du Nord, mais il faut l'abriter dans les cours, dans les petits jardins de ville où on le plante à proximité des murailles qui le préservent des vents du nord, du nord-ouest et du nord-est, et, malgré ces précautions, sa production n'est pas assurée dans les années où il gèle tard au printemps.

L'abricotier peut aussi être cultivé en espalier exposé au sud ; les fruits de l'espalier sont plus gros et plus colorés que ceux qui sont cultivés en plein air mais ils manquent de saveur et de parfum. Cette culture en espalier n'est donc à proposer que dans la région du Nord où il est plus facile de l'abriter sous cette forme au moyen d'auvents et de rideaux. Les demi-tiges, et surtout les buissons plantés à environ 5 mètres de distance, peuvent aussi être abrités, au moment de la floraison, par une toile légère qu'on jette sur la tête de l'arbre le soir et qu'on retire le matin.

Sol, amendements, engrais. — L'abricotier demande une terre saine, plutôt sèche qu'humide, suffisamment riche en calcaire. Voir ce qui se rapporte à cette question à la plantation des arbres fruitiers en général, page 61, et à la culture du pêcher, page 201.

Multiplication de l'abricotier. — Dans la région du Nord, l'abricotier se greffe toujours sur prunier : myrobolan provenant de semis ou de bouture, Saint-Julien de semis ou de cépée, Damas noir de semis. On préfère généralement, pour éviter les drageons, le Saint-Julien et le Damas noir de semis.

Dans la région des vignobles et le midi de la France l'abricotier se greffe sur pêcher, sur abricotier en sol humide et sur amandier dans les terrains secs. Ces trois sujets sont obtenus de semis. On y greffe aussi sur myrobolan dans les terrains frais.

L'abricotier n'admet pas d'autre greffe que la greffe en écusson qu'on pratique en juillet si la végétation est modérée, et en août si elle est vigoureuse. On pince les greffons quelque temps avant l'écussonnage. L'écusson posé du côté nord du sujet craint moins l'action du froid. On coupe en septembre les ligatures qui étranglent les sujets. On pratique l'étêtage du sujet en février-mars et la suppression de l'onglet en août ou au printemps de l'année suivante. On pourrait ainsi écussonner l'abricotier à œil poussant.

. Lorsque le corps du sujet est trop gros pour être écussonné, on peut poser les écussons sur ses branches ou bien encore écussonner l'abricotier sur une belle branche de prunier que l'on greffe en fente sur le prunier l'année suivante, du 15 mars au 15 avril. Il va sans dire qu'on ne laisse développer sur cette greffe que les yeux écussonnés.

Principales variétés à cultiver. — Parmi les principales variétés à cultiver, nous citerons par ordre de précocité :

Gros Saint-Jean. — Maturité : première quinzaine de juillet.

Arbre élancé et fertile, donnant un beau fruit précoce qui manque de jus mais qui est bon pour la confiserie et les conserves.

Précoce de Boulbon. — Seconde quinzaine de juillet. Une des meilleures variétés hâtives.

Liabaud. — Seconde quinzaine de juillet. Arbre vigoureux assez fertile. Fruit gros à chair fine et fondante.

Commun. — Seconde quinzaine de juillet. Arbre grand et productif donnant un fruit moyen très bon.

Luizet. — Commencement d'août. Arbre robuste, assez fertile ; le fruit qui est gros sert surtout aux conserves de fruits entiers.

Fig. 229

Abricotier. Rameau fructifère.

Royal. — Première quinzaine d'août. Arbre vigoureux et fertile. C'est une sous-variété de l'abricot-pêche qui donne un fruit plus hâtif et presque aussi estimé que l'abricot-pêche.

Abricot-pêche ou abricot de Nancy (fig. 229). — Août. Arbre vigoureux et fertile donnant un fruit gros ou très gros d'excellente qualité. C'est la variété la plus méritante et la plus recherchée ; c'est aussi celle qui convient le mieux à la culture en espalier ; elle réussit aussi très bien pour la culture en plein vent.

On peut encore citer l'alberge qui convient à la préparation des confitures et des conserves, et quelques variétés d'amateur : Précoce de Montplaisir, hâtif du Clos, Desfarges, Sucré de Holub.

Plantation. Voir pêcher, page 207.

Formes à donner à l'abricotier. — L'abricotier se cultive dans les vergers à tige, demi-tige et sous forme de buisson. La tige ne doit pas être élevée ; une hauteur de 1 m. 50 à 2 mètres est suffisante. La demi-tige présente l'avantage d'être moins exposée aux courants d'air, mais elle rend la circulation plus difficile. Le buisson rez de terre souffre de la fraîcheur du sol ; mieux vaut l'établir sur une tige de 0 m. 40 à 0 m. 50 de hauteur. Les hautes tiges et les demi-tiges peuvent se placer à 6 ou 8 mètres de distance et les buissons à 4 ou 5 mètres.

Toutes ces formes s'obtiennent en ébauchant la forme de vase ; bientôt l'arbre est abandonné à lui-même ; on se contente de supprimer les gourmands, et d'éclaircir le branchage de manière à laisser pénétrer la lumière abondamment.

Dans les jardins l'abricotier peut être cultivé à tige, demi-tige ou en buisson qu'on plante dans un angle bien éclairé et où l'abricotier sera préservé des mauvais vents par les murailles. On peut aussi le cultiver en espalier exposé au sud ; on lui donne alors la forme en palmette verrier assez étendue, à 6 ou 8 branches distantes de 0 m. 35. On pourrait aussi le cultiver en vase facile à abriter. Ces formes s'obtiennent par les procédés étudiés à la culture du poirier et du pommier ; les bourgeons de prolongement des branches de charpente sont taillés plus ou moins court, selon leur inclinaison, comme dans le poirier.

L'abricotier, surtout lorsqu'il est soumis à une forme, perd souvent par la gomme un ou plusieurs membres, mais il repousse très facilement sur vieux bois ; on choisit donc quelques gourmands qui se développent à la base pour remplacer les branches mortes.

Traitement de la branche fruitière

L'abricotier a le même mode de fructification que le pêcher, c'est-à-dire que les fruits sont portés sur du bois de l'année précédente. Une branche ne porte du fruit qu'une seule fois et doit être remplacée.

Les gourmands sont communs dans l'abricotier, il faut les éviter par le pincement ou plutôt par la taille en vert qui remplace le pincement dans l'abricotier.

La branche de charpente ayant été taillée plus ou moins long selon son inclinaison, toutes les branches fruitières qui vont se développer seront soumises à la taille en vert. Les yeux de l'abricotier sont très rapprochés sur des branches plus robustes que dans le pêcher, de sorte qu'il est inutile de palisser ces branches.

La branche fruitière d'abricotier doit être coupée à 14 ou 15 centimètres de longueur lorsqu'elle en a atteint 20 ou 25.

Lorsque la branche a 15 centimètres de longueur, les yeux qu'elle porte sont à peine ébauchés ; si à ce moment on effectuait le pincement, il ne se développerait pas de bourgeon anticipé, la branche s'atrophierait ainsi que les yeux qu'elle porte et, l'année suivante, elle serait incapable de produire aucune végétation et mourrait. Pour éviter cet inconvénient il est prudent d'attendre, pour limiter la dimension de la branche fruitière, qu'elle ait atteint une longueur de 25 centimètres; en retranchant alors au sécateur une longueur de 0 m. 10 environ, on peut tailler sur un œil bien développé capable de produire un bourgeon anticipé qui sera plus tard taillé en vert à son tour si la branche fruitière est encore trop vigoureuse.

L'année suivante, au mois de mars, les branches fruitières (fig. 230), sont taillées sur 5 ou 6 boutons à fruits toujours entremêlés d'yeux à bois, ce qui donne généralement à la branche fruitière taillée une longueur de 10 à 12 centimètres, les boutons à fruit étant ici beaucoup plus rapprochés que dans le pêcher.

Cette branche va donner du fruit et on provoquera le développement du bourgeon de remplacement par la suppression des bourgeons qui n'accompagnent pas de fruits et le pince-

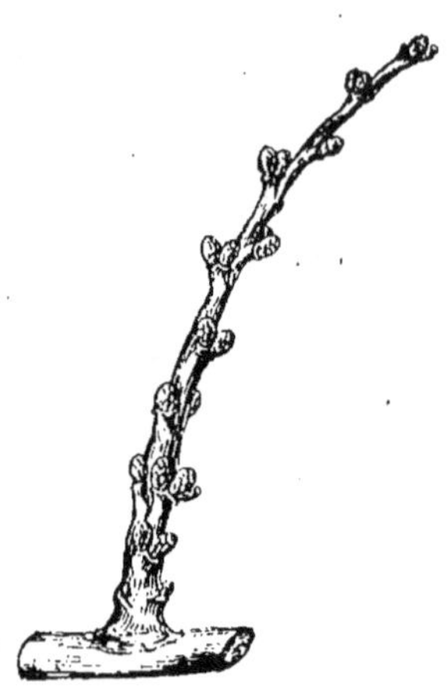

Fig. 230

Branche fruitière de l'abricotier.

ment des bourgeons accompagnés de fruits. Le bourgeon le plus rapproché de la base sera le seul conservé pour être raccourci, à 14 ou 15 centimètres de longueur, par une taille en vert comme il a été dit précédemment, c'est le bourgeon de remplacement sur lequel on taillera l'année suivante au printemps.

Il peut arriver cependant que le bourgeon de remplacement, ne porte pas de boutons à fruit ; dans ce cas on le taille sur un œil à bois pour obtenir un nouveau bourgeon de remplacement et l'ancienne branche fruitière est conservée si elle porte plus haut quelques petites branches portant des boutons à fruit.

Nous devons envisager le cas où le bourgeon de remplacement ne se serait pas développé. On taillerait alors l'ancienne branche fruitière sur quelques boutons à fruits situés plus haut et on s'efforcerait de faire développer l'œil à bois le plus rapproché de la base.

Enfin si la branche fruitière ne portait ni bourgeon de remplacement ni boutons à fruit, on taillerait sur l'œil à bois le plus rapproché de la base. Les bourgeons adventifs sont nombreux dans l'abricotier, il est généralement facile de remplacer les anciennes branches fruitières.

La conservation des branches de charpente et des branches fruitières chez l'abricotier présente donc bien des aléas, aussi on trouve de grandes formes de pêcher parfaitement régulières, mais il est rare qu'un abricotier en espalier de grande dimension ne présente pas quelques parties défectueuses.

Il est souvent nécessaire d'éclaircir les fruits ; cette opération serait même quelquefois très utile sur les abricotiers non taillés.

L'effeuillage, pratiqué au moment où le fruit va mûrir, lui donne du coloris et en augmente la qualité.

Récolte. — On attend pour faire la récolte la maturité complète si les abricots doivent être consommés sur place, et on les cueille quelques jours avant la complète maturité s'ils doivent être expédiés à distance. Les abricots qui tombent à terre se gâtent très rapidement ; on doit faire la cueillette à la main. Les abricots ne se conservent que quelques jours au fruitier.

Maladies de l'abricotier. — Animaux qui lui nuisent

Les principales maladies qui attaquent l'abricotier sont la *gomme* et la *chlorose*. Voir le traitement de ces maladies à la culture du pêcher, pages 240 et 242. L'abricotier résiste à la gomme mieux que le pêcher.

L'abricotier est assez peu attaqué par les insectes ; parmi ceux qui lui nuisent nous citerons :

La Carpocapse des prunes, carpocapsa funebrana. Treitschke, ou pyrale des prunes, lépidoptère de 7 mm. d'envergure dont la larve ronge l'intérieur des abricots et des prunes et les fait tomber avant la maturité.

Destruction. Ramasser les fruits tombés et les brûler.

Le puceron qui sévit bien moins sur l'abricotier que sur le pêcher. (Voir *Pêcher*, page 237).

Le rhynchite conique (fig. 146, voir page 148).

La grise (voir *Acarien tisserand*, page 333).

Les escargots et les limaces (voir page 240), et enfin :

Les loirs et les mulots qui attaquent surtout les espaliers et dont il faut débarrasser le jardin avant la maturité des abricots.

PRUNIER

La prune est le fruit le plus employé dans les usages domestiques. Certaines variétés fournissent un excellent dessert, toutes sont utilisées en compotes, confitures, pâtisseries ou employées au séchage, à la confiserie, à la distillation.

Toutes les variétés de prunier dérivent de deux espèces botaniques distinctes : le prunier domestique originaire de l'Extrême-Orient et le prunier sauvage ou prunier Sainte-Catherine qui est plutôt indigène.

Climat, sol. — La culture du prunier convient surtout au pays vignoble. Cependant le prunier fleurit un peu plus tard que l'abricotier ; ses fleurs sont du reste moins sensibles à la gelée aussi peut-on le cultiver avec succès dans le nord de la France.

Les racines du prunier sont traçantes, aussi il se contente de terrains peu profonds et réussit très bien dans les terres de consistance moyenne suffisamment riches en calcaire ; il craint les sols argileux trop humides.

On le plante de préférence dans les endroits abrités, sur le versant des collines bien exposées ; on évitera de le cultiver dans les vallées humides où il serait exposé aux brouillards et aux gelées printanières.

Multiplication du prunier. — Le prunier ne se reproduit pas assez fidèlement de semis pour avoir recours à ce mode de multiplication ; le drageon assure la variété mais donne un sujet qui drageonne trop, de sorte que le seul mode de multiplication à conseiller c'est la greffe sur pruniers de semis, soit sur le *Mirobolan* qui convient spécialement au terrain calcaire, soit préférablement sur *Damas* et surtout sur *Saint-Julien*, dans les sols ordinaires.

Les sujets sont écussonnés, en juillet et août, au pied pour faire des formes basses : buisson, espalier, etc., et à 1 m. 50 ou 2 mètres de hauteur pour faire des demi-tiges ou des tiges.

Il est bon de provoquer l'aoûtement des rameaux greffons en les pinçant quinze jours avant l'écussonnage.

On peut aussi greffer le prunier en fente en mars-avril et même fin septembre, mais cette dernière greffe faite à l'automne périt souvent pendant l'hiver dans la région du nord.

Principales variétés à cultiver

On les divise en :

Prunes à consommer crues

PAR ORDRE DE MATURITÉ :

Prune-pêche. — Fin juillet. Arbre de vigueur moyenne, très fertile. Fruit gros à peau très fine, jaune, carminée à l'insolation. Chair peu sucrée, juteuse, fibreuse, parfumée. Fruit d'amateur, bon cependant pour le commerce à cause de sa beauté et de sa précocité.

De Monfort. — Août. Arbre vigoureux et fertile. Fruit assez gros, violet foncé, bon.

De Monsieur. — A fruits jaunes, mi-août. Arbre fertile ; fruit assez gros à peau fine, dorée, variété d'amateur.

Reine-Claude dorée. — Fin août. Arbre de vigueur moyenne et de fertilité très variable selon les années. Fruit de grosseur moyenne, à peau fine, d'un jaune verdâtre, doré et parfois carminé au soleil ; chair sucrée, juteuse, parfumée. C'est la meilleure des prunes ; elle se crevasse souvent à la maturité.

De Kirke (fig. 231). — Fin août, commencement de septembre. Arbre vigoureux, d'une très grande fertilité. Fruit gros, d'un violet foncé, pruiné de bleu. Très bon fruit à chair verdâtre, juteuse, sucrée et parfumée. Excellente variété d'amateur et de commerce.

Bleue de Belgique. — Août. Bon fruit moyen à chair tendre, fondante et juteuse.

Reine-Claude d'Althan. — Fin août, commencement de septembre. Arbre vigoureux, très fertile. Fruit très gros, presque

sphérique, d'un vert rougeâtre, à chair jaune, juteuse,
sucrée, parfumée surtout dans les années chaudes et
sèches. Variété avantageuse pour la vente.

FIG. 231
Prune De Kirke.

Reine-Claude verte tardive de Chambourcy. —— Septembre. Arbre
à production irrégulière. Excellent fruit qui ressemble
beaucoup à la reine-Claude dorée mais qui en diffère par
sa maturité plus tardive. Bonne variété d'amateur.

Jefferson. —— Septembre. Arbre très fertile ; fruit gros, verdâtre, un peu rosé à l'insolation ; fruit bon ou très bon.
Excellente variété d'amateur.

Reine-Claude diaphane. ——Septembre. Arbre vigoureux d'une
fertilité très inconstante ; fruit gros à peau fine, dorée,
carminée au soleil. Chair jaunâtre, très sucrée, bien parfumée. Le fruit se fendille souvent à la maturité. Variété
d'amateur.

Cœ's Golden drop (goutte d'or) (fig. 232). ——Septembre-octobre. Arbre vigoureux et fertile. Fruit gros, ovoïde, d'un
jaune doré, à chair jaune, juteuse, sucrée et parfumée.
Excellente variété qui a l'avantage de pouvoir se

conserver une quinzaine de jours au fruitier. Le fruit gagne du reste à être consommé à parfaite maturité ; il peut servir à la préparation des pruneaux.

Fig. 232
Coe's Golden drop.

Prunes à confiture et à confire

Mirabelle petite de Metz. — Fin août. Arbre peu vigoureux et de grande fertilité, fruit petit, globuleux, d'un jaune vif pointillé de rouge. Prune ordinaire crue mais la plus estimée pour la fabrication des confitures qui ont un parfum recherché.

Reine-Victoria. — Août. Arbre de vigueur moyenne et d'une très grande fertilité. Fruit très gros, violet, à pulpe jaunâtre, médiocre cru, mais servant à préparer une excellente confiture, de couleur rosée, recherchée en Angleterre.

Reine-Claude verte. — Septembre. Le fruit reste vert et ne se fend pas. Cette prune qui est bonne étant crue, est recherchée pour la préparation des prunes à l'eau-de-vie.

Prunes pour la préparation des pruneaux

Quetsch d'Allemagne. — Septembre. Arbre vigoureux, de fertilité irrégulière ; fruit moyen, allongé, d'un violet noir. Cette variété est cultivée dans l'est de la France.

Sainte-Catherine. — Septembre. Arbre fertile. Le fruit jaune
    donne les pruneaux de Tours.
D'Ente ou d'Agen. — Septembre. Arbre vigoureux et fertile ;
    fruit violet foncé, cultivé dans le Midi seulement où il
    mûrit bien. Cette variété donne les meilleurs pruneaux.

Plantation. — Formes à donner aux pruniers

En ce qui concerne la plantation voir la culture du pêcher,
page 207.

Comme chez tous les arbres à fruits à noyau, la branche
fruitière de prunier qui a fructifié doit être remplacée par un
bourgeon de remplacement ; or, le prunier supporte mal
la taille et les branches de remplacement s'obtiennent difficilement. C'est chercher la difficulté pour arriver à des résultats très médiocres que de vouloir cultiver le prunier en espalier ou en contre-espalier.

La seule culture pratique est la culture à haute tige ou à
demi-tige, les pruniers étant plantés à 6 ou 8 mètres de distance ; on peut y ajouter la culture en buissons placés à 4 ou
5 mètres de distance. De toutes ces formes, c'est encore le
prunier à haute tige de 1 m. 80 à 2 mètres de hauteur qui
permet de mieux cultiver le terrain sur lequel il est planté.

Pour obtenir ces formes on ébauche, comme on l'a fait
pour l'abricotier, la forme du vase ainsi que l'indiquent les
figures 233 et 234, et bientôt le prunier à tige ou en buisson est
abandonné à lui-même ; on se contente de supprimer les
gourmands et d'éclaircir le branchage.

Aux amateurs qui voudraient cependant essayer la culture
du prunier en espalier nous dirons que la palmette verrier
assez étendue et à branches distantes de 0m.35 est la forme qui
lui convient le mieux, que le bourgeon de prolongement dans
les branches de charpente doit être taillé, comme dans le poirier, selon son inclinaison, voir page 98, et que le traitement
de la branche fruitière est le même que celui de la branche
fruitière du cerisier qui sera exposé page 266.

Récolte. — C'est à la complète maturité que les prunes acquièrent toute leur saveur. Cependant on cueille quelques jours plus tôt les fruits qui doivent voyager, les fruits à l'eau-de-vie et ceux que l'on destine à la confiserie.

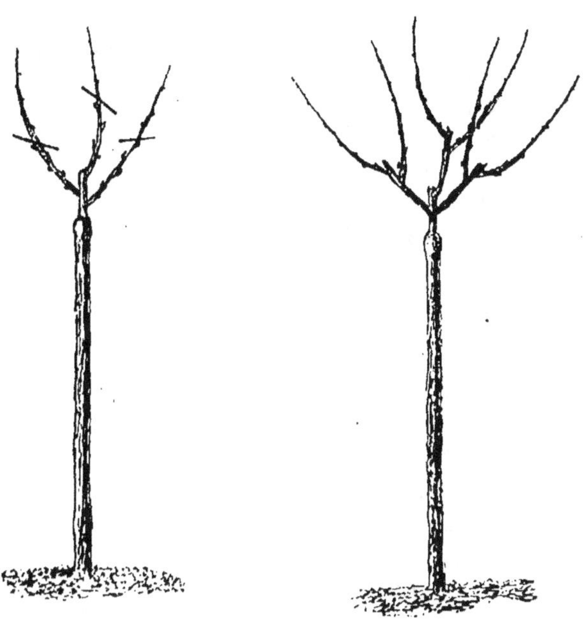

Fig. 233

Prunier haute tige.
Première taille.

Fig. 234

Prunier de haute tige.
Tête de deux ans.

On cueille à la main, en leur conservant le pédoncule, les prunes qui doivent figurer sur la table ainsi que celles qui doivent être exportées ; mais on se contente de secouer les arbres et de faire tomber les fruits sur une toile ou sur la paille quand ils sont destinés à la préparation des compotes, des confitures ou des pruneaux.

Le moment de la journée le plus favorable pour faire la récolte est le matin après l'évaporation de la rosée ; c'est alors que le fruit est le plus frais possible.

Les prunes se conservent à peine trois ou quatre jours au fruitier excepté la goutte d'or qui peut s'y conserver pendant une quinzaine de jours ; elle se ride, mais n'en est que meilleure.

Les prunes en général seront donc récoltées au moment de leur emploi.

Maladies du prunier. — Animaux qui lui nuisent.

Les principales maladies du prunier sont :

La gomme, voir la culture du pêcher, page 240.

La chlorose, voir pages 242 et 139.

Le blanc des racines, voir page 241.

La tavelure des prunes que l'on combat comme la tavelure des poires, voir page 142.

Parmi les insectes qui attaquent les pruniers on peut surtout citer parmi les HÉMIPTÈRES :

Le puceron du prunier. *Aphis pruni Fabr.* l. 1 à 1,5, verdâtre et que l'on trouve sous les feuilles. Il pullule bien souvent sur les pruniers sans qu'on y prenne garde. Si le prunier est vigoureux leur présence vaut un pincement général qui tend à mettre l'arbre à fruit, mais si leur présence coïncide avec une récolte sérieuse, ou bien si les pucerons attaquent un jeune prunier plutôt faible on fera bien de les détruire. Voir les moyens de destruction, page 237.

Parmi les LÉPIDOPTÈRES on cite :

La teigne bédaude. *Penthina pruniana, Hübner* (fig. 235).

Fig. 235
La teigne bédaude. E. 15

En mai et en août les chenilles lient les feuilles en paquets et les rongent. Elle est très commune sur les haies d'aubépine et de prunellier.

Destruction : Enlever les paquets de chenilles et les brûler.

La pyrale de Weber, *Grapholitha Weberiana, Hübner* E. 15, dont la larve creuse des galeries sous les écorces des arbres à fruits à noyau et provoque la gomme.

Destruction : nettoyer les arbres au printemps. Voir page 66. Blanchir les arbres à la chaux pour éviter la ponte de ce papillon.

La carpocapse des prunes, *carpocapsa funebrana, Treitschke.* E. 7. La chenille ronge l'intérieur des prunes qui tombent.

Destruction : ramasser les fruits véreux et les brûler.

L'Yponomeute du prunier, *vulg. teigne du prunier, Yponomeuta padella Linn.* E. 18. Les chenilles s'abritent dans des nids soyeux et rongent les feuilles du prunier.

Destruction : Enlever les nids en avril-mai pour les brûler.

Parmi les Hyménoptères on cite :

Les guêpes (fig. 236), qui attaquent les meilleures prunes.

Destruction. Suspendre dans les arbres des flacons à large goulot remplis à moitié d'eau miellée ou sucrée dans laquelle les guêpes viennent se noyer. Il est encore préférable de détruire les nids de guêpe si on en connaît l'emplacement. Pour cela on dépose le soir, au pied de l'entrée du nid, un vase rempli d'eau de savon que l'on recouvre d'une cloche ; ou bien

Fig. 236

Guêpe commune, 1. 15 à 18.

encore on met, le soir, le feu à une mèche soufrée posée à l'entrée du nid et on recouvre d'une cloche.

Les fourmis qui se répandent surtout sur les reines-Claude fendillées.

Destruction : Entourer le tronc de l'arbre d'une bande d'ouate qui empêche les fourmis de monter. Détruire les nids de fourmis en les arrosant d'eau additionnée d'un peu de pétrole.

Les forficules ou perce-oreilles (fig. 237) sont des *orthoptères* qui s'attaquent la nuit aux meilleurs fruits : prunes, abricots, pêches.

Destruction : Poser dans l'arbre des pots à fleur remplis de foin et renversés. Les forficules qui aiment l'obscurité y trouvent un excellent refuge. Visiter les pots à fleur le jour pour tuer les forficules.

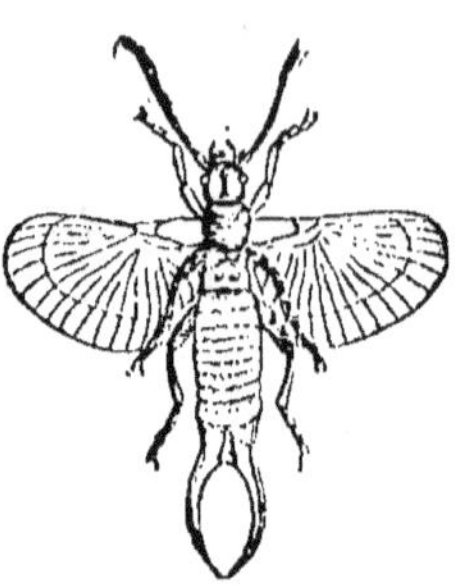

FIG. 237
Forficule, 1. 15.

CERISIER

Le cerisier est d'une culture très commode ; c'est l'arbre fruitier le plus propre, le moins sujet aux maladies cryptogamiques et aux insectes nuisibles ; il fleurit d'assez bonne heure mais sa fleur résiste mieux aux gelées que celles des autres espèces à noyau, de sorte que ses récoltes sont assez régulières même dans le nord de la France.

Les cerises fournissent un excellent dessert : crues ou cuites, en confitures, en conserve à l'eau-de-vie, etc. Dans l'Est, elles servent à la fabrication du kirsch.

Sol, exposition. — Les racines du cerisier ne s'enfonçant pas bien profondément dans le sol il réussit même dans les terrain peu profonds ; il préfère les terres franches, mais vient bien dans tous les sols à moins qu'ils ne soient trop argileux, froids ou marécageux.

Le cerisier vient bien à toutes les expositions ; l'espalier, peu usité, présente l'avantage de donner des récoltes aux expositions froides du nord et du nord-ouest.

Multiplication du cerisier

Le cerisier se greffe sur merisier, sur cerisier mahaleb ou de Sainte-Lucie et sur cerisier franc.

Merisier. — On greffe le cerisier à haute tige sur merisier qui est le sujet le plus vigoureux ; le merisier à fruit rouge passe pour être plus favorable à la greffe.

On sème les merises dès leur maturité ou on les met en stratification pour être semées, en rayon, au printemps suivant. On repique le plant d'un an en ayant soin de supprimer le pivot, mais on ne coupe pas la tige. Chaque année on pince, à 0 m. 20 de longueur, les rameaux qui avoisinent le bourgeon de prolongement ; ils seront supprimés au printemps suivant. On conserve les rameaux anticipés qui garnissent le bourgeon de prolongement afin de lui donner plus de force.

Le merisier est greffé en écusson du 15 juillet au 15 août lorsque la circulation de la sève commence à se ralentir. Il est préférable d'écussonner la tige principale plutôt que les branches latérales. On écussonne généralement à 2 mètres ou 2 m. 20 de hauteur sur du bois de deux ans. Trois semaines avant l'écussonnage on a préparé la place de l'écusson en supprimant les petites branches qui pourraient gêner l'opération et on a pincé les rameaux greffons si leur aoûtement n'est pas assuré. On rejettera les yeux de la base du rameau greffon qui ne sont pas assez développés et ceux du sommet disposés à fleurir.

Une vingtaine de jours après l'écussonnage on visite les écussons et on renouvelle ceux qui ne sont pas pris.

Dans la seconde quinzaine de septembre on peut greffer en fente les merisiers qui se sont montrés rebelles à l'écussonnage. La greffe en fente réussit mieux à cette époque qu'au printemps, malheureusement elle est souvent détruite, dans la région du nord, par les hivers rigoureux, aussi préfère-t-on greffer le merisier en fente en mars jusqu'au 15 avril. Pour réussir, la greffe demande à être bien aérée, aussi les cerisiers ne doivent pas être plantés en carrés dans les pépinières mais plutôt autour des carrés.

Cerisier mahaleb ou de Sainte-Lucie. — Le Mahaleb étant moins vigoureux que le merisier sert de sujet aux cerisiers à basse tige. Cependant il est à remarquer que le mahaleb réussit mieux que le merisier dans les terres arides, sèches et calcaires, de sorte que, dans ces mauvais sols, le cerisier y est cultivé à haute tige et à demi-tige sur mahaleb.

Comme le mahaleb ne donne pas une tige bien droite, on le greffe en pied avec le merisier ou un bigarreautier et, au sommet de la tige, avec la variété désirée. On peut faire ainsi de jolis cerisiers sur demi-tiges venant bien dans tous les sols et donnant des cerises bien plus faciles à récolter que sur les hautes tiges de merisier. Il faut aussi remarquer que le cerisier est plus fertile sur mahaleb sujet moins vigoureux que le merisier.

Les noyaux lavés de mahaleb peuvent être semés aussitôt la maturité ou stratifiés pour être semés en avril suivant. Si, le plant est suffisamment fort il est placé l'année suivante en pépinière après l'avoir rabattu à 0 m. 15 du collet, sinon on attend pour l'y placer qu'il soit âgé de deux ans.

Le mahaleb est écussonné, à 0 m. 10 du sol, tardivement, dans le mois d'août ou le commencement de septembre qui suit la plantation. Fin juin on prépare la place de l'écusson en coupant les rameaux qui pourraient gêner l'opération. Avant d'écussonner on lie toutes les branches de chaque sujet en un faisceau afin de provoquer un arrêt de végétation qui favorise la reprise de l'écusson. Trois semaines plus tard on renouvelle les écussons qui n'ont pas réussi et en septembre, octobre, on coupe les ligatures afin d'éviter les étranglements de la tige.

Si, au printemps suivant, on s'aperçoit que l'écusson n'a pas réussi, on recèpe le sujet pour opérer sur un nouveau jet, car le mahaleb est presque toujours greffé en écusson.

Le mahaleb ne doit jamais être planté profondément.

Cerisier franc. — Le cerisier franc se multiplie et se greffe comme le merisier ; il n'est guère utilisé que dans les pays **vignobles** ; il donne des cerisiers de taille moyenne.

Quelques variétés seulement de cerisiers se reproduisent par drageons, mais les sujets ainsi obtenus drageonnent beaucoup à leur tour aussi n'a-t-on guère recours à ce mode de multiplication.

Principales variétés à cultiver

La plupart des cerisiers cultivés dérivent de deux espèces :

1° *Le cerisier commun* qui n'atteint guère plus de huit mètres de hauteur, aux rameaux grêles, ramifiés et tombants et aux fruits un peu acidulés. Il a donné naissance aux *cerisiers* et aux *griottiers*.

2° *Le merisier*, ou cerisier des oiseaux, arbre de grande taille, pouvant atteindre plus de quinze mètres de hauteur, aux rameaux longs, gros et dressés. Il a produit les *bigarreautiers* et les *guigniers*.

Les diverses variétés de cerisiers se divisent donc en cerisiers, griottiers, bigarreautiers et guigniers.

1° Cerisiers proprement dits

Arbres à branchage court, ramifié, fruit à chair douce ou légèrement acidulée, à jus incolore.

On distingue les variétés suivantes :

Anglaise hâtive, appelée quelquefois « Tôt et tard » à cause de sa maturation successive qui commence en juin (fig. 238). Arbre de vigueur moyenne à rameaux dressés, très fertile. Fruit gros, rouge foncé, excellent. C'est le cerisier le plus estimé ; à lui seul il permet au propriétaire de prolonger la récolte des cerises.

Fig. 238
Cerise anglaise hâtive.

Impératrice. Juin. Variété ressemblant à la précédente, à bois plus court, le fruit mûrit plus vite. Bonne variété pour cerisiers demi-tiges et petites formes.

Belle de Châtenay. Juillet-août. Arbre d'une vigueur moyenne et d'une grande fertilité ; convient pour l'espalier. Fruit pourpre foncé, gros et bon.

Reine-Hortense. Juillet. Variété vigoureuse, peu fertile, à greffer sur Sainte-Lucie et à cultiver sous une grande forme.

Fruit très gros, rose carminé, à peau très fine, ne supportant pas l'emballage. Belle variété d'amateur.

Royale. Juillet. Arbre peu vigoureux, de forme pyramidale et de bonne fertilité ; convient à l'espalier. Fruit gros, pourpre, très bon.

Quelques variétés de cerises d'un goût plus acidulé, comme les cerises de Montmorency, ont été classées par quelques auteurs dans la section des amarelles qui se rapprochent des griottiers.

AMARELLES

Montmorency courte queue. Mi-juillet. Arbre vigoureux à bois grêle et très ramifié, de bonne fertilité. Fruit très gros, rouge clair, acidulé, ne devenant sucré qu'à l'extrême maturité. Fruit rafraîchissant, bon étant cru, mais très bon en conserves.

Montmorency longue queue. Mi-juillet. Variété plus vigoureuse et plus fertile que la précédente. Le fruit, qui est surtout employé en confiserie, est moins gros et moins recherché que le précédent.

2° GRIOTTIERS

Arbre à branchage souvent touffu qu'il est bon d'élaguer pour laisser pénétrer la lumière. Fruits d'un pourpre foncé, à chair tendre, à jus coloré et à saveur aigre, astringente, peu agréable à consommer crus à moins qu'ils ne soient très mûrs, recherchés pour la préparation des conserves à l'eau-de-vie.

Griotte du Nord. Août. Arbre vigoureux, fertile. Fruit gros, rouge noir, très âpre, excellent pour confire ; présente l'avantage de mûrir en espalier exposé au nord.

On peut encore citer la griotte noire et la griotte du Portugal moins cultivées que la griotte du Nord.

3° BIGARREAUTIERS

Arbres vigoureux, élancés, dont les fruits à chair ferme et croquante sont exposés aux vers de l'ortalide des cerises. On peut les diviser d'après la couleur des fruits en bigarreau à fruits blancs, à fruits roses, à fruits rouges et à fruits noirs.

Les meilleures variétés dans chacune de ces catégories sont:

Gros blanc. Fin juin. Fruit assez gros, bon.

Napoléon. Juin-juillet. Fruit rose, gros, très bon.

Gros rouge. Juin. Fruit rouge, gros, bon.

Gros cœuret. Commencement de juillet. Arbre vigoureux, fertile ; fruit gros, rouge clair, bon ; variété commerciale.

Jaboulay. Juin. Fruit noir, assez gros, bon.

4° GUIGNIERS

Arbres assez élancés, intermédiaires entre le cerisier et le bigarreautier. Le fruit à chair tendre, peu sucrée et à jus rarement coloré est généralement moins estimé que les cerises.

Guigne pourprée hâtive. Commencement de juin. Variété de vigueur moyenne et de bonne fertilité. Fruit gros, pourpre foncé, bon. Une des plus belles parmi les premières cerises.

Guigne précoce ou noire hâtive. Commencement de juin. Arbre vigoureux, assez fertile. Fruit gros, pourpre noir, assez bon ; arrive une des premières sur les marchés.

Guigne Early Rivers. Commencement de juin. Arbre fertile. Fruit gros, rouge brun, à chair tendre et sucrée, bon.

Guigne Ohio's Beauty. Seconde quinzaine de juin. Arbre vigoureux et fertile. Fruit gros, jaunâtre, bon, rosé à l'insolation. Bonne variété d'amateur.

Plantation. — Voir pêcher, page 207. Le cerisier, comme tous les arbres à fruits à noyau, se taille l'année de plantation.

Formes à donner aux cerisiers

La véritable culture du cerisier est la culture à haute tige ou à demi-tige voire même en buisson dans les terrains de peu de valeur. C'est le moyen pratique de récolter des cerises en abondance sans éprouver de difficultés.

Bien que le cerisier se prête un peu mieux à la taille que le prunier, la culture du cerisier sous petites formes taillées n'est pas à conseiller si ce n'est pour certaines variétés, comme la griotte du Nord, qui peuvent garnir quelques murailles exposées au nord.

1° *Cerisiers à haute-tige, demi-tige et buisson.*

Les cerisiers à haute tige devant prendre un grand développement seront greffés sur merisier.

Si l'on désire des arbres à haute-tige ou à demi-tige, aux dimensions plus restreintes que les précédentes, on greffe les cerisiers sur Sainte-Lucie qui donne aussi des cerisiers plus fertiles que sur merisier.

Les cerisiers haute tige et demi-tige sont placés dans les vergers et les pâturages à une distance de 8 à 10 mètres lorsqu'ils sont greffés sur merisier, et à une distance de 6 à 8 mètres lorsqu'ils sont greffés sur Sainte-Lucie.

Les cerisiers en buisson, qui sont toujours greffés sur Sainte-Lucie, sont placés à 5 ou 6 mètres de distance ; on cultive dans les intervalles des groseilliers, des framboisiers, etc.

Ces cerisiers à haute tige et à demi- tige seront taillés pendant quelques années pour obtenir les branches maîtresses, puis on les laissera se développer librement et prendre leur forme naturelle, le plus souvent sphérique, quelquefois ovalaire ou pyramidale en se contentant de les élaguer de temps en temps s'il y a lieu. Toutes les plaies un peu importantes que l'on pourra faire aux arbres à fruits à noyau seront recouvertes de mastic ou de goudron végétal additionné de résine et appliqué à chaud, de manière à favoriser leur cicatrisation et à éviter la gomme.

2° *Petites formes pour cerisiers soumis à la taille.*

Le cerisier greffé sur Sainte-Lucie peut aussi se cultiver en espalier disposé en palmette verrier dont les branches de charpente seront à 0 m. 35 de distance et au nombre de 6 à 8, car les formes ne doivent pas être trop restreintes, le cerisier étant vigoureux ; c'est ainsi que l'on cultive la griotte du Nord contre les murailles exposées au nord.

Aux amateurs qui s'intéresseraient aux petites formes nous citerons encore la palmette verrier cultivée en contre-espalier, la pyramide, le vase et surtout le buisson qui est la petite forme la plus naturelle, celle que l'on pourrait contenir à l'aide d'une taille sommaire.

Toutes ces formes s'obtiennent à l'aide des procédés indiqués dans la culture du poirier et du pommier ; les bourgeons de prolongement des branches de charpente sont taillés plus ou moins court selon leur inclinaison, comme dans le poirier. Ce sont les cerisiers proprement dits, la belle de Châtenay en particulier, et les griottiers qui se prêtent le mieux aux petites formes taillées ; les guigniers et surtout les bigarreautiers émettent des branches trop vigoureuses et trop peu ramifiées pour être soumis à la taille.

Traitement de la branche fruitière du cerisier

Dans le cerisier, le bourgeon qui prolonge chaque branche de charpente n'a pas été pincé ; il a poussé vigoureusement et porte, au printemps suivant, des yeux à bois comme dans le pêcher, mais aussi quelques boutons à fruit et, quelquefois à sa base, un ou plusieurs bouquets de mai (fig. 239), ce qui le différencie du bourgeon de prolongement de pêcher.

Le bourgeon de prolongement de cerisier est taillé plus ou moins court selon son inclinaison, comme dans le poirier, par conséquent plus court que dans le pêcher. Les boutons à fruit qu'il porte pourront donner du fruit dans l'année, mais il arrive souvent que le bouquet de mai de la base est faible et, s'il produit des fruits, l'œil à bois du centre est incapable de donner naissance à un bourgeon de remplacement ; aussi, pour éviter un vide sur la branche de charpente, on supprime les fleurs du bouquet de mai dès qu'elles s'épanouissent, tout en conservant les feuilles, et alors l'œil à bois a des chances de se développer et de produire un bourgeon de remplacement.

Les yeux à bois que porte le bourgeon de prolongement vont se développer et donner naissance à des bourgeons. Comme dans le pêcher ces bourgeons ne doivent pas être trop forts car il serait difficile de les mettre à fruit ; ils ne doivent pas non plus être trop faibles car ils seraient exposés à périr sans porter de fruit.

Pour obtenir partout des bourgeons de vigueur moyenne on pince sur cinq bonnes feuilles, ce qui fait 12 à 15 centimètres de longueur, tous les bourgeons qui se développent d'abord à la partie supérieure, sauf le bourgeon de prolongement qui n'est pas pincé.

Un bourgeon anticipé ne tarde pas à se développer à l'extrémité des bourgeons pincés ; il est coupé sur une ou deux feuilles.

Grâce à ces pincements la sève se répartit plus également entre tous les bourgeons, et ceux qui se trouvent placés vers le bas, et qui ne sont pas encore pincés parce qu'ils sont trop faibles, reçoivent leur part de sève et se fortifient.

Fig. 239

Bourgeon de prolongement du cerisier.

Seconde année. — Au mois de mars de l'année suivante les branches pincées portent dans le pêcher des boutons à fruit et des yeux à bois ; dans le cerisier elles ne portent généralement que des yeux à bois (fig. 240). On les taille en D sur 4 yeux bien développés sans compter ceux de la base, soit sur 6 ou 7 yeux en tout, ce qui donne à la branche fruitière taillée une longueur de 10 à 12 centimètres. Si la branche fruitière était faible elle serait taillée plus court sur deux ou trois yeux bien développés.

Le résultat de cette taille est indiqué par la figure 241.

L'œil supérieur donne un bourgeon qui subit le pincement ordinaire sur 4 ou 5 feuilles ; les autres yeux bien développés produisent des bouquets de mai.

Fig. 240

Branche fruitière du cerisier au printemps de la seconde année.

Fig. 241

Branche fruitière de cerisier au printemps de la troisième année.

Le fruit dans le cerisier sera donc porté sur du bois de deux ans si l'on considère la branche principale (fig. 241) et cependant le bouton à fruit se forme en un an et il est porté par du bois d'un an, comme dans le pêcher, si l'on considère le bouquet de mai comme une branche courte portant des boutons à fruit très rapprochés au centre desquels se trouve un œil à bois.

En résumé, pendant la première année la branche fruitière de cerisier (fig. 240) se couvre d'yeux à bois ; pendant la seconde année ces yeux à bois se transforment en bouquets de mai (fig. 241).

L'année suivante, au mois de mars on taille la branche fruitière sur deux ou trois bouquets de mai en F (fig. 241).

Tous les bourgeons qui se développent au milieu des bouquets de mai sont pincés sur quelques feuilles de manière à refouler la sève sur le bouquet de mai inférieur qui doit donner naissance au bourgeon de remplacement. Le résultat de ces opérations est indiqué par la figure 242.

Si les yeux faisaient défaut au pied de la branche fruitière (fig. 241), c'est le bourgeon qui se développerait au centre du

Fig. 242

Branche fruitière de cerisier présentant à sa base
un bourgeon de remplacement.

bouquet de mai le plus rapproché de la base qui servirait de remplacement. Ce bourgeon de remplacement sera traité comme il vient d'être dit, et l'année suivante on supprimera l'ancienne branche en coupant en *a* (fig. 242), au-dessus du bourgeon de remplacement.

Comme on le voit, avec des soins et de l'attention on peut donner aux cerisiers de petites formes faciles à abriter contre les gelées printanières et faire collection de variétés diverses : c'est une besogne intéressante pour un rentier amateur.

Récolte. — Les cerises présentent cet avantage de pouvoir rester sur l'arbre quelque temps après leur maturité ; il sera bon cependant d'en faire la récolte avant que leur couleur vive se ternisse. Cueillies le matin par le beau temps, les cerises doivent être consommées le plus tôt possible.

La récolte sur les cerisiers à haute tige n'est pas sans danger ; on doit se servir de bonnes échelles et de baguettes à crochet à l'aide desquelles on incline les branches les plus élevées. On remplace souvent dans les cerisaies les hautes tiges par les demi-tiges et même par les buissons greffés sur mahaleb ce qui rend la récolte bien plus facile.

Maladies du cerisier. — Animaux qui lui nuisent.

Le cerisier, sujet à peu de maladies, est cependant quelquefois attaqué par la *gomme, la chlorose* et *le blanc des racines,* maladies qui ont été décrites à la culture du pêcher.

Quelques autres maladies cryptogamiques du cerisier parmi lesquelles le fusicladium cerasi (*tavelure des cerises*) sont rares et se traitent par la bouillie bordelaise.

Parmi les animaux nuisibles aux cerisiers nous citerons tout d'abord les *moineaux,* les *geais* et les *merles* qui mangent une partie de la récolte.

Des épouvantails posés dans les arbres, de petites glaces suspendues aux branches par un fil, des plaques métalliques suspendues par des ficelles et s'entre-choquant sous l'influence du vent les éloignent plus ou moins. Les cerisiers en espalier peuvent être préservés des dégâts causés par les oiseaux au moyen de filets tendus devant les murailles. Des coups de fusil tirés en l'air sont aussi très efficaces. On pourrait même sans inconvénient détruire les moineaux, les geais, les pies qui sont plus nuisibles qu'utiles, mais il serait regrettable de faire disparaître les oiseaux chanteurs, comme les merles, qui sont grands mangeurs d'insectes et dédommagent encore des cerises qu'ils nous mangent en égayant nos jardins par leur chant.

Parmi les insectes nous citerons :

L'ortalide des cerises. *Ortalis cerasi. Meigen* (fig. 243).
Diptère dont la larve attaque principalement les bigarreaux et les guignes. Arrivée à son complet développement cette larve descend en terre et s'y transforme en nymphe pour en sortir au mois de mai suivant à l'état d'insecte parfait qui pond ses œufs sur les cerises encore vertes, un seul sur chaque fruit.

Fig. 243

Ortalide des cerises, 1. 4.

Il arrive qu'on renonce à faire la récolte des cerises lorsqu'on s'aperçoit que la plupart d'entre elles sont véreuses ; c'est tout ce qu'il faut pour que l'ortalide pullule l'année suivante.

Destruction : Cueillir toutes les cerises, surtout les véreuses, et jeter ces dernières au feu.

Le puceron du cerisier, *aphis cerasi,* 1. 1,5, *hémiptère* noir que l'on trouve sur le revers des feuilles de cerisier. Il attaque principalement les cerisiers en espalier.

Destruction : (Voir le pêcher page 237).

Parmi les Lépidoptères on cite :

L'Yponomeute du cerisier, *Yponomeuta padella Linn.* E. 18. Les chenilles s'abritent dans les nids soyeux. On les trouve aussi sur les haies d'aubépine.

Destruction : Enlever les nids de chenilles en mai et les brûler.

La teigne bédaude (fig. 235), *Penthina pruniana. Hübner.* La chenille attaque les pruniers et quelquefois les cerisiers. (Voir prunier page 256.)

La Pyrale de Weber, *Grapholitha Weberiana Hübner.* (Voir prunier, page 256.)

La Tenthrède limace *ou éthiopienne, Blennocampa œthiops. Fabr.* (fig. 158). La larve de cet hyménoptère attaque quelquefois les feuilles du cerisier. (Voir *Tenthrède limace,* page 157.)

FRAMBOISIER

Le framboisier est une ronce spontanée dans une grande partie de l'Europe, à tige souterraine, vivace et à rameaux aériens bisannuels. La framboise est un fruit multiple composé de petites drupes portées par un réceptacle conique. On distingue les framboises rouges et les framboises jaunes qui sont moins acidulées que les premières.

Les framboises peuvent être consommées crues ; mélangées aux fraises elle forment un excellent dessert ; mais bien souvent elles sont transformées en compote, en gelée ou en sirop ; elles entrent presque toujours dans la préparation de la gelée de groseille à laquelle elles donnent un parfum recherché. Les framboises rouges sont les plus estimées pour tous ces usages ; les jaunes, cependant, par leur goût agréable, sucré et moins acidulé ne sont pas à dédaigner quand il s'agit de les consommer crues.

Sol, exposition.—Le framboisier pousse dans tous les terrains; cependant il vit plus longtemps, plus de dix ans, et donne de meilleurs résultats dans les terres fraîches humifères. Il vient bien à l'ombre et bien souvent on lui consacre, dans un jardin, les plates-bandes exposées au nord, mais alors les fruits sont petits et sans saveur ; ils deviennent plus beaux et plus savoureux si on lui donne une meilleure exposition.

Multiplication. Plantation. Engrais. — Le framboisier se multiplie à l'aide de drageons qu'il émet en abondance ; ils sont levés au début de l'hiver et plantés dans un sol bien défoncé et bien fumé. Cette précaution est nécessaire, car les racines traçantes de framboisier ne permettront plus de lui donner, chaque année, que des labours superficiels à la fourche. Ces labours superficiels doivent être exécutés à plusieurs reprises pendant la saison estivale afin de désherber les framboisiers et d'enlever en particulier le chiendent et le liseron ainsi que les drageons inutiles.

Le framboisier est épuisant et demande, chaque année, soit du fumier appliqué en couverture pendant l'hiver, soit des vidanges au printemps.

Mode de fructification du framboisier ordinaire. — Sa culture.

Les framboises sont portées par de petits bourgeons qui se développent sur des rameaux de l'année précédente. Un rameau qui pousse au printemps ne donne, dans le framboisier ordinaire, ni ramifications, ni fruits l'année de son développement A (fig. 244). L'année suivante ce rameau se couvre de ramifications qui portent les fruits, B (fig. 244). Cette branche B qui porte les fruits mourra pendant l'hiver ; elle devra être supprimée au printemps de l'année suivante et sera remplacée par un rameau développé l'année précédante A (fig. 244).

Les drageons peuvent être plantés dans des lignes distantes de 1 m. 25 à 1 m. 50, les plants dans les lignes étant à 2 mètres de

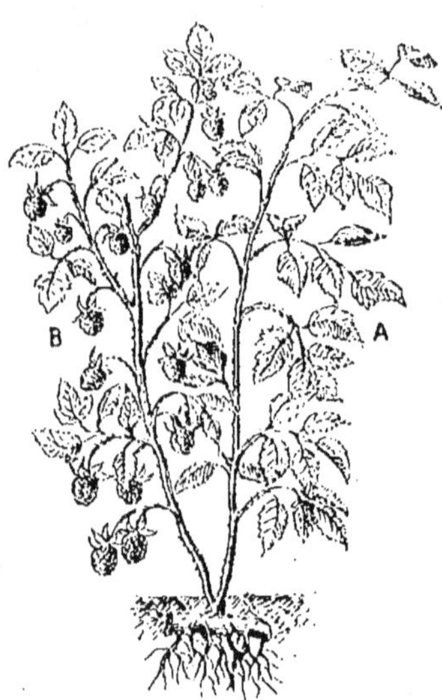

Fig. 244

Framboisier.

distance. Soit une de ces lignes (fig. 245). Nous supposons la plantation faite depuis plusieurs années et en pleine production. A chaque touffe de framboisier on laisse pousser quatre beaux rameaux bien situés et on supprime les autres. Ces quatre rameaux A,A (fig. 245), sont taillés en mars de l'année suivante de 0 m. 75 à 1 mètre de longueur selon leur vigueur, puis on les incline et on les palisse contre les tuteurs B,B, comme l'indique la figure 245, et à nouveau on laisse pousser

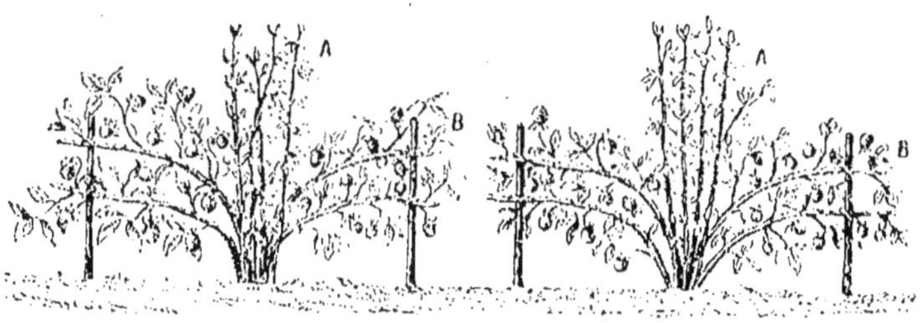

Fig. 245
Culture du Framboisier.

quatre rameaux sur chaque souche, en ayant soin de supprimer les autres bourgeons qui se développeraient.

L'inclinaison et le palissage des rameaux fructifères présentent les avantages suivants :

La sève est mieux répartie sur toute leur longueur et les bourgeons qui portent les fruits se développent presque jusqu'à leur base.

Les rameaux de l'année même poussent plus facilement, et, comme ils ne sont pas mêlés aux rameaux fructifères, ils ne se nuisent pas réciproquement.

L'année suivante, au mois de mars, les rameaux qui ont produit sont supprimés ; on taille et on abaisse les rameaux développés au courant de l'année précédente. Mais le plus souvent on adopte, dans les jardins fruitiers, le procédé hollandais qui consiste à planter les drageons sur une ligne à 0 m. 35 d'intervalle.

Chaque année on détruit les rejetons qui tendent à s'écarter trop de la ligne et on en laisse un tous les 20 centimètres dans la ligne ; les autres sont supprimés.

Les tiges ainsi conservées se développent à volonté pendant l'année et sont attachées sur un fil de fer tendu horizontalement au-dessus de la ligne, à 0 m. 80 de hauteur (fig. 246).

L'année suivante, au printemps, ces tiges sont taillées à environ 1 m.20 de hauteur, puis courbées de manière à rendre leur partie supérieure horizontale et elles sont attachées sur un fil de fer tendu horizontalement à 0 m. 60 de la ligne et à 0 m. 60 du sol (fig. 246).

Ce sont les ramifications qui se développent sur ces tiges courbées qui portent les fruits. Les nouveaux bourgeons qui sortiront du sol au printemps et qu'on laissera pousser verticalement seront ainsi séparés des branches qui fructifient, tout au moins dans leur partie supérieure.

En février de l'année suivante, on coupe au pied toutes les branches courbées et qui ont fructifié, puis on taille et on incline les bourgeons conservés à 0 m. 20 de distance et ainsi de suite.

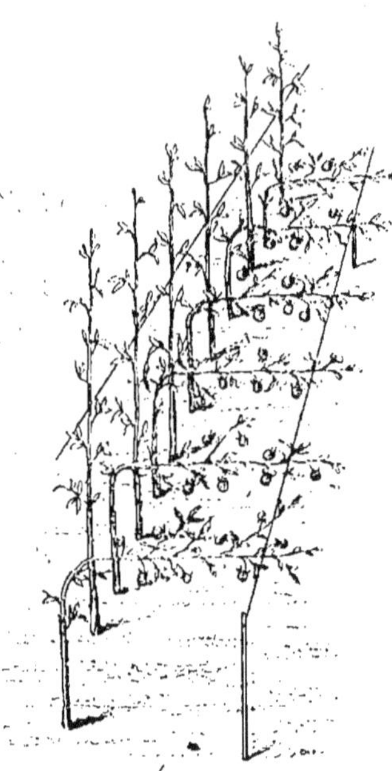

Fig. 246

Culture du Framboisier.
Procédé hollandais.

Mode de fructification du framboisier bifère.
— Sa culture.

Le framboisier bifère donne, comme le framboisier ordinaire, du fruit sur des bourgeons qui se développent sur les rameaux de l'année précédente ; de plus les rameaux de l'année portent des fruits à leur extrémité supérieure en septembre et octobre. Dans la région du Nord beaucoup de ces fruits tardifs ont peine à mûrir et, d'autre part, on tient moins aux framboises en septembre-octobre qu'en juillet-août, époque de la récolte sur les framboisiers ordinaires. Cette récolte de juillet a l'avantage de venir en une saison où il n'y a pas encore beaucoup de fruits et de coïncider avec le moment où l'on prépare les gelées de groseille dans la composition desquelles elle entre souvent.

Le framboisier bifère peut trouver sa place dans le jardin de l'amateur, mais, dans la grande culture qui fournit des fruits à la confiserie, on lui préfère le framboisier ordinaire.

Si l'on veut faire deux récoltes sur les framboisiers bifères il n'y a rien à changer à la culture qui vient d'être exposée. La première récolte de juillet-août se fait sur les rameaux de la deuxième année taillés et inclinés comme il a été dit, et la seconde récolte de septembre-octobre se fait à l'extrémité supérieure des rameaux de l'année. Mais on conçoit très bien que la première récolte doit faire tort à la seconde et réciproquement, de sorte que lorsqu'on veut rendre la seconde récolte de septembre plus abondante, on supprime la première récolte en coupant, en mars, les rameaux de l'année précédente à 0 m. 20 du sol. Il ne reste plus qu'à surveiller le développement des rameaux de l'année qu'il ne faut pas laisser pousser en trop grand nombre et que l'on palisse ordinairement contre un fil de fer tendu à 1 mètre au-dessus de la ligne.

Principales variétés à cultiver

1º *Framboisiers ordinaires à fruits rouges*

Fastolf, variété vigoureuse et fertile. Fruit assez gros, allongé.
De Hollande, variété vigoureuse et productive.
Hornet, variété vigoureuse et fertile à gros fruit tardif.
Pilate, variété vigoureuse et fertile à gros fruit.

à fruits jaunes

Ordinaire à gros fruit, fruit jaune pâle.
De Hollande, fruit ovoïde, jaune paille.
Jaune d'Anvers, fruit jaune, très parfumé.

2° *Framboisiers remontants à fruits rouges*

Merveille des quatre saisons : Variété vigoureuse et très fertile.
Fruit moyen.
Belle de Fontenay, variété tardive, fruit assez gros.
Surpasse Fastolf, fruit assez gros, conique.
Perpétuelle de Billard, variété fertile, fruit gros.

à fruits jaunes

Surpasse merveille, fruit moyen, arrondi.
Sucrée de Metz, variété vigoureuse et fertile, fruit gros, allongé.
Surprise d'Automne, fruit gros, allongé.

Récolte. — Les framboises sont récoltées à parfaite maturité, le matin préférablement. On conserve le pédoncule aux fruits de table mais on sépare les fruits du réceptacle s'ils sont destinés aux préparations culinaires et, dans ce cas, on les transporte dans des récipients en bois, jamais en métal qui donnerait un mauvais goût à la framboise. Les framboises ne se conservent pas et doivent être consommées ou employées immédiatement.

Insectes nuisibles. Maladies. — La *Larve du hanneton* cause quelquefois des dégâts sérieux.

On trouve parfois, dans les framboises bien mûres, de petits vers qui ne sont autre chose que les larves d'un petit coléoptère le *bylure tomenteux* (*bylurus tomentosus*) *Fabr.* l. b.

Fig. 246 *bis*
La punaise grise des jardins. . 13.

La *Punaise grise des jardins* (*carpocoris baccarum, Linn.*) (fig. 246 *bis*) en passant sur les fruits leur donne une odeur répugnante. Détruire ces insectes.

Dans les années humides les feuilles tombent quelquefois prématurément sous l'influence d'une sorte de rouille qui s'annonce par des taches jaunâtres à leur surface inférieure. On prévient cette maladie par l'emploi de la bouillie bordelaise.

VIGNE

FAMILLE DES AMPÉLIDÉES

La vigne est un arbuste sarmenteux et grimpant dont
l'écorce ne tarde pas à s'exfolier en lanières. Les fleurs petites et vertes, réunies en grappes, sont formées de 5 pétales
qui ne s'épanouissent jamais mais qui sont repoussés par les
étamines au moment de la floraison (fig. 247). Le fruit est
une baie.

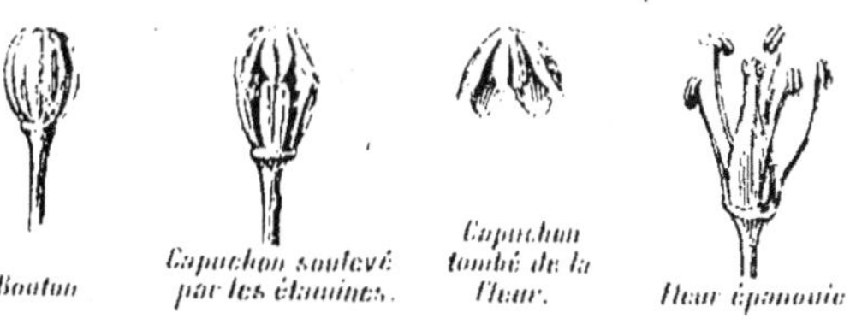

Fig. 247

Fleur de la vigne.

Climat. -- Le raisin est cultivé dans le sud et le centre de
la France pour la fabrication du vin et un peu comme fruit de
table ; on le cultive encore dans toute la région du Nord mais,
dans des conditions spéciales et seulement comme fruit de
table.

Nous n'étudierons ici que la culture de la vigne en vue de la
production du raisin de table.

Dans toute la région du Nord de la France la vigne n'a quelque chance de mûrir son raisin que si elle est cultivée sous
verre, ou en plein air en espalier exposé au sud ou sud-est.
Les auvents en verre sont très recommandables ; ils favorisent
la fécondation et la maturation.

Sol. -- La vigne réussit dans tous les terrains à la condition
qu'ils ne soient ni trop argileux ni trop humides ; elle donne

ses plus beaux produits dans les sols plutôt légers et suffisamment calcaires.

Défoncement. — Le sol serait de bonne nature qu'il faudrait
quand même l'ameublir en le défonçant à 0 m. 80 de profondeur. La fosse ouverte aura 1 m.50 de largeur en avant de la muraille pour la vigne de plein air et 3 mètres et davantage pour les
vignes de serre. Si le sol n'est pas très bon, on profite de ce
défoncement pour l'amender. S'il est trop humide on le draine
à 1 m. 20 de profondeur. Dans le cas où l'écoulement des eaux
ne serait pas possible, on surélèverait le sol de la serre de 0 m.50
environ.

Amendements. — (Voir page 63.)

Engrais. — La vigne est une plante qui pousse vigoureusement et demande beaucoup d'engrais. Nous avons vu que si un
poirier est trop vigoureux il ne fleurit pas et par conséquent
ne donne plus de fruit ; par contre nous pouvons dire que les
plus beaux raisins sont donnés par les vignes vigoureuses
et qu'une branche chétive de vigne ne porte pas de fruit. Il
résulte de cette considération que la vigne peut et doit être
abondamment fumée.

On profitera donc du défoncement du sol pour l'enrichir
d'engrais à décomposition lente, surtout s'il s'agit de la culture
sous verre. On donnera particulièrement des phosphates qu'il
serait difficile de faire pénétrer profondément dans le sol
après la plantation : phosphates naturels ou scories de déphosphoration, râpures de corne ou cornes torréfiées, poudre d'os,
déchets de laine. Ces engrais sont appliqués en plus ou moins
grande quantité : c'est une réserve pour l'avenir.

Lorsqu'on opère, dans les serres ou les vérandas, on a quelquefois recours, pour amender et enrichir le sol, aux composts,
méthode usitée surtout en Angleterre. Le travail est encore
plus parfait.

On fait un compost renfermant tous les amendements et
les engrais de longue durée à incorporer au sol, on le laisse
se décomposer pendant dix-huit mois et même deux ans, puis
on le mélange au sol à amender. Ces composts sont générale-

ment formés d'un lit de fumier de vache, un lit de terre, un lit de bouse de vache séchée au soleil, un lit de plâtras pulvérisé ; on y ajoute les engrais de longue durée.

On peut faire préférablement un terreau de gazon en prenant le dessus d'un bon pâturage sur une épaisseur de 0 m. 10, auquel on ajoute des plâtras, du terreau de feuilles, du fumier de cheval, des cendres de bois et les engrais de longue durée. Ces composts sont coupés à la bêche de temps en temps, et on peut aussi les arroser plusieurs fois de purin et de vidanges. L'application de ces derniers engrais, qui est toujours assez délicate sur les plantes vivantes, ne présente ici aucun danger et enrichira le compost de principes immédiatement assimilables. Ces composts sont mélangés à la terre lorsqu'on pratique le défoncement.

Amendement du sol dans les plantations faites depuis un certain temps. Si la plantation a été faite sans prendre les précautions précédemment indiquées et que la végétation de la vigne laisse à désirer, on creuse, en novembre ou décembre, à 0 m. 60 ou 0 m. 80 de la muraille, selon le développement des vignes, un fossé de 0 m. 60 et plus de largeur et 0 m. 80 de profondeur. Dans cette opération la bêche est toujours enfoncée parallèlement aux racines, de façon à en couper le moins possible. Le fossé étant ouvert, si les extrémités des racines de la vigne ne sont pas mises à nu, on enlève une nouvelle tranche de terre du côté des vignes ; puis on comble la tranchée avec de la terre amendée et enrichie d'éléments fertilisants comme il a été dit précédemment. On donne ainsi aux vignes une nouvelle vigueur et on prolonge leur existence.

Multiplication de la vigne. — On peut multiplier la vigne par semis que l'on fait en terrine sur couche, en février, ou en pleine terre en mars. Nous laisserons ce soin aux amateurs qui désirent trouver de nouvelles variétés. La vigne se reproduit surtout par marcotte, par bouture et par la greffe.

Marcotte. — La vigne se reproduit souvent par marcotte que l'on fait au printemps en enterrant une branche à une profondeur de 0 m. 25 sur une longueur de 0 m. 30 à 0 m. 40 ; l'extrémité de la branche est taillée sur deux yeux au-dessus du sol. (Voir *marcottage par couchage et couchage à long bois*, pages 51 et 52.)

Bouture. — On peut aussi faire des boutures au printemps avec du bois aoûté de l'année précédente. (Voir *bouturage par rameau ligneux*, page 54 et *bouturage par œil*, page 56.)

Greffage de la vigne. — Dans les régions où les vignes françaises ont été ruinées par le phylloxéra, on a eu la pensée de les remplacer par les variétés américaines plus vigoureuses et résistant aux attaques de cet insecte. Mais les vignes américaines ne donnant qu'un vin très inférieur, on a greffé les vignes françaises sur les ceps américains. On greffe :

Sur *Vitis Riparia* dans les bonnes terres. C'est le porte-greffe le plus vigoureux et le plus employé ;

Sur *Vitis Rupestris*, espèce à feuilles glabres et luisantes.

Ces deux espèces sont vigoureuses mais craignent le calcaire.

Sur *Vitis Berlandieri* espèce recommandée pour les sols calcaires.

On peut aussi avoir besoin de greffer une vigne dont le raisin ne plaît pas.

Le greffage de la vigne ne peut pas se faire comme pour les autres arbres fruitiers, au moment où la sève commence à monter ; l'écoulement séveux empêcherait la greffe d'adhérer au sujet.

On peut greffer la vigne pendant le repos hivernal, mais le moment le plus propice paraît être celui qui suit le premier mouvement de la sève, lorsque les premières feuilles sont formées et que la vigne commence à fleurir.

On greffe un peu plus tôt les vignes faibles, un peu plus tard les vignes très vigoureuses, et, en général, mieux vaut greffer un peu plus tard que trop tôt.

Si, au moment de greffer, on pique l'écorce du sujet avec un canif, il doit en sortir un peu d'humidité ; si la piqûre reste sèche, il est trop tard ; s'il en sort beaucoup de sève, il faut attendre quelques jours.

Les greffons coupés en hiver, sont piqués en terre ou même mis en jauge au pied d'un mur exposé au nord. Au moment de s'en servir les yeux doivent être gonflés légèrement ; s'il n'en était pas ainsi il faudrait exposer les greffons à la chaleur d'un châssis ou d'une serre ; lorsqu'on les taillera, la coupe devra être légèrement humide.

Greffe en fente. -- Pour faciliter le travail on dégage d'abord la terre autour du collet du sujet qui est coupé rez de terre, au moment du greffage, à 4 centimètres environ au-dessus d'un nœud qui arrêtera la fente. La coupe est à surface plane lorsqu'on veut poser deux greffes sur le sujet, ou à surface en partie oblique lorsque le sujet est plus petit et que l'on se contente de poser une seule greffe. On fend alors le cep en deux parties inégales en faisant passer le couteau à droite ou à gauche de la moelle (fig. 248).

Le greffon doit porter deux yeux. Sa partie inférieure est taillée en coin triangulaire contenant le moins de moelle possible et commençant immédiatement au coussinet de l'œil inférieur. On pose la greffe sur le sujet en faisant coïncider les parties internes des écorces ; on ligature, on mastique, on recouvre la partie greffée d'argile délayée dans l'eau et on butte jusqu'à l'œil supérieur du greffon (fig. 249).

Greffe anglaise. - Elle est pratiquée sur les sujets jeunes et d'un faible diamètre.

Le sujet et le greffon sont

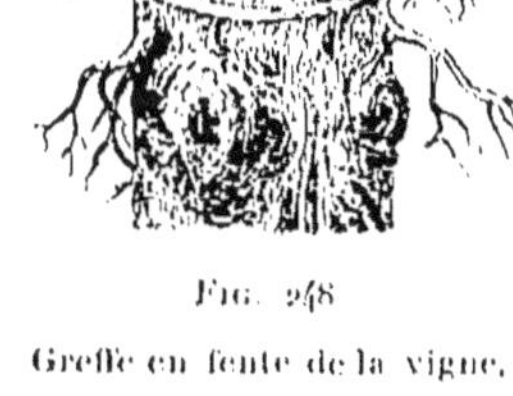

Fig. 248

Greffe en fente de la vigne.

taillés comme l'indique la figure 59. Les fentes D et C parallèles à l'axe du sujet et du greffon et passant en dehors de la moelle sont obtenues d'un seul coup de greffoir. L'assemblage de la greffe et du sujet est tout indiqué par la figure 59.

Si la greffe était plus étroite que le sujet, on ferait coïncider les écorces au moins d'un côté. Il ne reste plus qu'à traiter cette greffe comme la précédente.

Le bourgeon ménagé en tête du sujet (fig. 59), destiné à jouer le rôle d'appelle-sève, sera pincé sur trois ou quatre feuilles afin de l'empêcher de nuire au développement de la greffe.

En mai, en juillet et en septembre on enlève

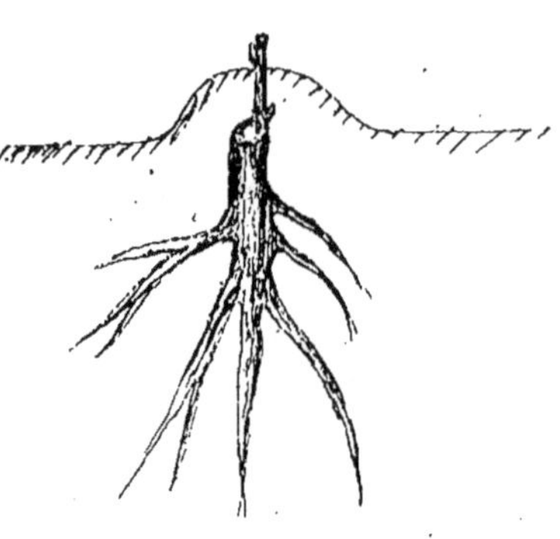

Fig. 249
Greffe buttée.

les buttes qui recouvrent cette greffe et la greffe précédente, on coupe les racines qui naîtraient sur la greffe et on replace la terre. A la première visite on desserre les ligatures si elles pénètrent dans l'écorce ; à la seconde visite on peut les enlever complètement ; après la dernière visite on ne butte plus la greffe qui peut ainsi s'acclimater avant l'hiver ; la suppression de la butte peut cependant être remise au printemps suivant.

Greffe-bouture par approche. — Voir page 50.

On peut aussi pratiquer la greffe par approche sur une vigne à une hauteur quelconque. On prend comme greffon une vigne en pot, ou même une simple branche dont la base plonge dans un flacon rempli d'eau dans laquelle on a mis quelques morceaux de charbon de bois pour en empêcher la putréfaction (fig. 250). Il suffit de mastiquer cette greffe pour éviter l'évaporation. On changera la ligature, qui peut être en raphia, lorsqu'elle menacera de pénétrer dans l'écorce.

Réciproquement on pourrait, par la même méthode, greffer

sur une vigne en pot, une branche appartenant à un sujet en pleine terre.

Greffe par approche herbacée. — Une excellente méthode

Fig. 250

Greffe par approche.

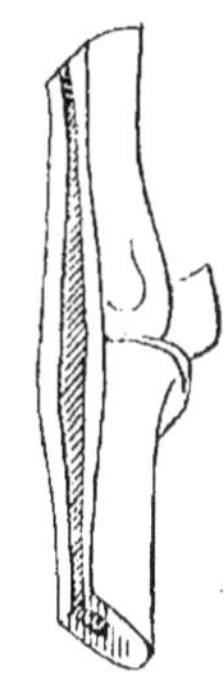

Fig. 251

Écusson de la vigne.

consiste à greffer les pousses en voie de croissance. La greffe est sevrée en plusieurs fois lorsqu'elle est soudée.

Ecussonnage. — L'écusson est ici préparé en laissant le bois derrière l'œil (fig. 251), et l'on fait sur le sujet une entaille correspondante. L'écusson doit être lié et mastiqué. On opère quand la vigne fleurit. On peut ainsi remplacer des branches cassées.

On se sert encore, en écussonnant plus tard, fin juillet, de bois à demi-aoûté, mais alors l'œil est greffé muni de sa feuille et il reste dormant. L'écussonnage réussit mieux sur de jeunes sujets avec des yeux également jeunes.

Variétés. — Les variétés mûrissant leurs fruits dans le nord de la France, à la condition de les cultiver en espalier exposé au sud-est ou au sud, sont assez peu nombreuses. Nous les diviserons en deux catégories : 1º les raisins précoces qui mûrissent en août ; 2° les raisins de deuxième époque mûrissant en septembre. Les raisins de la première catégorie sont généralement plus petits et de moins bonne qualité que les raisins de la seconde catégorie.

Les raisins précoces.

Nom de la variété	Couleur	Maturité	Remarque
Madeleine royale	blanc	fin août	Excellente, variété sujette cependant à la pourriture.
Madeleine noire encore appelée Morillon noir hâtif.	noir	août.	Grappe petite à grains très serrés ; mûrit en plein air.
Précoce de Malingre	blanc	mi - août.	Le grain est à peau fine, aussi est-il très attaqué par les guêpes.
Précoce de Saumur encore appelé Précoce de Courtillier	blanc	août.	Raisin à saveur légèrement musquée.
Gamay de Juillet	noir	août.	Cette variété convient aux pays froids.

Les raisins de deuxième époque.

Nom de la variété	Couleur	Maturité	Remarque
Chasselas doré de Fontainebleau.	blanc	sept.	Excellent raisin se conservant bien quelquefois jusqu'en mai.
Chasselas rose royal.	rose	sept.	Excellente variété à grains peu serrés.
Chasselas gros Coulard.	blanc	août-sept.	Est moins exposé à la coulure lorsqu'il est greffé.
Pineau gris.	gris rosé	fin sept	Bonne variété d'amateur.
Portugais bleu.	noir	sept.	Bon raisin mûrissant en même temps que le chasselas.

Plantation. — On plante la vigne peu profondément car ses racines doivent subir l'influence de l'air ; il serait même bon, dans les terrains humides, de planter sur butte. Les racines seront dirigées obliquement le plus loin possible de la muraille. On a même quelquefois conseillé de planter la vigne à 0 m.60 ou 0 m. 80 de la muraille, puis, lorsqu'elle a atteint la hauteur nécessaire, on l'incline dans une jauge creusée entre la vigne et la muraille et on la relève contre cette dernière. La portion de tige ainsi enterrée émet de nouvelles racines, mais, d'un autre côté, ce procédé fait perdre au moins une année et il ne paraît utile que lorsqu'on plante en terrain pauvre.

On plante généralement au printemps, car les racines mutilées pourriraient facilement en hiver ; cependant les boutures anglaises en pots pourraient être plantées à l'automne, attendu que les racines ne sont pas blessées dans l'opération ; on peut même les planter l'été à la condition de les ombrager pendant quelques jours.

La vigne est généralement taillée l'année de plantation sur deux yeux ; on conserve le plus beau bourgeon qui est palissé contre la muraille, l'autre est supprimé.

Fumure annuelle. (Voir *culture de la vigne sous verre*, page 321.)

Formes à donner à la vigne

Cordon vertical à coursons alternes. La meilleure forme à donner à la vigne est le cordon vertical à coursons alternes.

Si la muraille n'a pas plus de 3 mètres de hauteur les ceps seront plantés à 1 m. 30 de distance, ce qui nous permettra de donner aux branches fruitières une longueur de 0 m. 65, et ils porteront des branches fruitières ou coursons de la base au sommet (fig. 252). Les premiers coursons naîtront à 0 m35 du sol et la distance entre deux coursons successifs du même côté sera de 15 à 20 centimètres.

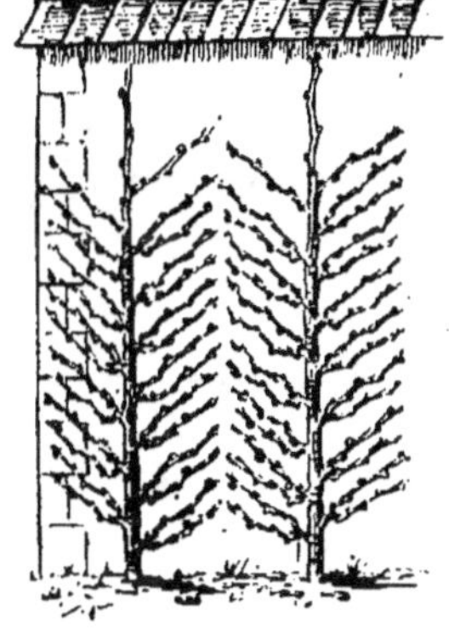

Fig. 252

Cordons verticaux charmeux à coursons alternes.

Si les murailles sont beaucoup plus élevées, si elles ont 5 ou 6 mètres de hauteur par exemple, on plante les ceps à 0 m. 65 de distance pour obtenir deux séries de cordons : les cordons impairs, par exemple, qui s'élèvent à 2 m. 50 de hauteur et garnissent de coursons la partie inférieure de la muraille et les cordons pairs qui portent des coursons à partir de 2 m. 50 de hauteur jusqu'au sommet de la muraille (fig. 253). Il n'est pas possible, en effet, de faire développer, à un cordon de 5 mè-

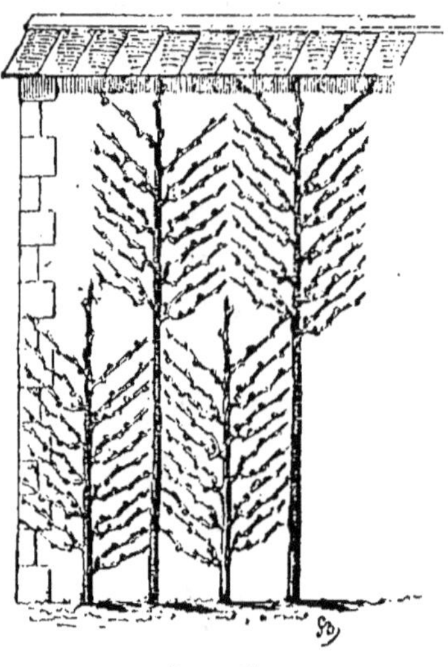

Fig. 253

Cordons verticaux à deux séries.

tres, des branches fruitières de la base au sommet, la sève se portant de préférence à la partie supérieure, le bas se dégarnirait certainement.

Lorsqu'on possède le terrain des deux côtés de la muraille, on plante la moitié des vignes, soit les vignes paires par exemple, de l'autre côté de la muraille et on les amène du côté sud en les faisant passer dans des trous creusés dans la muraille à 0 m. 30 de hauteur. On donne ainsi plus d'espace aux racines des vignes.

Formation de la charpente des cordons verticaux

1° Cordons portant des coursons à partir de leur base.

La première année la vigne est taillée à environ 0 m. 50 du sol (fig. 254), et on laisse développer à la partie supérieure deux coursons *a* et *b* (fig. 255), que l'on pince à 0 m. 65 de longueur et un bourgeon de prolongement C qui est pincé aussi long que possible, c'est-à-dire au sommet de la muraille. Plus le bourgeon de prolongement sera long, plus il portera de feuilles, plus il sera vigoureux et capable de donner l'année suivante plusieurs coursons et un bourgeon de prolongement bien constitués. Tous les bourgeons qui naîtraient plus bas seraient supprimés (fig. 255).

L'année suivante au printemps on compte à la base du bourgeon de prolongement C (fig. 255) deux yeux de côté n° 1 et n° 2 qui alternent avec les coursons précédents, chaque œil étant distant de 15 à 20 centimètres du courson précédent situé du même côté, et on taille sur un troisième œil n° 3 qui donnera naissance à un nouveau bourgeon de prolongement, et ainsi

Fig. 254

Première taille du cordon vertical.

de suite chaque année. Cet œil n° 3 doit se trouver en avant de la vigne ; s'il n'occupait pas cette position on pourrait l'y amener par une torsion du bourgeon lorsqu'il est encore vert.

Cependant, avec des vignes très vigoureuses, on pourrait essayer de prendre, chaque année, trois coursons et un bourgeon de prolongement ; on serait ainsi amené à tailler au-dessus de l'œil n° 4 (fig. 255). Si dans ces conditions l'œil n° 1 ne se développait pas, on en conclurait que la taille a été trop longue.

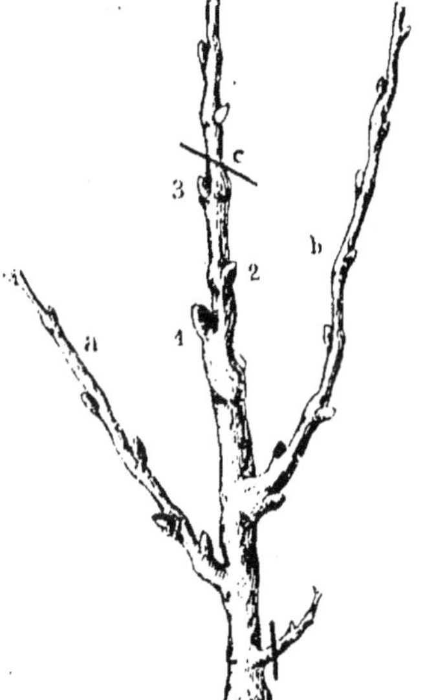

Fig. 255

Seconde taille du cordon vertical.

2° Cordons portant des coursons à mi-hauteur de la muraille
jusqu'à son sommet.

Comme les précédentes ces vignes sont taillées sur deux yeux l'année de plantation et l'on ne conserve qu'un seul bourgeon qui n'est pincé que s'il atteint le sommet de la muraille. L'année suivante ce cep est taillé à 0 m. 60 et même à 0 m. 70 de hauteur s'il est vigoureux. On lui conserve deux ou trois branches portant du raisin, lesquelles seront pincées deux feuilles au-dessus de la grappe, et un bourgeon de prolongement qu'on laissera se développer à volonté jusqu'au sommet de la muraille.

L'année suivante, au printemps, on supprimera complètement les deux ou trois coursons qui n'avaient été conservés que pour donner un peu de raisin et fortifier la vigne et le bourgeon de prolongement sera de nouveau taillé de 0 m.60 à 0m.70 de longueur ; on lui conservera encore provisoirement deux ou trois branches portant du raisin et un bourgeon de prolongement, et ainsi de suite chaque année jusqu'à ce qu'on arrive à mi-hauteur de la muraille, point à partir duquel ce cordon de la seconde série doit porter des coursons. A partir de ce moment, ce cep de la seconde série est traité comme ceux de la première série.

La vigne donnant généralement des bourgeons de prolongement atteignant en une année 3 ou 4 mètres de longueur et plus, on pourrait être tenté, pour gagner du temps, de les tailler à mi-hauteur de la muraille dès l'année qui suit leur développement et de commencer ainsi les vignes hautes presque en même temps que les vignes basses. Ce serait commettre une erreur ; le corps de la vigne ainsi taillé à 2 m. 50 de hauteur serait par la suite mal constitué ; il serait plus gros dans sa partie supérieure qu'à sa base qui resterait mince ; le développement de cette vigne serait entravé et son avenir compromis. Il est préférable de faire des tailles successives à 0 m. 60 de longueur de manière à permettre à la tige de se développer en grosseur. La vigne ainsi traitée sera plus grosse à la base qu'au sommet, ce qui est logique.

Taille de la branche fruitière. — *Le raisin vient sur du beau bois de l'année qui se développe sur du beau bois de l'année précédente.*

Les bourgeons qui naissent des yeux latents sur le vieux bois sont généralement assez peu vigoureux, mais le seraient-ils qu'ils ne donneraient pas de raisin.

Soit (fig. 256), une branche fruitière bien constituée née sur du bois de l'année précédente et qui a été pincée à 0 m. 60 ou 0 m. 70 de longueur. Il est à remarquer que les yeux *a, b, c,* etc., donnent naissance à des bourgeons qui ont des chances d'être d'autant plus fertiles qu'ils s'éloignent de la base de la branche et se rapprochent de son milieu. L'œil *b* donnera probablement un bourgeon plus fertile que le bourgeon issu de l'œil *a* et ainsi de suite.

On taille généralement en *b* sur deux yeux bien développés. Les quelques yeux *x* (fig. 256) très rapprochés de la base,

FIG. 256

Taille de la branche fruitière.

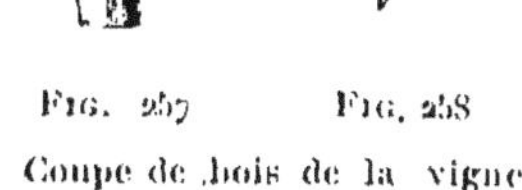

FIG. 257   FIG. 258

Coupe de bois de la vigne.

imparfaitement développés et appelés *bourillons*, ne comptent plus.

Le bois de la vigne étant tendre et la moelle abondante, la coupe se fait deux centimètres au-dessus de l'œil (fig. 257), car l'eau pénètre facilement la moelle et la décompose. On reconmande même, surtout pour les vignes de plein air, de tailler au milieu du nœud de l'œil suivant (fig. 258) ; la lame du sécateur passe ainsi au milieu de la cloison qui ferme l'étui médullaire, de sorte qu'on évite la pénétration de l'eau dans la moelle, mais on doit alors supprimer les onglets à la taille suivante. On a encore recours à ce procédé lorsque la vigne est taillée trop tard en saison et que l'on craint que la sève s'échappe par les coupes faites sur la vigne.

En taillant ainsi sur deux yeux on obtient deux branches F et R (fig. 259), qui pourront donner du raisin.

FIG. 259

Pincement de la branche fruitière.

Les branches fruitières de vigne ne portent du raisin qu'une seule fois, puisque le raisin vient sur du beau bois de l'année même ; l'année suivante il faudra donc remplacer les deux branches F et R (fig. 259) tout en s'éloignant le moins possible de la branche de charpente. Pour obtenir ce résultat, on rabattra le courson en c sur la branche R la plus rapprochée du cordon et on taillera celle-ci sur deux yeux.

Les deux branches F et R n'ont donc pas la même importance. La branche R, dite *branche de remplacement*, est indispensable ; elle doit être conservée, même si elle ne porte pas de raisin, car c'est sur elle qu'on doit asseoir la taille ; elle doit acquérir un beau développement, c'est pourquoi on la pince aussi long que possible, à 0 m. 70 de longueur et plus afin de lui faire porter beaucoup de feuilles qui attireront beaucoup de sève.

La branche F, dite *branche fructifère*, est ainsi appelée parce qu'on espère qu'elle portera du raisin. On estime qu'un courson doit porter deux grappes. Si les deux grappes étaient portées par la branche R, la branche F serait supprimée. Cette branche F est toujours supprimée si elle ne porte pas de raisin, ce que l'on peut constater dès qu'elle a développé 4 ou 5 nœuds : c'est tout à la fois de la sève et de l'espace qui reviennent à la branche R et la fortifient.

Si la branche F porte du raisin, elle est pincée assez court, deux feuilles au-dessus de la grappe en *a*, afin qu'elle nuise le moins possible à la branche de remplacement.

Si les branches F et R portent chacune une grappe, on les conserve toutes les deux, mais la branche R est pincée long, en *b* à 0 m. 65 et la branche F est pincée relativement court : deux feuilles au-dessus de la grappe.

En résumé, on voit que toutes les précautions sont prises pour obtenir une branche de remplacement suffisamment forte ; l'année suivante en rabattant en C et en taillant la branche de remplacement sur deux yeux, on a bien des chances d'obtenir des bourgeons fertiles.

Pour être plus sûr d'obtenir du fruit chez certaines variétés vigoureuses, comme le frankenthal, on les taille quelquefois sur 3 ou 4 yeux (fig. 260). On ne s'éloigne pourtant pas plus vite du cordon, car on ne conserve que deux branches : 1º la branche de remplacement qui naît de l'œil *a* le plus rapproché du cordon ; 2º la branche fructifère provenant de l'œil C, par exemple, c'est-à-dire celle qui porte le plus beau raisin, et toutes les branches provenant des autres yeux tel que *b* sont supprimées. Après quelques tailles le courson s'allonge, la nécessité de tailler long se fait moins sentir.

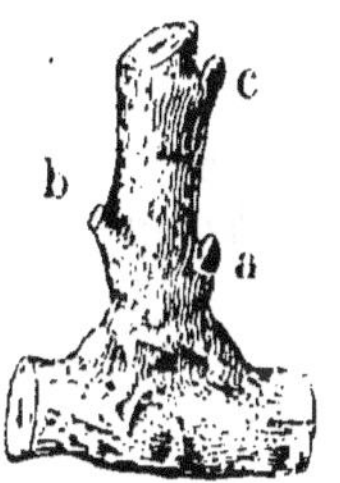

Fig. 260

Taille sur trois ou quatre yeux.

Malgré la précaution que nous prenons chaque année de rabattre le courson sur la branche la plus rapprochée du cordon il finit avec le temps par s'allonger (fig. 261) et l'on conçoit que la sève circule difficilement dans toutes les ramifications qui le constituent, aussi le développement des branches fruitières laisse-t-il alors à désirer. On profite volontiers d'une branche C qui se développe à la base sur le cordon lui-même, pour renouveler le courson (fig. 261). La branche C poussant

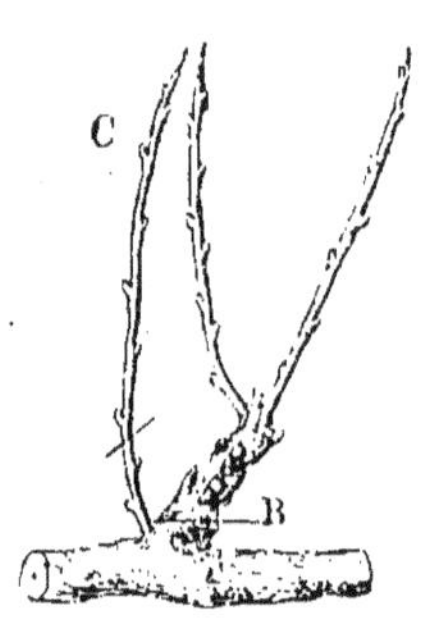

Fig. 261

Rajeunissement des vieux
coursons.

sur le vieux bois ne donne pas de raisin, mais on peut conserver une des deux branches qui se trouvent à l'extrémité supérieure du courson, celle qui porte la plus belle grappe.

On peut essayer de provoquer l'émission du bourgeon de remplacement désiré en faisant, au printemps, une piqûre avec la pointe de la serpette dans l'écorce, à la base du courson trop allongé.

Au printemps suivant on supprime le courson en taillant en B (fig. 261) et la branche de remplacement C est taillée sur deux yeux.

Époque de la taille. La taille de la vigne doit se faire assez tôt, en janvier ou février en serre, et fin février ou commencement de mars en plein air afin de donner aux vaisseaux qui aboutissent à la coupe le temps de se rétrécir et de se boucher avant la végétation. On empêche ainsi la vigne de pleurer au printemps.

Il ne faut point vouloir couper, pendant la poussée de la sève, les branches oubliées à la taille ; ceci amènerait un écoulement séveux qu'on évitera en réparant l'oubli plus tard, lorsque la vigne portera des feuilles.

Cordon horizontal à la Thomery. Lorsque les murailles du jardin sont élevées, on fait quelquefois passer un cordon horizontal de vigne au-dessus des poiriers ou des pêchers en espalier. Il faut avoir soin de réserver une hauteur de muraille de 0 m. 60 à 0 m. 70 au-dessus du cordon pour y palisser les branches fruitières qui, dans cette forme comme dans les autres, sont toujours pincées à 0 m. 60 ou 0 m. 70 de lon-

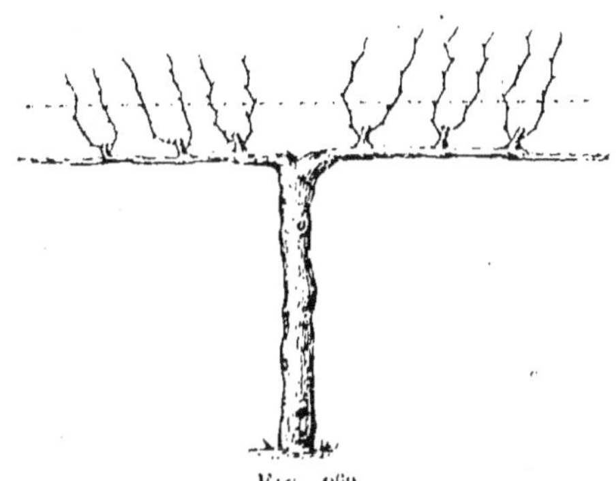

Fig. 262

Cordon horizontal.

gueur (fig. 262). Comme installation, il suffit de tendre horizontalement deux fils de fer galvanisé n° 14 ou 15 : le premier qui passe à la hauteur du cordon et qui sert à l'attacher, et le second à 0 m. 25 au-dessus du premier pour y palisser les coursons.

Des auvents en verre facilitent la maturation du raisin et permettent la culture des variétés plus tardives.

Le cep étant arrivé, après plusieurs tailles de 0 m. 70, à la hauteur du cordon horizontal (voir formation du cordon vertical, deuxième série), on le taille et on incline l'extrémité de manière à ce

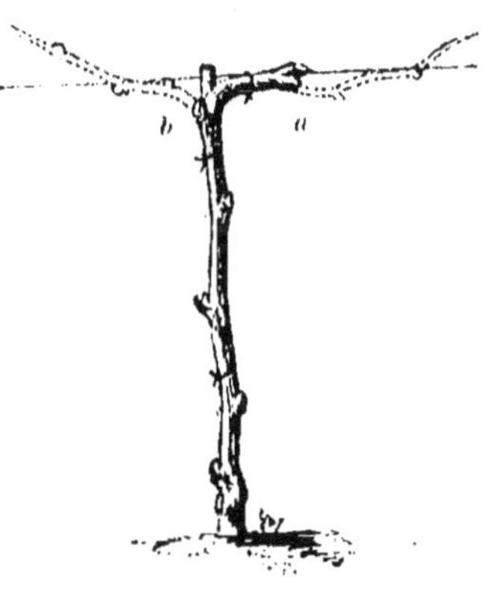

Fig. 263

Formation du cordon horizontal.

que l'œil supérieur *a* (fig. 263) se trouve en dessous du cordon, et que le second œil *b* soit placé sur le sommet

de la courbure et un peu en dessous du niveau du fil de
fer ; de cette manière, ces deux yeux produiront deux
cordons que l'on diri-
gera l'un à droite, l'au-
tre à gauche, et qui
prendront naissance à
la même hauteur.

On pourrait arriver
au même résultat en
coupant la vigne, l'an-
née précédente, au mois
de juin, sur un œil situé
un peu en dessous du
niveau du cordon hori-
zontal. Cet œil donne
naissance à un bour-
geon anticipé que l'on
taille, l'année suivante,
au printemps, à deux
centimètres de sa base
(fig. 264); plusieurs
bourgeons se dévelop-
pent, on en choisit deux
convenables pour for-
mer le cordon horizon-
tal. Ces deux bourgeons
sont palissés oblique-

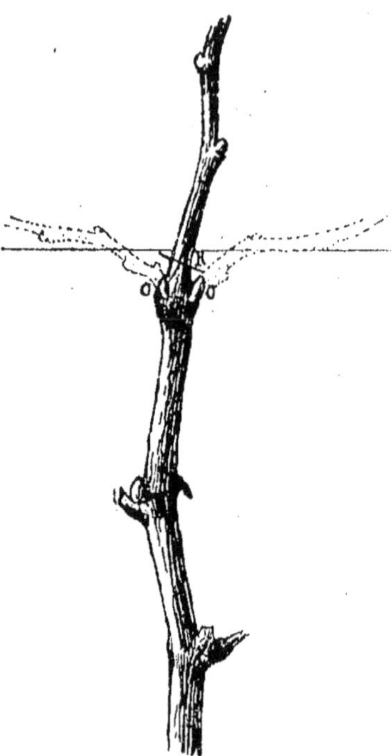

Fig. 264

Formation du cordon horizontal.

ment, et on les laisse pousser à volonté ; on ne les pince
guère qu'à 3 ou 4 mètres de longueur. L'année suivante, au
printemps, on les palisse horizontalement, et chaque
branche est taillée sur 4 ou 5 yeux choisis de la manière
suivante : 3 ou 4 yeux situés à la partie supérieure du
cordon a, b, c (fig. 265) pour former des branches fruitières,
et le dernier, d, situé à la partie inférieure pour donner naissance à un bourgeon de prolongement qui est traité comme
les précédents. Le résultat de la taille est indiqué par la

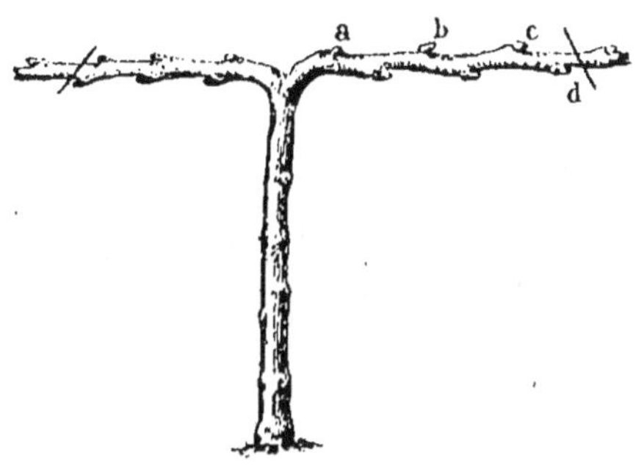

Fig. 265

Taille du cordon horizontal.

figure 266, *a*, *b*, *c* sont des branches fruitières que l'on pince
à 0 m. 60 ou 0 m. 70 de longueur ; *d*, le bourgeon de prolongement qui est palissé obliquement et pincé à 3 ou 4 mètres
de longueur ; les bourgeons *e* qui se développent à la partie
inférieure du cordon sont
supprimés lorsqu'ils ont quelques centimètres de longueur.

Le nombre de branches
fruitières à faire développer
chaque année sur chacun des
bras du cordon varie selon
la vigueur des vignes.

On donne ordinairement
à chaque bras une longueur
de 1 m. 50 soit 3 mètres de
cordon horizontal fourni par
chaque pied de vigne. Ici

Fig. 266

Résultat de la taille du
cordon horizontal.

encore il n'y a point de règle fixe ; on conçoit en effet que
ce développement peut varier selon la qualité du sol et la
variété cultivée.

Treille à la Thomery. On garnit quelquefois les murailles
de cordons horizontaux et on donne à l'ensemble le nom de

treille à la Thomery (fig. 267). Le premier cordon passe à
0 m. 40 du sol ; le cordon supérieur à 0 m. 70 du sommet de la
muraille ; la distance entre les cordons sera de 0 m. 70 ; les

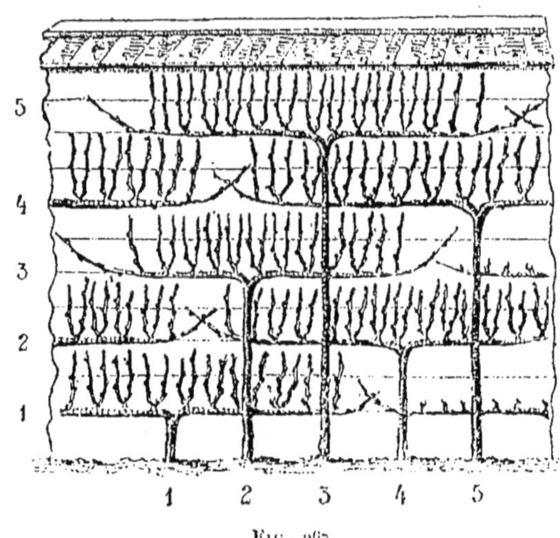

Fig. 267

Vigne en espalier, forme Thomery.

branches fruitières dans cette forme pourront donc atteindre
cette longueur. Chaque cordon bilatéral aura une longueur de
3 mètres, c'est-à-dire 1 m. 50 pour chaque bras.

Soit une muraille de 3 m. 90 de hauteur ; elle sera garnie
de 5 cordons (fig. 267) et les ceps qui doivent les former seront
plantés à 0 m. 60 de distance.

Le 1er cep formera le 1er cordon ;

Le 2e — — 3e —

Le 3e — — 5e —

Le 4e — — 2e —

Le 5e — — 4e —

Comme installation la muraille sera garnie de fil de fer
galvanisé n° 15 ou 16 tendu horizontalement à une distance
de 0 m. 35, le premier fil recevra le premier cordon, le second
fil ses branches fruitières et ainsi de suite.

Chaque cep subira au printemps de l'année une taille de 0 m. 70 de longueur jusqu'à ce qu'il ait atteint la hauteur où il doit former le cordon (voir la formation des cordons verticaux, 2ᵉ série), ensuite on leur appliquera la taille du cordon horizontal. On reproche à cette forme de garnir lentement la partie supérieure de la muraille, mais les branches fruitières se remplacent mieux dans cette forme que dans les cordons verticaux.

Taille à long bois. — Soit un cep de vigne taillé sur deux yeux bien constitués. Il donne naissance la première année à deux bourgeons A et B que l'on palisse pour éviter leur rupture et que l'on pince très long à 3 ou 4 mètres de longueur (fig. 268).

Fig. 268

Taille à long bois. — 1ʳᵉ année.

Fig. 269

Taille à long bois. — 2ᵉ année.

La deuxième année, au printemps, la branche B, la plus éloignée de la base du cep, est inclinée et taillée plus ou moins long selon sa vigueur pour la couvrir de branches fruitières qui vont donner du fruit ; la branche A, la plus rapprochée de la base du cep, est taillée sur deux yeux pour obtenir deux nouvelles branches C et D qu'on palisse plus ou moins verticalement. Le résultat de cette taille est indiqué par la figure 269.

La troisième année, au printemps, la branche B est supprimée en coupant contre la branche A (fig. 269) ; le sarment

supérieur D est incliné et taillé à long bois et le sarment C
est taillé sur deux yeux. Le résultat de l'opération est indiqué
par la figure 270 et ainsi de suite. Chaque année on supprime

Fig. 270

Taille à long bois. — 3e année.

non seulement les branches fruitières de l'année précédente,
mais le sarment qui leur a donné naissance, autrement dit,
on procède au remplacement non seulement des branches
fruitières, mais au remplacement de la charpente et on
récolte chaque année du raisin sur des branches fruitières
naissant sur du bois d'un an.

On parvient par cette méthode à faire fructifier des sujets
très vigoureux et peu fertiles, mais on conçoit que cette taille
soit épuisante et ne puisse réussir qu'avec des variétés vigoureuses cultivées en sol riche en engrais.

Lorsqu'on est trop éloigné du pied de la vigne, on recom-
mence la série des opérations en taillant sur un bourgeon développé vers la partie inférieure de la vigne.

La taille à long bois se prête bien à la conservation du raisin à rafle fraîche. A l'approche des gelées on coupe le sarment D (fig. 270) et on le porte au fruitier garni de toutes
ses grappes, en ayant soin de plonger la base du sarment

dans l'eau (additionnée de charbon de bois ou de noir animal Voir *Conservation du raisin*, page 307.)

Cordons bisannuels de vigne. — Voici une culture qui est à proposer contre une muraille peu élevée, exposée au sud ou au sud-est.

Les ceps sont plantés à 0 m. 60 de distance. Supposons-les en pleine production et numérotés de 1 à 10 et plus.

Cette année nous trouvons au printemps les vignes impaires rabattues sur deux yeux (fig. 271) ; nous leur laisserons développer un beau bourgeon qui sera palissé contre un tuteur et pincé à 3 ou 4 mètres de hauteur.

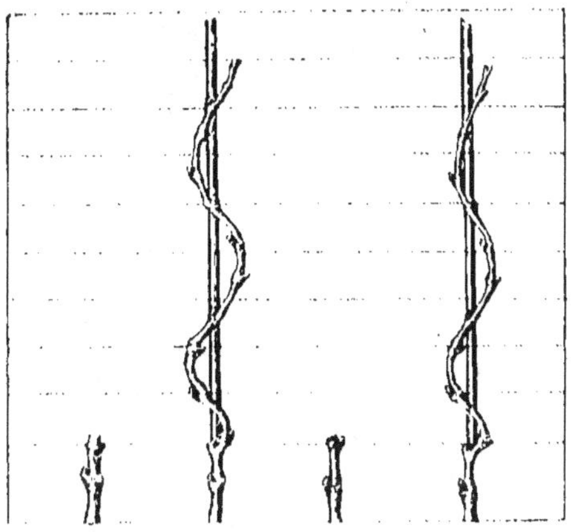

Fig. 271
Cordons bisannuels de la vigne en mars.

Les sarments pairs, qui se sont développés l'année précédente, sont taillés à 1 m. 50 de hauteur et disposés en serpenteau pour donner du raisin. Ils produisent des branches fruitières que l'on pince deux feuilles au-dessus des grappes (fig. 272).

Lorsque le raisin est mûr, et avant les gelées, on enlève les feuilles sur les branches fruitières et on coupe les ceps en laissant quelques yeux au pied.

Ces ceps sont portés au fruitier garnis de toutes leurs grappes et l'on plonge leur base dans des flacons remplis d'eau additionnée de charbon de bois ou de noir animal.

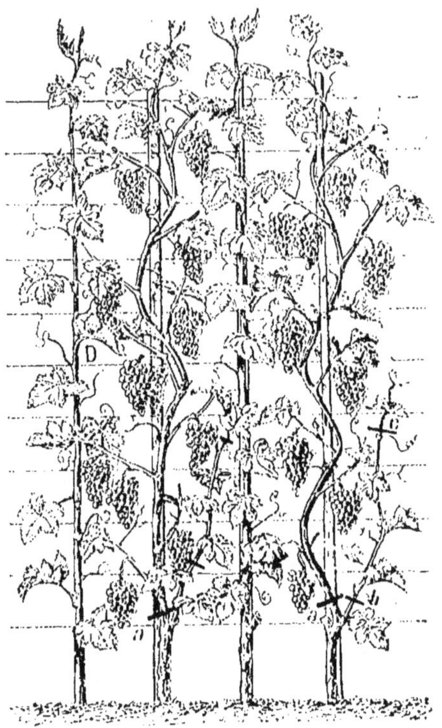

FIG. 272
Cordons bisannuels de vigne en septembre.

L'année suivante, ce sont les vignes impaires qui produiront le raisin, et ainsi de suite.

Soins à donner à la vigne pendant la saison estivale

Ebourgeonnement. — On pratique l'ébourgeonnement, c'est-à-dire la suppression des bourgeons inutiles, dès que les grappes sont apparentes, ce qui arrive lorsque les bourgeons ont développé leur quatrième ou cinquième nœud ; on les coupe soit au moyen de l'écussonnoir soit avec le sécateur.

Nous avons vu que les branches fruitières doivent se trouver de chaque côté du cordon à une distance de 0 m. 15 à 0 m. 20.

Palissage. — On palisse les branches au fur et à mesure de leur développement, lorsqu'elles ont environ 40 centimètres de longueur, en les inclinant sur un angle de 30 degrés avec l'horizon en ce qui concerne les cordons verticaux. On se presse moins de palisser celles qui sont chétives. On procède à cette besogne l'après-midi ; le matin ces jeunes branches gorgées de sève casseraient plus facilement. Pour les abaisser, on a soin de les faire fléchir sur toute leur longueur sans trop incliner la base, car elles sont sujettes à s'éclater sur l'empattement. On les amène quelquefois dans leur position définitive en plusieurs fois. Du reste, si la difficulté est trop grande, il est bon de retarder l'opération ; on donne ainsi au tissu fibreux le temps de se développer et la branche casse moins facilement. On les lie au-dessous d'une feuille afin de leur permettre de continuer à s'allonger.

Pincement. — Nous savons déjà que la branche dite de remplacement R (fig. 259, p. 292), doit être pincée long, à 0 m. 70 et la branche fructifère F à deux feuilles au-dessus de la grappe ; il est complètement inutile, en effet, de fortifier une branche qui doit tomber à la prochaine taille. Les bourgeons anticipés, qui ne tardent pas à se développer à la suite de cette opération, sont eux-mêmes pincés sur une feuille en a (fig. 273) ; mais ces suppressions ne doivent jamais avoir pour résultat de découvrir les grappes en les exposant au soleil, ce qui nuirait considérablement à leur développement ;

Fig. 273

Pincement du bourgeon anticipé.

il est important de laisser, à l'occasion, quelques feuilles supplémentaires pour ombrager les grappes. Cette observation est aussi importante pour la culture en plein air que pour la culture sous verre. On supprime aussi toutes les vrilles.

Dans les vignes vigoureuses, le bourgeon de prolongement, quoique n'étant pas pincé, donne naissance à des bourgeons anticipés ; il est mieux de ne point supprimer ces derniers, mais de les palisser comme des branches fruitières et de les pincer à 0 m. 70 ; leur feuillage s'ajoute à celui du bourgeon de prolongement et ne peut que concourir à le fortifier.

Toutes ces opérations : ébourgeonnement, palissage, pincement, doivent être commencées avant la floraison, aussitôt que le développement des branches les rend nécessaires ; on les suspend pendant la floraison afin de laisser la vigne parfaitement tranquille pendant cette période et on les reprend aussitôt après.

Il est un préjugé assez répandu qui consiste à penser qu'il ne faut toucher aux vignes qu'après la floraison ; le travail est alors difficile, les suppressions nombreuses, importantes, et il est évident que toute la sève qui a servi à élaborer les parties retranchées ne peut pas concourir au développement des parties qui restent. En résumé, il ne faut jamais attendre que les bourgeons soient très développés pour les supprimer ; on apporterait ainsi un trouble dans la circulation de la sève et on affaiblirait inutilement la vigne.

Le pincement doit être terminé avant l'époque de la coloration du raisin et on ne doit pas le continuer pendant cette période.

Incision annulaire. — En enlevant un anneau d'écorce de trois à quatre millimètres de largeur sur la branche fruitière, immédiatement en-dessous de la grappe et aussitôt après la floraison, on avance, dit-on, la maturité du raisin qui devient plus gros et

Fig. 274

Incision annulaire.

meilleur (fig. 274), on empêcherait même l'avortement des fleurs en pratiquant cette opération avant la floraison. On fabrique un instrument spécial avec lequel on opère rapidement. Ce procédé ne doit pas être considéré comme indispensable.

Suppression des grappes trop nombreuses. Cisellement du raisin.

On conserve généralement deux grappes par courson qu'on laisse porter par la branche de remplacement ou par la branche fruitière, ou encore par les deux à la fois. Cependant lorsque la branche de remplacement est faible, il est préférable de ne point lui laisser porter de raisin.

On ne saurait trop recommander le cisellement du raisin cultivé en plein air ; il permet aux grains de devenir plus gros, de mûrir plus tôt et surtout de mieux se conserver à l'arrière-saison, car c'est toujours dans les grains trop serrés que la pourriture se développe.

On se sert, pour pratiquer le cisellement, de ciseaux spéciaux à lames étroites, et à pointes mousses, se mouvant comme un sécateur à l'aide d'un ressort, ou encore de ciseaux ordinaires à lames étroites. On soulève la grappe par sa pointe et l'on fait tomber tous les grains situés à l'intérieur et ceux qui sont mal conformés ou trop rapprochés ; on supprime aussi l'extrémité de la grappe sur une longueur de deux ou trois centimètres parce qu'elle se compose généralement de grains mûrissant difficilement. La grappe ciselée doit conserver sa forme naturelle (fig. 275), et se composer de grains isolés les uns des autres qui, lors de la maturité, se toucheront sans se déformer (fig. 276) Lorsque les grappes sont très grosses, il est bon de déployer les ramifications supérieures, les épaules, en les soutenant au moyen d'un lien qui est attaché au treillis.

On a soin, en pratiquant le cisellement, de ne pas toucher les grains de raisin ni avec les doigts ni avec les cheveux ce qui pourrait leur donner des maladies.

On doit faire tomber la moitié des grains et quelquefois, davantage comme dans le Frankenthal ; d'autres variétés

comme le chasselas doré de Fontainebleau, seront égrainées
moins sévèrement. Il est bon, par la suite, de passer les grappes

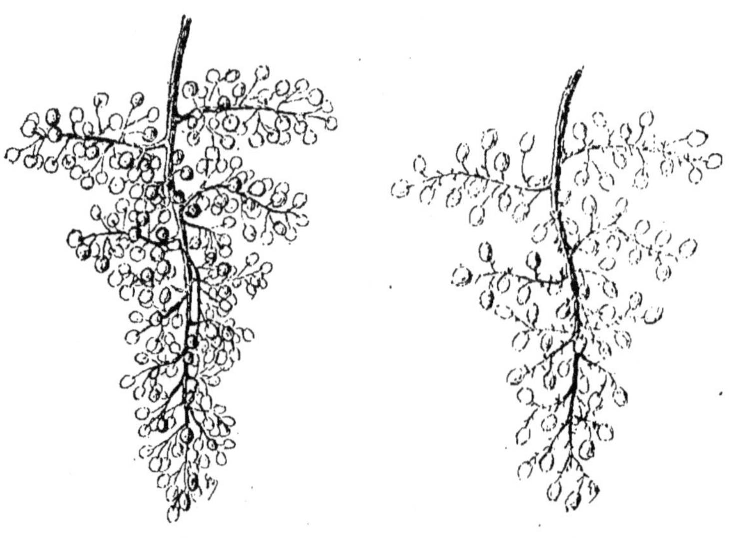

Fig. 275

La grappe avant le cisellement.

Fig. 276

La même grappe après le cisellement.

en revue une ou deux fois pour compléter cette opération.

Le cisellement doit se faire le matin ou le soir afin de ne pas
exposer au soleil les grappes que l'opérateur dégage de dessous les feuilles. Dans les grandes exploitations les ouvrières
qui procèdent au cisellement sont préservées des rayons du
soleil par un rideau.

Effeuillage. — L'effeuillage a pour but de hâter la maturation du raisin. Cette opération, qui n'est pas de première nécessité, doit se faire en trois fois. Lorsque le raisin commence à
s'éclaircir, on enlève les feuilles qui touchent la muraille, en
ayant soin de laisser les pétioles pour protéger les yeux qui se
trouvent à leur base ; on ralentit ainsi la végétation et on
permet au mur de s'échauffer davantage. Quelque temps plus

tard, lorsque le raisin commence à mûrir, on enlève les feuilles qui entourent les grappes sans cependant les découvrir complètement. C'est seulement quand le raisin blanc est bien transparent et presque mûr qu'on l'expose complètement au soleil en enlevant les feuilles qui recouvrent les grappes ; il ne tarde pas alors à prendre la teinte dorée qui le fait rechercher sur les marchés, mais il n'est pas pour cela de meilleure qualité, au contraire, la peau du raisin est alors plus dure et il se conserve moins facilement ; aussi fera-t-on bien de ne pas pratiquer cette troisième partie de l'effeuillage lorsqu'on produit le raisin pour sa propre consommation. On agira de même pour les variétés à fruits noirs parce que leurs grappes se colorent mieux à l'ombre.

L'effeuillage de la vigne doit se pratiquer par un temps sombre ; il est bon de le faire suivre d'un bassinage sur le sol.

Récolte et conservation du raisin. — La récolte du raisin doit se faire le matin, après l'évaporation de la rosée et avant que le raisin ne soit échauffé par le soleil. On commence la récolte par les grappes de la partie inférieure de la treille, les grappes de la partie supérieure se conservant mieux, surtout si l'on a soin de les préserver des pluies à l'aide d'auvents.

Les raisins de plein air sont récoltés fin octobre, par un temps sec, et ils peuvent être conservés dans le fruitier surtout s'ils ont été bien ciselés.

Le fruitier est une chambre saine, exempte d'humidité, et ayant une température constante de 4 à 8 degrés au-dessus de zéro, et où règne une obscurité complète.

Les grappes sont déposées séparément sur des claies recouvertes de paille de seigle : c'est le procédé de conservation à rafle sèche.

On peut aussi, à l'aide de petits crochets en fil de fer, suspendre les grappes par leur partie inférieure de manière que la grappe étant retournée, les grains s'écartent les uns des autres par leur propre poids ; mais le raisin se flétrit un peu plus que par la méthode précédente.

Enfin, on peut aussi conserver très longtemps le raisin à

rafle fraîche. Pour cela on coupe non pas la grappe, mais la branche qui la porte de manière à laisser trois yeux au-dessous de la grappe et deux yeux au-dessus. On retranche les feuilles, et on plonge la base des branches dans des flacons de 125 grammes environ supportés par un râtelier incliné pour forcer la grappe à pencher en avant (fig. 277). Ces flacons sont remplis d'eau additionnée d'une cuillerée de poussière de charbon de bois ou de noir animal qui l'empêche de se corrompre.

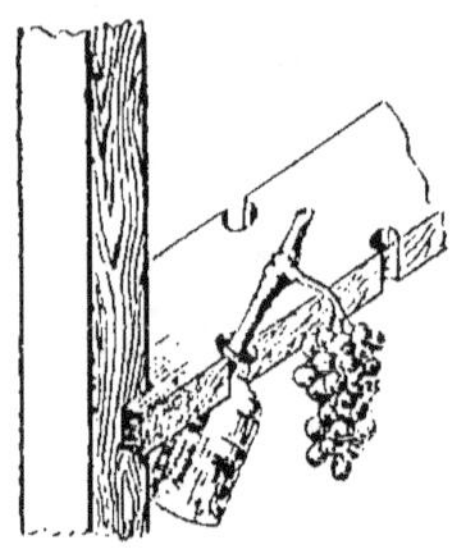

Fig. 277

Conservation du raisin

Le raisin ainsi placé dans une pièce obscure, sèche et ayant une température uniforme de 4 à 8 degrés peut se conserver jusqu'en mai.

Quel que soit le mode de conservation, on doit visiter le raisin plusieurs fois par semaine pour enlever les grains gâtés. Nous avons vu, page 299 que la taille de la vigne à long bois rendait plus facile la conservation à rafle fraîche.

Animaux nuisibles à la vigne

Les **Oiseaux** : moineaux, merles, etc., sont très friands de raisin ; un filet tendu devant la treille serait très suffisant pour le garantir contre leurs déprédations. Mais il ne faut pas oublier que nous aurons encore à défendre le raisin, surtout le raisin hâtif, contre les *guêpes* et alors il devient plus économique de préserver le raisin des attaques tout à la fois des oiseaux et des guêpes en mettant, par un temps sec, les grappes dans des sacs en crin ou en toile claire passée à l'huile de lin. Voir la destruction des guêpes, page 257.

Les **Forficules** ou perce-oreilles, *Forficula auricularia Linn.*, sont des orthoptères qui s'attaquent aussi au raisin. Voir leur destruction à la page 257.

L'Anisoplie horticole, *anisoplia horticola. Linn.* (fig. 278), encore appelée hanneton de la Saint-Jean, a 1 centimètre de longueur, la tête et le corselet d'un vert brillant, les élytres marron. Cet insecte se multiplie surtout dans les serres à vignes.

Destruction : fumer le terrain avec du purin.

L'Otiorhynque sillonné, *otiorhynchus sulcatus* de 10 millimètres de longueur et *l'Otiorhynque de la livèche, otiorhynchus ligustici* encore appelé bécard, diablot, long de 10 millimètres (fig. 279), sont

Fig. 278

Anisoplie horticole, 1. 10.

des coléoptères qui attaquent les vignes surtout lorsqu'elles sont plantées sous verre. Les larves rongent les racines et les insectes parfaits les jeunes bourgeons et les feuilles.

Pour les combattre on peut employer dans la terre le sulfo-carbonate de potasse à l'état de solution concentrée ou à l'état

Fig. 279

L'Otiorhynque ou charançon de la livèche, 1. 10.

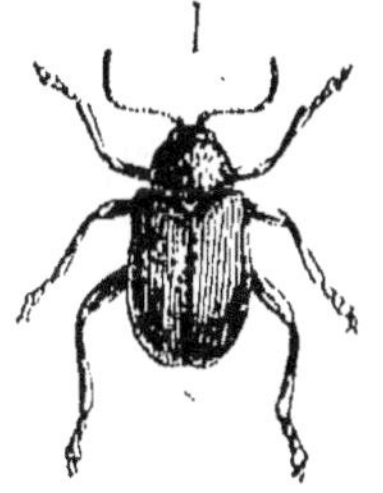

Fig. 280

Eumolpe de la vigne grossi, 1. 5.

pulvérulent mélangé à la chaux ; mais l'emploi de cet insecticide ne doit pas empêcher de faire la chasse, la nuit, aux insectes parfaits, en plaçant sous la vigne une toile dans laquelle ils tombent lorsqu'on secoue brusquement les ceps.

Les insectes qui attaquent la vigne dans le Midi sont plus nombreux, on cite encore parmi les principaux :

L'**Eumolpe de la vigne**, *Bromius vitis. Fabr.*(fig. 280), encore appelé écrivain, gribouri, petit coléoptère noir, à élytres roux, qui attaque les feuilles et les grains de raisin ainsi que les racines de la vigne.

Destruction : Secouer les sarments attaqués au-dessus d'une toile. Détruire les insectes souterrains par des sulfurages.

Le **Rhynchite de la vigne**, *Rhynchites betuleti. Fabr.*(fig. 281) encore appelé rhynchite vert, urbec, cigarier. Ce coléoptère

Fig. 281

Rhynchite de la vigne, L. 5 à 6.

pond sur les feuilles de vigne et les roule en cigare. Il attaque aussi le poirier.

Destruction : En mai et juin, enlever les feuilles roulées pour détruire les larves.

L'**Altise de la vigne**, *Altica ampelophaga* (fig. 282). Ce coléoptère de 4 millimètres de longueur est très nuisible aux vignes dans le Midi de la France et en Algérie.

Les larves rongent les feuilles de la partie inférieure de la vigne et les jeunes grappes.

Destruction : Secouer de grand matin les ceps au-dessus d'un entonnoir communiquant à une poche de toile.

La **Pyrale de la vigne**, *Œnophthira Pilleriana. Denis*(fig.283) est un petit lépidoptère dont la chenille naît en août-septembre, hiverne sous l'écorce des ceps, dans les fissures des échalas pour en sortir au printemps et se nourrir des bourgeons, des feuilles et des fruits de la vigne.

Destruction : En hiver, lorsqu'il ne gèle pas, ébouillanter les

Fig. 282
Altise de la vigne
grossie, l. 4.

Fig. 283
La pyrale de la vigne
E. 20.

Fig. 284
La cochylis roserana
E. 15

ceps après les avoir taillés. Les échalas sont aussi traités à l'eau bouillante ou soumis au soufrage sous un tonneau défoncé à une extrémité.

La **Cochylis** vulgairement teigne de la grappe, *cochylis roserana Frolich* (fig. 284), papillon jaune paille de 15 millimètres d'envergure. Les chenilles rosées, de 8 millimètres de longueur, appelées vulgairement vers rouges, vers coquins, réunissent les fleurs et les petits grains de raisin au moyen de fils de soie puis les rongent.

Destruction : Décortiquer les souches et brûler les débris. On pratique aussi l'ébouillantage des ceps et des échalas en hiver.

Le **Phylloxera** de la vigne, *Phylloxera vastatrix, Planchon,*

Fig. 285
Vu par dessus

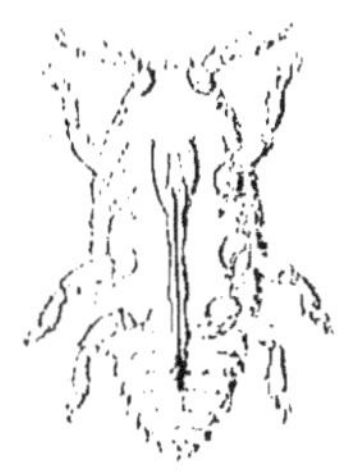

Fig. 286
Phylloxera, l. 0,45
Vu par dessous

Fig. 287
*Enfonçant son suçoir
dans une racine*

est un puceron originaire d'Amérique d'où il a été importé vers 1863 (fig. 285, 286, 287). Il attaque principalement les racines de la vigne dont il suce la sève. On l'a combattu par les injections souterraines de sulfure de carbone et de sulfocarbonate de potassium, par la submersion des vignes, par leur ensablement, et enfin on a tourné la difficulté en greffant les vignes françaises sur les cépages américains qui résistent aux attaques du phylloxera.

Principales maladies de la vigne

Les principales maladies de la vigne sont produites par des champignons microscopiques que l'on combat le plus souvent :

1º En enlevant des ceps les vieilles écorces que l'on a soin de brûler ainsi que toutes les parties retranchées par le nettoyage et la taille.

2º En pulvérisant, au repos de la végétation, sur les ceps nettoyés et taillés, la dissolution de sulfate de fer et d'acide sulfurique indiquée page 67.

3º En pulvérisant le plus tard possible, avant toute végétation, soit la bouillie bordelaise forte, soit la bouillie Michel Perret 4 ou 5 %

4º En pulvérisant à plusieurs reprises, au cours de la végétation, soit la bouillie bordelaise faible, soit la bouillie Michel Perret 1 p. 100.

C'est donc surtout en détruisant les spores des champignons, pendant le repos de la végétation, que l'on combat les maladies cryptogamiques, puis, pour empêcher les spores qui ont pu échapper à ce nettoyage de se développer au printemps, on fait en sorte que les vignes soient recouvertes, à cette époque, de bouillie bordelaise forte ; enfin, lorsque la vigne est en végétation, on continue à combattre le développement des champignons qui peuvent rester à l'aide de la bouillie bordelaise faible 1 p. 100, qui est suffisante pour détruire les champignons en voie de développement sans nuire à la vigne.

Oïdium Tuckeri. C'est un champignon qui se développe sur les jeunes pousses, sur les deux faces des feuilles et aussi sur les grains de raisin (fig. 288).

Il se forme sur les feuilles des taches blanches qui, en s'étendant, deviennent grisâtres ou gris bleuâtre. Ces taches sont grasses au toucher et répandent une odeur de moisi.

On combat cette maladie avec la fleur de soufre. On soufre au moins trois fois.

1° Lorsque les bourgeons apparaissent ;

2° Avant la floraison ;

3° Après la floraison.

On soufre vers 9 ou 10 heures du matin après l'évaporation de la rosée, par un temps calme et assez chaud (25 à 30°).

Pour projeter la fleur de soufre, on se sert soit d'une pomme d'arrosoir, soit préférablement d'un soufflet spécial.

On peut préventivement combattre l'oïdium, dans l'intérieur des serres, en déposant, sur des planchettes exposées au soleil, de la fleur de soufre qu'on renouvelle de temps en temps. La fleur de soufre doit être conservée au frais dans un récipient bien bouché.

Fig. 288
Raisin envahi par l'oïdium.

Quand les vignes ont été atteintes par l'oïdium, il faut avoir soin, en février, aussitôt après la taille, d'enlever les vieilles écorces. L'opération est plus facile après une pluie, lorsque les tiges sont mouillées. On les lave ensuite à l'eau de savon, puis on les enduit de bouillie bordelaise forte additionnée de fleur de soufre selon la formule suivante :

Chaux vive délitée : 2 kilogs.

Sulfate de cuivre : 1 kilog ;

Soufre : 0 k. 500 ;

Eau : 25 litres environ.

Un peu d'argile pour provoquer l'adhérence.

Mildiou. — Maladie produite par un champignon (*péronospora vilicola*) qui se développe sur les vignes par un temps chaud et humide ; elle se reconnaît à de petites taches blanches semblables à du sucre en poudre, apparaissant à la face inférieure des feuilles, surtout autour des nervures (fig. 289). La partie supérieure de la feuille correspondant aux taches blanches, présente un aspect d'abord jaunâtre puis roux et, en peu de temps, la feuille est envahie tout entière, se dessèche et tombe. La maladie attaque aussi les jeunes tiges et les raisins. Elle est plus commune en plein air que sous verre où elle ne se développe guère spontanément.

Fig. 289
Feuille de vigne atteinte du mildiou.

Lorsque le mildiou a envahi la vigne, il est impossible de détruire le mycélium du champignon qui est à l'intérieur de la feuille sans nuire à la feuille elle-même, aussi, pour combattre la maladie, s'en tient-on aux moyens préventifs.

Comme pour l'oïdium, aussitôt que les vignes sont taillées, on enlève les vieilles écorces que l'on brûle, puis on lave les vignes à l'eau de savon et on pulvérise la dissolution de sulfate de fer. Avant toute végétation en enduit les vignes de bouillie bordelaise forte qu'il est bon d'additionner de fleur de soufre pour éviter aussi l'oïdium.

Outre ce traitement, on fera des pulvérisations à la bouillie bordelaise faible, soit la bouillie Michel Perret à 1 p. % : 1° lorsque

Fig. 290
Rameau atteint par
l'anthracnose.

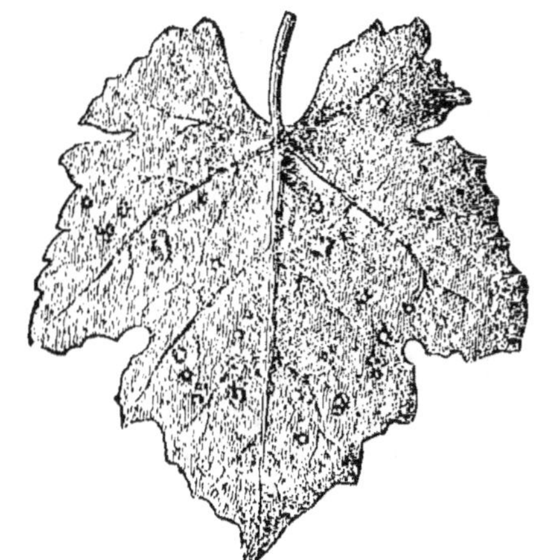

Fig. 291
Feuille atteinte d'anthracnose.

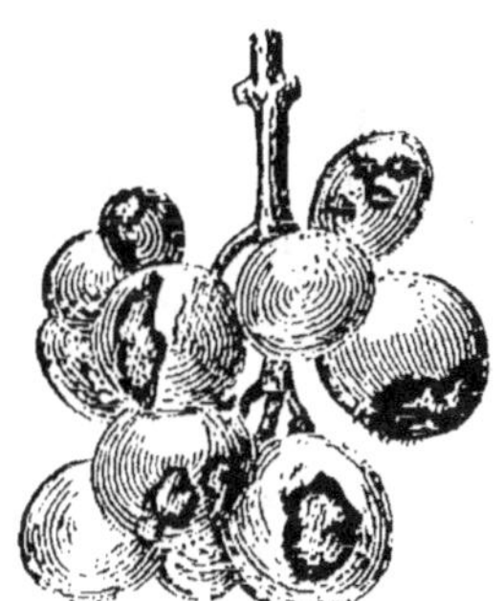

Fig. 292
Raisin atteint d'anthracnose.

les bourgeons auront 0 m. 20 de longueur ; 2° un peu avant la floraison ; 3° un peu après la floraison.

Anthracnose ou **Charbon.** Maladie produite par le *Gloesporium ampelophagum*. Les bourgeons, les feuilles et les fruits présentent des taches noires et pourrissent (fig. 290, 291, 292).

Traitement : Badigeonner les ceps après la taille et avant le départ de la végétation avec la solution suivante : sulfate de fer 5 kilogs, acide sulfurique 100 grammes, eau tiède que l'on ajoute avec précaution, un peu à la fois, 10 litres.

Black-Rot ou **Pourriture noire.** — Le champignon *Guignardia Bidwellii* attaque les grains de raisin qui présentent de petites taches d'abord noires puis rouge pâle, puis rouge brun, finalement le grain se dessèche et devient noir bleuâtre.

Traitement : Brûler à l'automne toutes les parties atteintes. Faire usage de la bouillie bordelaise forte avant le départ de la végétation et de la bouillie bordelaise faible à plusieurs reprises au commencement de la végétation.

Rot blanc. — Maladie produite par le *Coniothyrium diplodiella*, se comporte comme le Black-Rot avec cette différence que les grains deviennent d'un blanc grisâtre. Même traitement que pour le Black-Rot.

Pourridié ou **Blanc des racines.** — Causé par le *Dematophora necatrix*. On évite cette maladie en purgeant le sol des racines d'arbres morts et de tout fragment de bois et en le drainant s'il y a lieu.

Rouille. — La peau des raisins encore jeune et tendre prend une apparence rouillée. On ne connaît pas de remède et l'on doit se contenter d'enlever les raisins attaqués.

Pour prévenir cette maladie, il ne faut pas toucher les raisins ni avec les mains, ni avec les cheveux ; il faut aussi éviter les courants d'air froids ainsi que l'abus du soufre lorsque le fruit se développe.

La chlorose se constate sur les vignes plantées en sols trop humides ou trop calcaires. Voir page 139. La chlorose atteint aussi les vignes épuisées par des récoltes très abondantes non compensées par des apports d'engrais suffisants. Fumer abondamment le sol avec les vidanges, les cendres de bois, le nitrate de potasse, le superphosphate de chaux.

Culture de la vigne sous verre

La culture de la vigne sous verre pratiquée dans le nord de la France, en Belgique et en Angleterre a pour objet la production du raisin de table.

Les spécialistes choisissent de préférence, pour cette culture, des variétés à grosses grappes et à gros grains et ils sont arrivés à faire des récoltes très importantes de beaux raisins de luxe.

Mais il ne faut pas oublier que, pour obtenir ces résultats exceptionnels, il faut cultiver en sol très fertile et user d'engrais abondants et appropriés. L'amateur, qui désire se livrer à la culture du raisin dans sa véranda, ou dans sa serre adossée à une muraille, ne doit pas se contenter de planter les vignes dans un sol non défoncé et à le recouvrir ensuite d'un dallage ou d'un trottoir, privant ainsi les racines d'air et se mettant dans l'impossibilité de leur procurer des engrais.

Serres. — Les serres à vignes sont à deux versants, et alors on les oriente du nord au sud, de cette façon un versant reçoit le soleil le matin et l'autre le soir ; ou bien elles sont à un versant, et alors on les adosse à une muraille exposée au sud : ce sont les plus chaudes et les meilleures ; puis viennent les serres adossées à une muraille exposée à l'est, et enfin les serres adossées à une muraille exposée à l'ouest. Les vérandas peuvent être assimilées aux serres adossées. Quelle que soit son orientation, la serre, pour convenir à la culture de la vigne, doit recevoir la lumière du soleil pendant au moins les deux tiers de la journée. Le soleil du matin profite mieux à la vigne que le soleil de la fin de la journée.

Les serres à raisins doivent être établies au niveau du sol. Les murailles, qui n'ont que quelques décimètres de hauteur au-dessus du niveau du sol, reposent sur des piliers ou sur des voûtes, de manière à permettre aux racines des vignes plantées à l'intérieur de la serre de s'étendre à l'extérieur et vice versa.

Le verre semi-double empêchera, mieux que le verre simple, l'air froid du dehors de refroidir l'air chaud de la serre. Des châssis s'ouvriront en haut et en bas de la serre afin de permettre une aération facile.

Dans aucun cas les vitres ne seront ni badigeonnées ni ombragées ; les rayons du soleil ne sont jamais trop abondants pour mûrir le raisin et aoûter le bois ; d'ailleurs la vigne ne sera pas brûlée, si elle est palissée à 30 ou 35 centimètres du verre et si l'on ouvre largement les ouvertures pendant les journées de fortes chaleurs.

La serre à vigne doit être pourvue de gouttières afin de préserver d'une humidité stagnante les racines des vignes plantées au pied même de la serre ; les neiges tardives, en s'accumulant près de la serre, refroidiraient considérablement le terrain et retarderaient la végétation. Il sera bon de faire en sorte que les gouttières conduisent, en été, l'eau de pluie dans un réservoir situé dans l'intérieur de la serre. Cette eau entretiendra l'état hygrométrique de l'air de la serre et servira aux arrosages et surtout aux bassinages. On n'oubliera cependant pas qu'un excès d'humidité dans la serre, lorsque le raisin mûrit, porte les grains de certaines variétés, comme le Foster's White Seedling à se fendre et à moisir.

Les sentiers que l'on établit à l'intérieur de la serre sont recouverts d'un gril en fer ou d'un lattis en bois afin d'éviter le tassement de la terre sous les pieds.

En ce qui concerne le sol, le défoncement, les amendements et les engrais à lui donner, nous renvoyons à la *Culture de la vigne en plein air*, pages 279 et suivantes.

Variétés à cultiver sous verre

Il est une variété, le Frankenthal, qui surpasse de beaucoup toutes les autres variétés à cultiver sous verre par sa fertilité et surtout par la qualité de son raisin ; l'amateur devra surtout cultiver cette variété.

Il ne faudrait pas cependant qu'il se prive d'autres variétés qui présentent elles aussi quelque avantage, telles que

Black Alicante, très beau raisin à peau épaisse qui peut se conserver sur la vigne jusqu'en janvier ; il sera mangé lorsqu'il n'y aura plus de Frankenthal ; le foster's white seedling remarquable par sa fertilité et la beauté de ses grappes. L'amateur, qui n'a pas le temps ou la patience nécessaires pour se livrer longuement au cisellement du raisin, n'oubliera pas de planter le chasselas doré qui se contente d'un léger cisellement et le chasselas rose qui peut s'en passer. D'autres variétés seront cultivées en petite quantité pour faire collection. Nous ne citerons du reste ici que les variétés les plus recommandables.

Variétés à cultiver en serre froide à deux versants ou en serre froide adossée à un mur exposé à l'est ou à l'ouest

Frankenthal du Président. Raisin d'un noir bleuâtre, de moyenne saison ; le meilleur pour la culture générale.

Chasselas doré de Fontainebleau. D'un blanc doré, hâtif, tout en se conservant très longtemps sur la vigne ; cisellement modéré.

Chasselas rose royal. Raisin rose, hâtif, grappe à grains peu serrés ; cisellement inutile.

Foster's white seedling. D'un blanc verdâtre ; variété très fertile, hâtive, à grains serrés.

Buckland's sweet-water. Grain d'un jaune ambré ; variété vigoureuse et fertile de seconde époque.

Précoce de Saumur. Variété très hâtive à grain ambré.

Tokay de Vilika. Grain d'un noir pruiné, seconde époque comme le Frankenthal.

Variétés à cultiver en serre froide adossée à une muraille exposée au sud

Cette serre étant plus chaude que les précédentes, nous pouvons ajouter, aux variétés déjà citées, des variétés un peu plus tardives comme :

Black Alicante. Belle grappe à très gros grains noirs, à peau épaisse ; troisième époque ; se conserve très bien sur pied.

Trebbiano. Raisin blond jaunâtre, tardif, de seconde qualité, à grappes très fortes ; se conserve bien sur pied.

Blanc de Calabre. Raisin blanc ambré, de troisième qualité, se conserve bien sur pied.

Madresfield courl. Raisin noir, musqué, de troisième époque, à peau fine, grains énormes, ovales, malheureusement trop sujets à craquer.

Muscat d'Alexandrie. Raisin d'un blanc ambré, tardif, d'un goût musqué exquis, très estimé ; se conserve bien.

Lady down's seedling. Raisin d'un noir pruiné, tardif, à peau épaisse ; se conserve bien.

Gradiska. Beau raisin d'un jaune doré, de seconde époque.

Balavry blanc. Raisin d'un blanc doré, de seconde époque.

Enfin, si la serre est chauffée un peu au printemps et à l'automne, on pourra ajouter les deux variétés suivantes qui sont à très gros grains et qui mûrissent en novembre :

Gros Colman encore appelé *Rumonya de Transylvanie* ou *Dodrelabi* à grain d'un noir foncé, et *Gros Guillaume* d'un noir pourpré.

Plantation. — Faut-il planter à l'intérieur ou à l'extérieur de la serre ?

En plantant à l'extérieur de la serre, on a l'avantage de n'avoir pas à s'occuper d'arrosages, si ce n'est pendant les périodes de sécheresse ; mais si la vigne devait être forcée, il serait plus logique de planter à l'intérieur. Quoique ce ne soit pas la culture forcée de la vigne que nous étudiions en ce moment, nous allons cependant insister sur ce point, parce que certaines vérandas dans lesquelles on cultive la vigne sont chauffées au printemps pour les rendre habitables plus tôt. La chaleur artificielle met ainsi la vigne en végétation bien avant les vignes de plein air ; or, dans ces conditions, les racines des pieds plantés à l'extérieur peuvent encore se trouver dans une terre gelée lorsque la partie aérienne entre en végétation. Nous avons observé ce fait, après l'hiver de 1889-1890, chez un propriétaire amateur de Douai. La végétation s'est réveillée fin février dans l'intérieur de la véranda sous l'influence de la chaleur artificielle, et des bourgeons de 15 à 20 centimètres de longueur se sont formés à l'aide des réserves nutritives contenues dans les branches ; mais les feuilles ont été le siège d'une évaporation d'eau que les racines encore endormies dans la terre gelée n'étaient pas capables de remplacer, et bientôt toute la partie de la vigne contenue dans la serre se desséchait et mourait. Mais toutes les parties de vigne qui se trouvaient à l'extérieur de la serre sont entrées en végétation un mois plus tard et ont donné des pousses vigoureuses ; la partie chauffée seule avait péri. Conclusion : ou il ne faut rien chauffer ou il faut chauffer la plante entière, racine et tige.

Cependant nous ajouterons que l'accident précédent peut être évité en recouvrant le sol dans lequel les vignes sont plantées, d'une bonne couche de fumier de cheval destiné à empêcher la gelée de pénétrer profondément dans le sol.

La plate-bande dans laquelle les vignes sont plantées, doit rester libre de manière à pouvoir la fumer, la biner et l'arroser lorsqu'il en est besoin. On pourra cependant la garnir, pendant la bonne saison, de quelques plantes d'ornement à courtes racines, comme les bégonias par exemple.

Fumure annuelle pour compenser les récoltes

Outre les engrais de longue durée que nous avons incorporé au sol avec les amendements au moment de la plantation, nous devons chaque année, donner à la vigne des engrais plus assimilables pour restituer au sol les éléments enlevés par la récolte.

Ces engrais sont : les cendres de bois, le fumier très décomposé appliqués en couverture avant l'hiver, le purin ou les vidanges désinfectées par le sulfate de fer (300 grammes par hectolitre) et additionnés d'un tiers d'eau. On les répand fin février sur la terre occupée par les racines, soit sur une bande de terre d'une largeur de un à deux mètres et davantage en avant de la serre si les vignes sont plantées en dehors. Enfin, lorsqu'on voudra obtenir de très beaux résultats, on aura recours aux engrais chimiques. La formule E (voir au bas de la page) nous a donné toute satisfaction ; la formule F conviendrait pour les terrains déjà riches en azote, où la vigne pousse assez en vert mais donne un bois insuffisamment aoûté. Avant d'appliquer les engrais liquides, on répand les engrais chimiques dans la proportion de 300 à 500 grammes par pied, et même davantage si la vigne est très développée. Ces engrais chimiques descendraient plus sûrement jusqu'aux racines, si l'on en répandait la moitié en décembre et l'autre moitié au printemps ; ils sont appliqués, comme les vidanges, sur la terre occupée par les racines ; on les enterre au moyen d'un binage, après quoi on arrose copieusement, surtout si l'on opère dans l'intérieur de la serre.

L'année de plantation, la vigne présentant peu de résistance, on n'usera pas du purin et des engrais chimiques.

Outre cette fumure printanière, il est encore bon, pendant la période de végétation, d'arroser de temps en temps à l'engrais liquide coupé de moitié d'eau, tout en évitant d'en faire l'application lorsque la terre est sèche et que la vigne a soif. On cessera cette fumure lorsque le raisin approchera de la maturité.

Arrosements. — Si la véranda est chauffée, on emploie de l'eau portée à une température de 25 à 30 degrés ; si elle n'est pas chauffée on se sert d'eau ayant la température de la véranda.

Lorsque les vignes sont plantées à l'extérieur de la serre, on se contente d'arroser pendant les périodes de sécheresse ;

Formule E :		*Formule F :*	
Nitrate de potasse........	3 kg. 300	Carbonate de potasse....	2 kg.
Superphosphate de chaux.	4 kg.	Superphosphate de chaux.	5 kg.
Plâtre	2 kg. 600	Plâtre	4 kg.

mais si elles sont plantées à l'intérieur, on commence par arroser copieusement avant le départ de la végétation de façon à tremper le sol profondément ; pendant le printemps, on arrose tous les huit ou dix jours ; les arrosages sont suspendus pendant la floraison ; ils reprennent après ce moment et augmentent en raison du développement des parties vertes et avec la température. Pendant les grandes chaleurs on arrose tous les deux jours en donnant un demi-arrosoir par pied de vigne. Dès que les fruits commencent à mûrir, on diminue les arrosages ; on les cesse à la maturité sans toutefois laisser le sol trop sec ; c'est-à-dire que si la terre paraissait sèche, on l'arroserait modérément.

Eau. La meilleure eau est l'eau de pluie, puis vient l'eau de rivière et enfin l'eau de puits que l'on fera séjourner pendant 24 heures dans la serre, afin de l'aérer et de l'amener à la température ambiante.

Il ne sera pas mauvais, surtout si on n'a pas employé les engrais chimiques sur le sol, d'ajouter à l'eau d'arrosage 1 p. % d'engrais chimique, nitrate de potasse par exemple, ou 5 p. % de cendres de bois.

Paillis. Aussitôt que les vignes ont développé leurs feuilles, il est très utile de recouvrir le sol de dix centimètres de bon fumier à moitié décomposé ; cette sorte de paillis maintient l'humidité dans le sol et lui apporte des principes fertilisants.

Seringages. — Tout le monde connaît les effets merveilleux d'une pluie chaude sur le développement des bourgeons au printemps ; des arbres sans feuilles la veille en sont couverts le lendemain d'une ondée. Il faut provoquer les mêmes effets dans les serres au moment où les boutons sont en voie de développement en mouillant le matin de bonne heure ou la veille, vers le soir, s'il ne fait pas froid.

Les seringages sont plus ou moins abondants selon la température de la serre : plus il fait chaud et sec, plus il faut seringuer. Pendant les fortes chaleurs, on peut seringuer tous les soirs après avoir fermé la serre ; il se produit une buée favorable à la végétation. Le lendemain on ouvre de bonne heure afin de permettre l'évaporation de cette eau avant que le soleil n'ait acquis une certaine force. En effet, lorsque le soleil vers neuf heures du matin frappe des feuilles mouillées, l'évaporation rapide de l'eau produit un refroidissement dont les effets ressemblent à une brûlure. C'est pour la même raison qu'il faut avoir soin de ne jamais projeter d'eau sur les plantes pendant les fortes chaleurs du jour.

Les bassinages sont complètement suspendus pendant la floraison, car ils provoqueraient la coulure des fruits, mais il est bon de continuer à mouiller la terre et les murs afin d'entretenir la moiteur de l'air.

Les seringages trop souvent répétés, et surtout pratiqués pendant les temps pluvieux produiraient les moisissures que l'on verrait se développer sur les feuilles et les tiges de vigne ; il faudrait alors les suspendre et ouvrir pour laisser échapper l'excès d'humidité. On évitera cet inconvénient en installant dans la serre un psychromètre qui donne l'état hygrométrique de l'air ; cet état doit être d'environ 72 degrés hygrométriques.

Quand le raisin est noué, on le seringue encore une ou deux fois pour enlever le pollen et autres débris de la fleur, puis il est prudent de ne plus le mouiller afin d'éviter la pourriture; on se contente de faire des bassinages sur le sol.

L'eau destinée aux bassinages doit avoir séjourné quelque temps dans la serre afin de lui permettre d'en prendre la température.

Pour projeter l'eau, on se sert, soit d'une seringue en cuivre dont l'extrémité est percée de trous, soit préférablement d'un pulvérisateur qui permet d'effectuer rapidement la besogne.

Formes à donner à la vigne cultivée en serre

Cordons verticaux. — La meilleure forme à adopter en serre est assurément le *cordon vertical à coursons alternes*. Si la hauteur de ces cordons ne doit pas dépasser 3 mètres, les ceps seront plantés à 1 m. 40 au moins de distance, et ils porteront des branches fruitières ou coursonnes de la base au sommet (fig. 252, p. 287) ; si les cordons doivent atteindre plus de 3 mètres, si la serre a, par exemple, 5 mètres de hauteur, on plante les ceps à 0 m. 70 de distance pour obtenir deux séries de cordons : les cordons impairs par exemple, qui s'élèvent à 2 m. 50 de hauteur et garnissent de coursons la partie inférieure de la serre et les cordons pairs qui portent des coursons à partir de 2 m. 50 jusqu'au sommet de la serre (fig 253).

Taille du cordon vertical cultivé en serre

1° *Cordon portant des coursons à partir de sa base.*

Voir la formation de la charpente des cordons verticaux, page 288. Les vignes poussant plus vigoureusement sous verre qu'en plein air, il est possible d'allonger la taille du cordon vertical et de prendre, chaque année, un plus grand nombre de coursons qu'en plein air. Il est difficile d'en déterminer le nombre ; il n'y a pas ici de règles fixes; ce nombre dépend de la force du cep, de la qualité du sol, et de l'abondance des engrais.

Sur les vignes nouvellement plantées on prend d'abord deux ou trois coursons et un bourgeon de prolongement, puis, lorsque ce dernier, qu'on ne pince qu'au sommet de la serre, prend la grosseur du pouce et se trouve bien aoûté, on peut lui faire développer 4, 5 et même 6 coursons et un prolongement par année.

Mais il est à remarquer que les yeux inférieurs se développent souvent avec difficulté et cela pour deux raisons :

1° La sève se porte de préférence aux extrémités des tiges et des branches ;

2° La serre fait entrer la vigne en végétation plus tôt que les vignes de plein air, alors que la terre n'est pas encore bien échauffée ; il en résulte qu'au début de la végétation les racines ne fonctionnent pas encore activement, la sève est peu abondante, et ce peu de sève se dirige vers les bourgeons supérieurs. Aussi lorsqu'on a pratiqué des tailles plus ou moins longues, il est bon, pour favoriser le développement des coursons inférieurs, d'incliner les cordons au printemps, aussitôt après la taille, pour les redresser en juin lorsque les coursons inférieurs sont en voie de développement.

Les branches fruitières sont pincées sous verre à 0 m. 70, 0 m. 75 et même 0 m. 80 lorsque la place le permet. La suppression des bourgeons anticipés et des vrilles se fait comme en plein air.

2° *Cordon portant des coursons à partir d'une certaine hauteur jusqu'à son extrémité supérieure.*

De la base à la mi-hauteur de la serre ces cordons sous verre sont traités comme en plein air ; à partir de l'endroit où ils portent des coursons on leur applique le traitement des cordons de la première série.

Cordons horizontaux. — Les cordons horizontaux sont peu usités en serre. Cette forme ne garnit pas assez vite la partie supérieure de la serre.

Taille à long bois. — C'est surtout en serre qu'on pratique la taille à long bois (voir *Culture de la vigne en plein air*, page 299).

Taille de la branche fruitière. — Dans la région du Nord la vigne est bien plus fertile sous verre qu'en plein air, surtout si l'on obtient de beau bois bien aoûté. On a remarqué qu'en ne taillant sous verre que sur un œil bien constitué, et en ne conservant qu'une seule branche, le bois est toujours beau et bien aoûté ; par conséquent, en taillant cette branche unique sur un œil bien formé, il en sort toujours une branche qui porte du raisin et qui est tout à la fois branche de remplacement et branche fruitière.

Ce résultat est dû :

1° Au pincement long de la branche fruitière. La sève s'élaborant dans les feuilles, plus la branche porte de feuilles, plus il y a de sève élaborée et plus la branche se fortifie.

2° A l'emploi des engrais complets contenant par conséquent la potasse et l'acide phosphorique qui sont nécessaires à la formation du bois et à son aoûtement.

3° A ce qu'on ne laisse développer des branches fruitières de chaque côté du cordon que tous les 0 m. 20 environ. A cette distance ces branches ne se gênent nullement et elles portent des feuilles très larges si la vigne est plantée en bon sol bien pourvu d'engrais. On se trouve alors dans les meilleures conditions pour produire de grosses grappes et pour obtenir de beaux bois permettant de tailler sur un seul œil.

Mais, dira-t-on, en ne laissant qu'une branche par courson, nous ne récolterons souvent qu'une seule grappe. N'oublions pas qu'on recherche sous verre la qualité du raisin avant la quantité, et la règle générale est de ne récolter sous verre qu'une grappe par courson. Remarquons cependant que la branche unique donne souvent deux grappes.

Si l'on taille sur deux yeux on obtiendra deux branches portant chacune une grappe, mais les deux grappes ainsi obtenues sont moins belles que si on n'en récolte qu'une seule par courson, et l'inconvénient le plus grave c'est que, bien souvent, la branche fructifère se développe au-dessus de la branche de remplacement ; elle est alors mieux placée pour recevoir la sève ; d'autre part elle fait ombrage à la branche de remplacement, de sorte que malgré le pincement un peu plus court qu'elle subit, elle est, à la fin de l'année, plus forte que la branche de remplacement, et alors, au printemps suivant, l'opérateur est dans la regrettable nécessité de faire tomber la branche la plus forte pour asseoir la taille sur la branche la plus faible. En supposant même que la branche fructifère soit la plus faible, nous sommes obligés de reconnaître qu'elle s'est développée au détriment de la branche de remplacement. Il y a donc tout intérêt pour l'amateur qui veut récolter du beau raisin à ne tailler que sur un œil bien développé et à ne conserver qu'une seule branche par courson.

Remarquons encore qu'en ne taillant que sur un œil, il se développe souvent plusieurs bourgeons provenant des bourillons ou des yeux latents. On attend alors, pour faire son choix, que les bourgeons portent 4 ou 5 nœuds, et l'on conserve la branche la mieux placée et portant la plus belle grappe. La branche choisie est presque toujours celle qui provient de l'œil bien développé.

Mais nous reconnaissons bien volontiers que cette taille de la branche fruitière sur un seul œil, qui nous réussit très bien sous verre, n'est pas applicable aux vignes de plein air qui ne fructifieraient pas suffisamment par cette méthode.

Rajeunissement des vieux coursons. — Lorsque après un certain nombre de tailles on s'éloigne du cordon de vigne, on renouvelle le courson comme il a été indiqué page 293.

Il est à remarquer que ce rajeunissement se fait plus difficilement en serre qu'en plein air. La vigne sous verre ne reçoit pas de pluie pendant l'hiver, aussi les tissus de la périphérie des branches sont très secs au mois de mars, de sorte que les yeux latents se développent difficilement sur le vieux bois.

Pour obvier à cet inconvénient il faut, fin février commencement de mars, nettoyer les vignes en faisant tomber les vieilles écorces et, dès qu'elles commencent à se mettre en végétation, les bassiner tous les soirs avec de l'eau à la température de la serre en se servant d'un pulvérisateur ou d'une pompe de jardin.

Avant de terminer ce chapitre, nous croyons bien faire en combattant ici deux préjugés :

1º On nous a dit que le pincement long que l'on fait subir à la branche fruitière afin d'obtenir du beau bois devait nuire au développement du raisin. C'est tout le contraire qui se produit, car ce n'est pas la sève ascendante mais bien la sève descendante qui fait grossir le raisin, par conséquent plus la branche portera de feuilles, plus elle élaborera de sucs nécessaires au développement du raisin. La preuve qu'il en est ainsi, c'est que si le bourgeon de prolongement, qui est pourtant très long, porte une grappe, celle-ci est toujours exceptionnellement belle.

2º D'autres personnes s'imaginent à tort que la branche dite de remplacement ne doit pas porter de fruit ; si elle en porte, disent-elles, cette branche donne naissance, l'année suivante, à des bourgeons stériles. La pratique démontre qu'il n'en est pas ainsi.

Soins à donner à la vigne pendant la bonne saison. — En ce qui concerne les soins d'entretien à donner à la vigne pendant la bonne saison nous renvoyons à la culture en plein air en faisant remarquer que le pincement des branches fruitières se fait plus long sous verre qu'en plein air. On pince sous verre à 0 m. 70, souvent à 0 m. 75 et même à 0 m. 80, si l'espace le permet.

La suppression des grappes trop nombreuses et le ciselement des raisins doivent être exécutés plus ponctuellement sous verre qu'en plein air, le ciselement en particulier doit être plus sévère attendu que le raisin vient plus gros en serre qu'en plein air.

Ventilation. — La serre doit rester ouverte pendant l'hiver ; on ne la ferme qu'en mars au moment où les bourgeons commencent à se développer. En mettant ainsi la vigne en végétation assez tard, on a moins à craindre les arrêts de végétation si nuisibles produits par les froids tardifs du printemps.

La serre étant fermée, s'il se produit des moisissures sur les branches de la vigne, on donne de l'air.

Au départ de la végétation il faut aérer modérément, lorsque le soleil frappe la serre, afin d'éviter les températures trop élevées et aussi pour donner du corps aux bourgeons qui pousseraient plus grêles si la serre restait constamment fermée.

Pendant la floraison on ouvre dans le haut de manière à donner de l'air à volonté, et autant que possible du côté opposé au vent, afin d'éviter les courants d'air. La température peut alors s'abaisser de plusieurs degrés sans inconvénient. Si la serre restait fermée pendant cette période, le raisin coulerait infailliblement.

Après la floraison, on ouvre les vasistas du haut de la serre tous les jours vers 8 ou 9 heures du matin pour les fermer vers 4 ou 5 heures du soir selon la température extérieure. Enfin, lorsque la chaleur est par trop intense, on ouvre davantage encore, dans le haut et dans le bas.

Il faut donner beaucoup d'air à l'automne pour assurer l'aoûtement du bois.

Température. — La température de la serre sera assez variable selon son exposition.

Il faut éviter les grands écarts de température en ouvrant les châssis du haut lorsque les rayons du soleil sont déjà arrivés sur la serre et en les fermant avant qu'ils ne la quittent, afin d'emmagasiner une certaine quantité de chaleur pour la nuit. Cependant la température doit s'abaisser la nuit de 1 degré par 4 degrés de chaleur du jour.

Au départ de la végétation, il faut laisser la serre s'échauffer graduellement et éviter, dès le début, des températures très élevées qui mettraient la sève rapidement en mouvement ; comme à cette époque les racines ne fonctionnent qu'imparfaitement, il n'y aurait de sève que pour développer les yeux des parties supérieures des bourgeons, les yeux des parties inférieures resteraient dormants. Nous avons déjà dit que pour éviter cet inconvénient beaucoup de praticiens inclinent les cordons au départ de la végétation pour les relever lorsque les yeux inférieurs sont développés.

Pendant la floraison, la température peut s'élever au soleil à 30 ou 35 degrés, les châssis du haut étant ouverts, et à 36 degrés pendant les fortes chaleurs de juillet ; mais si la température tend à dépasser ces limites, il faut ouvrir dans le bas et dans le haut de la serre et laisser même la porte ouverte. Si l'on ne prend pas ces précautions, le thermomètre peut s'élever à 40 et même 45 degrés ; ce n'est pas un grave inconvénient si la vigne est palissée à 0 m. 30 ou 0 m. 35 du vitrage, mais il est préférable cependant d'éviter ces hautes températures.

Il est bien entendu que l'on ne blanchit jamais les vitres d'une serre à vigne ; cependant lorsque la chaleur est excessive, il est bon de mouiller le sol, et même d'avoir un réservoir d'eau dans la serre afin de donner à l'air une humidité convenable.

D'après les praticiens, la température moyenne de la serre

doit être de 17° 5 au départ de la végétation, de 22° 6 pendant la floraison, de 24° 3 pendant le développement des raisins et de 21° 6 pendant la maturation.

On n'obtient pas toujours des températures assez élevées en avril-mai et en août-septembre, c'est pourquoi un appareil de chauffage, un thermo-siphon, par exemple, dont les tuyaux passeraient à quelques centimètres du sol, rendrait les meilleurs services en évitant les arrêts de végétation au printemps, et en assurant la maturation du raisin à l'automne, surtout si l'on cultive les variétés tardives.

Récolte et conservation du raisin. — Le raisin, lorsqu'il a été bien ciselé, peut se conserver en serre longtemps sur le pied, jusqu'en février et mars, à la condition de maintenir la température à 7 ou 8 degrés, de donner beaucoup d'air et d'enlever journellement les grains gâtés que l'on aura soin de ne pas jeter dans la serre.

Le Frankenthal ne se conserve guère sur pied au delà de décembre, mais on peut prolonger sa conservation au fruitier par le procédé à rafle fraîche.

Ce sont les variétés dont le grain est à peau épaisse comme le gros Colman, le gros Guillaume, le Black Alicante qui se conservent le mieux ; le chasselas doré de Fontainebleau qui pourtant mûrit tôt, peut aussi rester longtemps sur la vigne.

Quoi qu'il en soit, on fera bien d'achever la récolte du raisin en serre en janvier, époque à laquelle on doit tailler la vigne ; on pourra ensuite continuer la conservation de ce raisin dans le fruitier. Voir page 307.

Insectes nuisibles à la vigne sous verre (Voir page 308).

Nous ajouterons ici quelques insectes qui attaquent principalement la vigne sous verre.

La cochenille des serres. *Dactylopius adonidum Linn.* (fig. 293), hémiptère encore appelé pou blanc, puceron laineux, puceron cotonneux. La cochenille des serres est commune dans les serres chaudes ; elle attaque beaucoup de plantes et quelquefois aussi la vigne sous verre. Il est alors bien difficile de la faire disparaître complètement ; aussi faut-il éviter avec grand soin d'introduire dans la serre à vignes des plantes envahies par cet insecte.

Pour la détruire, on nettoie les vignes après la taille, puis on les badigeonne avec le liquide suivant : alcool mauvais goût 1 litre, lysol 50 grammes. En pleine végétation on peut aussi sans danger, appliquer au pinceau l'alcool à 35 degrés.

Fig. 293
Pou blanc des
serres (femelle)
l. 3 à 4.

Fig. 294
Kermès de la vigne
Diamètre du bouclier 4 à 5 m.
Les mâles ont 2 m. de longueur.

Le Kermès de la vigne. *Lecanium vitis. Latreille.* est un hémiptère qui se présente, surtout à la base des branches, sous forme de petites écailles grisâtres en dessous desquelles, on trouve un duvet rempli d'œufs (fig. 294).

Pour le combattre, on enlève, en février, après la taille, les vieilles écorces préalablement mouillées, on fait tomber le kermès à l'aide d'une brosse raide, on brûle les résidus puis on badigeonne avec l'émulsion de pétrole que l'on prépare de la manière suivante :

On fait dissoudre à chaud 1 kilog de savon noir dans 1 litre d'eau ; on laisse refroidir à 70°, puis on verse 1 litre de pétrole que l'on émulsionne en agitant fortement à l'aide d'un petit balai de bois ; on ajoute ensuite 9 litres d'eau.

On peut aussi plus simplement badigeonner les vignes avec de la bouillie bordelaise forte qui prévient aussi les maladies cryptogamiques.

L'araignée rouge ou **tétranique tisserand.** *Tétranychus telarius* (fig. 295), est un arachnide microscopique qui vit sur le revers des feuilles où il tisse de fines toiles. Sous son action les feuilles ne tardent pas à prendre une couleur jaune qui nuit singulièrement à leurs fonctions ; leur face inférieure est grise, de là le nom de grise donné à la maladie produite par cet acarien.

L'araignée rouge se développe lorsque la température de la serre est élevée et que l'air est sec, surtout si cette sécheresse provient du chauffage artificiel. Il faut donc veiller à ce que l'air de la serre soit toujours suffisamment humide, surtout si la température est élevée.

Les péchers cultivés en serre sont souvent attaqués par l'araignée rouge.

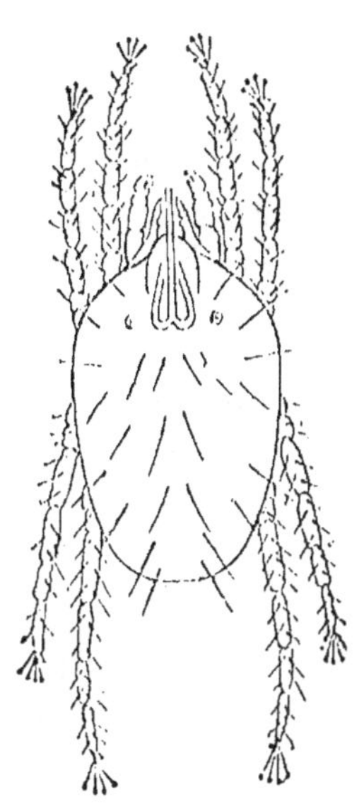

Fig. 295

Tétranique tisserand, L. 0,5

Si l'arachnide a envahi la serre, on le combat à l'aide de seringages à l'eau claire, dirigés de bas en haut, de manière à atteindre le dessous des feuilles ; on peut cependant faire intervenir un insecticide comme le jus de tabac, l'eau de savon ou une décoction de copeaux de quassia.

Maladies de la vigne. — Voir culture de la vigne en plein air, page 312.

Voici quelques maladies ou accidents plus particuliers aux vignes sous verre.

Dessèchement des pédicelles. — Les causes de cette maladie sont multiples et difficiles à déterminer. Elle peut provenir de ce qu'on a laissé trop de fruits ou de ce qu'on a enlevé trop de feuilles par des pincements courts, de l'altération du feuillage par l'araignée rouge ; des courants d'air froid ou des changements brusques de température ; du sous-sol trop humide qui fait pourrir les racines ou trop sec qui les empêche de végéter ; des engrais trop azotés qui rendent le bois mou et non aoûté. On la remarque encore lorsque les cheminées de poterie laissent échapper les gaz de la combustion dans l'intérieur de la serre ou lorsqu'on fait abus de la fleur de soufre ; en résumé cette maladie apparaît lorsque, pour une cause quelconque, la végétation de la vigne laisse à désirer.

Les grains ne se colorent pas. — Cet accident se présente lorsqu'on laisse trop de fruit, que la vigne manque de lumière, ou que l'on a supprimé trop de feuilles par des pincements tardifs ; on le constate encore lorsque la vigne a soif ou qu'elle souffre au contraire d'un excès d'humidité ; enfin lorsque le sol manque de phosphate. Il faut, dans ce dernier cas, recourir à l'emploi des engrais complets renfermant par conséquent une certaine proportion de superphosphate de chaux.

Le bois est gros et ne s'aoûte pas. — On a fait usage d'engrais tels que le purin, les vidanges, le sang provenant des abattoirs, engrais qui apportent l'azote en excès sans fournir assez de potasse et d'acide phosphorique. Il faut recourir à l'emploi des éléments qui font défaut ; la formule F que nous avons donnée plus haut, page 322, conviendra parfaitement. Il ne faut pas oublier non plus que la ventilation est nécessaire à l'aoûtement du bois surtout vers la fin de la saison.

Racines aériennes ou adventives. — Ces racines apparaissent sur la tige de la vigne, dans les serres chaudes et humides, lorsque les racines souterraines ne suffisent plus à son alimentation ; il convient donc, dans ce cas, de défoncer et d'amender le sol pour permettre aux racines souterraines de se développer librement.

Coulure des fruits. — Elle est souvent causée par un temps pluvieux, ou par un manque d'air et un excès de chaleur pendant la floraison ; elle peut aussi être due à la faiblesse de la vigne ou à une extrême vigueur provenant d'un excès d'engrais azoté. Dans ce dernier cas l'emploi de l'acide phosphorique modérera la végétation.

Certaines variétés aux étamines infléchies se fécondent difficilement ; il serait utile, pour ces variétés, de recourir à la fécondation artificielle. Pour cela on promène sur les grappes en fleurs un pinceau en poils de chameau, ou bien encore on peut frapper sur les tiges pour secouer ces grappes : on assure ainsi le transport du pollen des étamines sur les stigmates. Cette fécondation artificielle est surtout nécessaire si le soleil ne se montre pas au moment de la fécondation. On y procède lorsque les anthères sont ouvertes et que le pollen est en liberté.

GROSEILLIER

FAMILLE DES SAXIFRAGÉES

Le groseillier est un arbrisseau indigène de 1 m. 50 de hauteur environ dont le fruit est une baie couronnée par le calice desséché et persistant.

Les fruits sont quelquefois consommés à l'état cru, mais ils servent le plus souvent, surtout ceux du groseillier rouge, à la fabrication des confitures, des gelées et des sirops.

Climat. Sol. — Notre climat convient bien au groseillier qui s'accommode de tous les terrains excepté de ceux qui sont par trop argileux ou par trop calcaires ; c'est dans les terrains frais et de consistance moyenne qu'il se plaît le mieux.

Multiplication. — Le meilleur mode de multiplication consiste à bouturer en pépinière des rameaux d'un an choisis sur des sujets fertiles. On coupe les boutures en hiver à une longueur de 0 m. 20 à 0 m. 30, on les met en jauge, à l'ombre, pour les planter au printemps en pépinière où on les laisse deux ans avant de les placer à demeure.

Avant de planter les boutures il est bon d'éborgner les yeux qui doivent se trouver en terre ; on évite ainsi de les voir se transformer en drageons. On ne conserve que les yeux supérieurs qui restent en dehors du sol.

La multiplication par division des pieds est à rejeter.

Mode de végétation. — Le fruit vient sur du bois de l'année précédente. Le groseillier donne chaque année naissance à des rameaux partant du sol ; ces rameaux ne tardent pas à porter de petites branches fruitières, puis ils périssent au bout de quelques années, quelquefois après s'être couverts de champignons ; ils sont remplacés par d'autres rameaux partant du sol, de sorte qu'un pied de groseillier abandonné à lui-même forme une touffe assez large dont les branches sont plus ou moins serrées. On conçoit que les fruits ne peuvent être ni beaux ni abondants dans ces buissons où la lumière pénètre difficilement et dont le pied est trop souvent envahi par le chiendent et le liseron.

Formes à donner aux groseilliers. — Le groseillier se prête mal aux formes régulières, attendu que les branches de charpente s'épuisent vite. Une branche qui a fructifié pendant 3 ou 4 ans doit être remplacée par son recépage. Un groseillier à grappes qui ne présente plus qu'une maigre végétation et quelquefois des champignons sur les branches doit être considéré comme épuisé ; il y a lieu de faire une plantation nouvelle dans un autre terrain.

Touffe ou buisson. — Dans la grande culture, où l'on a surtout en vue le produit, le groseillier est cultivé en touffes distantes de 1 m. 50 environ. Ce mode de culture se prête bien au remplacement des branches épuisées.

Chaque année, au printemps, on supprime les rejetons qui poussent au pied de la touffe en ayant soin de conserver ceux qui sont destinés à remplacer les branches trop vieilles que l'on coupe à la base ; on supprime aussi les branches trop nombreuses qui empêcheraient la lumière de pénétrer dans le buisson et l'on se contente de raccourcir les branches qui prennent un trop grand développement.

On donne un léger labour pendant l'hiver par lequel on enterre les engrais. Si les groseilliers ont été attaqués par la tenthrède noire, ce labour sera répété plusieurs fois de manière à détruire les chrysalides de cet insecte en les exposant à la gelée. Quelques binages sont indispensables en été pour tenir la terre meuble et propre.

Une plantation de groseilliers bien entretenue peut donner de bonnes récoltes pendant une vingtaine d'années puis le rendement diminue.

Haie mince ou contre-espalier. — Dans les petits jardins on se trouve bien de cultiver les groseilliers sous forme de haie mince ou contre-espalier.

Des boutures de groseillier bien enracinées sont plantées en ligne à une distance de 0 m.50 pour les groseilliers à grappes et de 0 m.40 pour les groseilliers épineux. Les branches auxquelles ces boutures donnent naissance sont palissées contre deux fils de fer tendus horizontalement au-dessus de la ligne, le premier à 0 m. 50 et le second à 1 mètre du sol.

On donne à ces contre-espaliers une hauteur de 1 m. 50 environ pour les groseilliers à grappes et 1 m.20 pour les groseilliers épineux.

Vase et buisson. — L'amateur remplace souvent la touffe par le vase ou le buisson porté sur un pied de 0 m.30 de hauteur. Ces formes, moins naturelles sans doute que la touffe, présentent cependant l'avantage d'être plus agréables à l'œil et de permettre de mieux entretenir la propreté du sol ; mais il ne faut pas se dissimuler que c'est chercher la difficulté.

Voici comment la bouture est préparée dans cette intention. La première année on laisse pousser tous les bourgeons pour former des racines ; la seconde année on ne conserve qu'une seule tige qui est taillée à 0 m. 35 du sol pour obtenir trois ou quatre branches. La troisième année la bouture est mise en place et l'année suivante les trois ou quatre branches sont taillées à 0 m. 10 ou 0 m. 15 de leur base pour obtenir dix ou 12 branches qui vont former le vase ou le buisson.

Au printemps suivant on raccourcit toutes ces branches de charpente en retranchant de un tiers à la moitié de leur longueur, de manière à provoquer le développement de bourgeons latéraux peu vigoureux et de brindilles qui produiront les fruits. On conserve ainsi chaque année une longueur de 0 m.20 à 0 m. 30 de ces prolongements.

Les bourgeons latéraux qui ne tardent pas à se développer dans leur partie supérieure sont pincés sur trois bonnes feuilles très tôt en avril, mai, juin. Le bourgeon anticipé qui se développe à l'extrémité est pincé sur une ou deux feuilles. Ces pincements ont le double avantage de mettre ces branches à fruits et de concentrer la sève sur les yeux inférieurs qui produisent des bouquets de mai (fig. 296) et de petites brindilles (fig. 297) que l'on conserve intactes et qui donnent des fruits.

Les fruits sont donc portés par des bouquets de mai, des brindilles ou des rameaux plus forts que l'on a pincés (fig.298);

toutes productions qui se sont développées sur des branches de l'année précédente.

Chacune des branches de charpente porte un bourgeon de prolongement qui n'est pas pincé et qui est taillé l'année suivante comme nous venons de le dire et ainsi de suite jusqu'à ce que le buisson ou le vase ait atteint une hauteur de 1 m. 30 environ.

Fig. 296

Bouquet de mai
du groseillier.

Fig. 297

Brindille
de groseillier.

Fig. 298

Branche fruitière
qui a été pincée.

Chaque fois qu'une branche de charpente est épuisée, elle est recépée et remplacée par un des bourgeons qui se développent à la base.

Le groseillier épineux est quelquefois cultivé en boule, dans les jardins d'amateur, sur une tige de 1 mètre environ de hauteur. Il est alors greffé sur *Ribes aureum*.

Taille de la branche fruitière

La taille au point de vue de la fructification consiste :

Dans la suppression, à un centimètre de longueur, des brindilles trop nombreuses de manière à les espacer convenablement.

Les branches fruitières qui ont été pincées l'année précédente sont taillées au-dessus des bouquets de mai qu'elles portent à leur base (fig. 298) ou au-dessus de trois yeux si elles ne portent pas de bouquets de mai.

Les petites brindilles (fig. 297) sont laissées intactes.

On renouvelle les branches fruitières qui ont donné du fruit l'année précédente en les taillant sur un œil (fig. 299).

Cependant les branches fruitières qui ont produit et qui sont courtes peuvent être conservées encore un an ; elles émettent des bourgeons qui donnent de beaux fruits (fig. 300), mais l'année suivante, on doit alors les tailler sur un œil pour les renouveler. Les sous-yeux et yeux latents se développent facilement chez le groseillier.

Fig. 299

Branche fruitière à renouveler.

Fig. 300

Branche fruitière ayant produit
et conservée pendant une
seconde année.

Comme on le voit ici, on ne cherche pas à produire un bourgeon de remplacement à la base de la branche fruitière l'année même où elle porte du fruit, on ne s'occupe de son remplacement que l'année suivante au printemps et même quelquefois deux ans plus tard, lorsque l'on conserve un rameau qui a fructifié une première fois.

La taille de la branche de charpente et la taille de la branche fruitière du groseillier en buisson ou en vase est applicable à toutes les formes du groseillier. Les amateurs seuls en font usage pour cultiver le groseillier sous une forme régulière : cordons verticaux ou obliques, U, vase etc.

Cordons verticaux, cordons obliques, groseilliers en U.

Dans les jardins d'amateur on cultive encore le groseillier en cordons verticaux ou en cordons obliques plantés à 0 m.30 de distance, ou en forme d'U plantés à 0 m. 60. On forme ainsi des contre-espaliers de 1 m. 40 de hauteur environ que l'on attache sur deux fils de fer tendus horizontalement, le premier à 0 m. 60 du sol et le second à 1 mètre ou 1 m. 15 de hauteur.

Espèces et variétés. — On connaît trois espèces de groseilliers.

1° Groseillier à grappes

dont les principales variétés sont :

Ordinaire rouge (fig. 301). Variété vigoureuse et fertile ; la moins acide parmi les rouges.

Ordinaire blanche. Les groseilles blanches sont toujours moins acides que les rouges.

De Hollande. Rouge et blanche. Longues grappes à gros grains. Variété estimée.

Cerise. Fruit très gros, d'un beau rouge, très acidulé. Variété peu vigoureuse et peu fertile.

Fig. 301

Grappe du groseillier ordinaire.

Versaillaise rouge. Grappe longue à gros grains rouges ; issue de la groseille cerise. C'est surtout un fruit de table.

Versaillaise blanche. Semblable à la variété précédente sauf la couleur du fruit.

Les groseilles rouges peuvent se conserver longtemps sur l'arbuste après leur maturité. Il suffit pour cela de couvrir le groseillier d'un chaperon en paille de seigle qui préserve les groseilles de la pluie. Il est inutile d'enlever les feuilles.

2° Groseillier noir ou cassissier

Le cassis ordinaire. Variété très fertile et très rustique.
Le cassis de Naples. Grappe courte à gros grains et de qualité
   supérieure.

Le fruit du cassissier n'est guère employé qu'à la préparation spéciale dite cassis ; ce fruit tombe facilement à la maturité.

Pour préparer le cassis il est bon de presser les fruits de
manière à éliminer la pulpe, car l'essence recherchée se trouve
dans la peau du fruit seulement.

Le cassissier perd encore plus rapidement ses branches char-
pentières que les autres espèces de groseilliers.

3° Groseillier épineux dit à maquereau

Fruits à peau glabre ou hérissée de poils, rouges, verts, jaunes ou blancs.

Ce groseillier est épineux, mais il existe aujourd'hui des
variétés inermes.

On connaît de nombreuses variétés à gros fruits dont la
plupart sont d'origine anglaise. Parmi les meilleures, on cite :

Prince Régent, à fruit rouge, très gros, un des meilleurs.
Winham's Industry à fruit très gros, rouge foncé, hâtif.
London, à fruit rouge.
Favorite, à fruit rouge très gros.
Monstrueuse d'Amérique, à fruit vert.
London city, à fruit vert glabre.
Snow-Drop, à fruit blanc hérissé de poils.

La groseille à maquereau peut se consommer crue à sa maturité, mais elle est utilisée, surtout en Angleterre, lorsque le
fruit est jeune, ou même mûr, pour la confection des tartes, des
confitures et de nombreux mets.

Insectes nuisibles aux groseilliers

La Phalène ou zérène du groseillier. *Abraxas grossulariata.* Linn (fig. 302). Les chenilles arpenteuses de ce lépidoptère éclosent en septembre et passent l'hiver dans les feuilles assemblées par quelques fils de soie ; elles sortent de leur retraite au printemps pour se répandre sur les jeunes bourgeons dont elles mangent les feuilles.

Fig. 302

La phalène des groseilliers. E. 50.

Destruction : Brûler les paquets de feuilles en hiver. Faire la chasse aux chenilles au printemps ou employer les insecticides.

La Tenthrède noire. *Tenthredo atra. Linn* 1.11. La larve de cet hyménoptère pullule quelquefois et ronge rapidement la partie supérieure des feuilles du groseillier en mai et en juillet, puis s'enfonce dans le sol pour y subir ses transformations.

Destruction. — Pulvériser de l'eau de savon, 50 grammes de savon noir par litre d'eau, sur les groseilliers attaqués.

En changeant la couche superficielle du sol, pendant l'hiver, en dessous des groseilliers, ou tout au moins en la bêchant à plusieurs reprises, on fait périr les chrysalides et on évite les attaques ultérieures.

La Sésie tipuliforme. *Sesia tipuliformis. Linn* (fig. 303).
Ce papillon a les ailes transparentes et son corps noir présente
des cercles jaunes, de sorte qu'il ressemble à une grosse guêpe.

Fig. 303

La sésie tipuliforme. E. 15 à 20.

La chenille vit dans le canal médullaire du groseillier rouge,
du groseillier noir et du noisetier.

Destruction. — Couper les branches attaquées et les brûler.

Mouche à scie du groseillier. *Nematus ribis* (fig. 304). Les
larves vertes à tête noire de cette tenthrède sont encore appelées fausses chenilles. Elles sont
longues de 16 à 18 millimètres
et rongent au printemps les
feuilles de toutes les espèces de
groseilliers jusqu'à n'en laisser
que les nervures, puis elles s'en-
foncent en terre et se transforment
en insectes parfaits en juillet.

Fig. 304

Mouche à scie du groseillier,
1. 8, et sa larve, 1. 16 à 18.

Les femelles pondent alors sur les feuilles de groseillier et
bientôt apparaît une seconde génération qui ronge à nouveau
les feuilles et passe l'hiver en terre.

Destruction. — Secouer les groseilliers au-dessus d'une toile étendue à terre. Saupoudrer les groseilliers de chaux en poudre, de suie, ou pulvériser de l'eau de savon.

L'Emphyte du groseillier. *Emphytus grossulariæ, Klug*, 1. 8. — La larve de cet hyménoptère vit sur le groseillier à maquereau. Même mode de destruction que pour l'espèce précédente.

Les Pucerons. — Plusieurs espèces attaquent le groseillier dont les feuilles se roulent et se boursouflent.

Destruction. — Employer les liquides insecticides dès que les pucerons commencent à faire leur apparition.

Maladies. Rouille du groseillier. — Plusieurs champignons produisent la rouille du groseillier. On les combat par la bouillie bordelaise ainsi que d'autres champignons qui causent parfois des taches brunes sur les feuilles amenant leur chute prématurée.

TABLE DES MATIÈRES

GUIDE ÉLÉMENTAIRE DE MULTIPLICATION ET D'ÉDUCATION DES VÉGÉTAUX

2ᵉ Édition revue, corrigée et augmentée

PAR

S. MOTTET

Ancien Chef des Cultures de la Maison Vilmorin-Andrieux et Cⁱᵉ

Un vol. in-16 de 280 pages, avec 111 figures dans le texte

Ce volume est à la fois scientifique et pratique car les différents modes de multiplication des végétaux y sont d'abord envisagés dans leurs rapports avec les lois de la physiologie générale puis décrits, au point de vue pratique, dans leur ordre d'enchaînement. Les quatre principaux chapitres : *Semis, Bouturage, Greffage* et *Division* renferment de nombreuses indications relatives aux divers procédés et moyens d'effectuer chaque genre de multiplication. Voici à titre d'indication les divisions du premier chapitre traitant des semis : *La graine. — Conservation des graines. — La germination. — La stratification. — Opérations que l'on fait parfois subir aux grains avant de les semer. — Époques des semis. — Profondeur à laquelle il convient de placer les graines. — Des différents modes de semis. — Semis en pleine terre, en place, à la volée, en lignes, à poquets. — Semis en pots ou en terrines. — Semis sur couche et sous châssis froid, etc. — Semis des plantes aquatiques. — Semis des Fougères. — Soins à donner aux semis. — L'éclaircissage. — La pépinière. — Les repiquages. — L'empotage. — La mise en place. — Les pincements.*

Le chapitre traitant des boutures est détaillé de façon aussi complète. Quant à celui des greffes il renferme des indications plus précises encore sur environ quarante sortes de greffes dont la plupart sont représentées par des figures explicatives. Nous citerons, parmi les principales, la greffe en approche, la greffe en couronne, la greffe à l'anglaise, la greffe sur racines, la greffe en écusson, celles en flûte et en anneau.

L'auteur a cru devoir faire suivre ces indications initiales de la propagation des plantes d'un chapitre de *Conseils sur la transplantation des végétaux* s'appliquant plus particulièrement aux essences ligneuses élevées en pépinières. Il indique les divers moyens permettant de les transplanter jusqu'à un âge parfois très avancé et des soins à leur donner pour assurer leur reprise.

Quoique d'un format réduit, ce petit guide renferme une foule de renseignements théoriques et pratiques qui en font, en même temps qu'un manuel opératoire pour les praticiens, un excellent livre d'enseignement pour les amateurs et les jeunes jardiniers.

PETIT GUIDE PRATIQUE
DE JARDINAGE

6ᵉ Édition revue et mise à jour

PAR

S. MOTTET

Ancien Chef des Cultures de la Maison Vilmorin-Andrieux et Cⁱᵉ

Un vol. in-16 de 460 pages, avec 392 figures et 3 plans
de jardins

Cet ouvrage, couronné du *Prix Joubert de l'Hyberderie* par la Société nationale d'Horticulture de France et dont les cinq éditions attestent l'accueil qu'il a trouvé auprès des amateurs de jardinage est, en effet, un des plus pratiques et des plus copieusement illustrés qui aient été publiés sur un sujet intéressant au plus haut point les habitants de la banlieue des grandes villes et les tenanciers des jardins ouvriers.

Des notions essentielles sur la vie et le développement des plantes, sur les éléments de culture tels que *le sol, l'eau, les arrosements, la chaleur, la lumière, les engrais, les composts,* puis les opérations culturales telles que le *repiquage,* les *empotages et rempotages, l'hivernage, la taille, les abris, les couches,* enfin la multiplication ; les *semis,* les *boutures, les greffes et les divisions,* apprennent au lecteur ce qu'il a besoin de savoir pour raisonner d'abord, puis effectuer comme ils doivent l'être les multiples travaux qu'exige la culture d'un jardin.

Viennent ensuite, en autant de longs chapitres, l'énumération, la description succincte, la culture, la multiplication et les emplois des *principaux légumes,* des *arbres fruitiers* et des *fleurs de pleine terre.*

Un chapitre sur la création et l'entretien des gazons et un calendrier des travaux, semis et plantations termine l'ouvrage.

Quoique d'un format réduit ce petit guide de jardinage — œuvre d'un praticien connu et très apprécié dans ses diverses publications — renferme à peu près tout ce que l'amateur a besoin de connaître pour la bonne conduite et l'accomplissement des divers travaux de son jardin.

TRAITÉ D'HORTICULTURE
PRATIQUE

5ᵉ Édition, revue, corrigée et augmentée

PAR

Georges BELLAIR

Ancien Jardinier en chef des Parcs et Orangeries de Versailles

Un fort volume de 1.120 pages, avec 599 figures dans le texte

---

Dans ce volume l'auteur a condensé quatre ouvrages distincts. Le premier traite de la *culture des légumes*, le second de celle des *arbres fruitiers*. Le troisième est consacré à la culture des *fleurs de pleine terre et des plantes de serre*. Le quatrième nous fait connaître comment on produit et emploie les *arbres et arbustes forestiers* ou *d'ornement*.

Par surcroît, d'importants chapitres viennent s'ajouter ici : c'est la *multiplication des végétaux* (qu'il faut bien connaître parce qu'elle est la source des plantes), *la génétique*, l'art de faire varier les plantes dans le sens qui nous est profitable, la *culture forcée des arbres fruitiers*, le *dessin* et la *création des jardins et des roseraies*, *la taille et l'élevage des arbres et arbustes d'agrément*.

Les *maladies des plantes*, les *insectes nuisibles* sont étudiés à leur place naturelle ainsi que les traitements à appliquer.

Enfin, tout à fait en tête du livre, parce qu'il en est le commencement logique, M. BELLAIR a mis un calendrier des travaux mensuels où sont étudiées, presque jour par jour, les opérations de jardinage à effectuer au potager, au jardin fruitier, au jardin d'ornement et dans les serres. En même temps sont passées en revue les récoltes, les cueillettes à faire, chaque mois, des légumes, des fruits et des fleurs, et les produits disponibles, à la cave comme au fruitier.

Savoir pour agir. — Jamais cette proposition n'a été aussi pressante qu'aujourd'hui. L'auteur s'en est inspiré : son livre sera un important auxiliaire pour l'amateur de jardin ; il lui donnera des règles, des recettes, des dates nécessaires, des formules utiles ; il augmentera son pouvoir sur tous les éléments qui composent une culture. Il lui apprendra, dans la mesure du possible, à transformer ces éléments divers en serviteurs aveugles de ses intérêts.

Achevé d'imprimer
le 28 février 1927, par
l'Imprimerie JACQUES et DEMONTROND
A BESANÇON